大学军事理论与技能训练

主　编　薛俊义

副主编　仇立华　张雨青　李义峰

人民交通出版社股份有限公司
China Communications Press　Co.,Ltd.

内 容 提 要

全书分为上下两篇,上篇为军事理论篇,主要包括中国国防、国际战略环境、军事思想、信息化战争、军事高技术;下篇为军事技能篇,主要包括中国人民解放军条令教育与训练、军事地形学与基本战术、综合训练。

本书可作为高等院校军事教育和国防教育方面的必修课教材,也可作为广大军事爱好者的自学参考书。

图书在版编目(CIP)数据

大学军事理论与技能训练 / 薛俊义主编. —北京:
人民交通出版社股份有限公司,2018.8
ISBN 978-7-114-14786-9

Ⅰ. ①大… Ⅱ. ①薛… Ⅲ. ①军事理论 – 高等学校 –
教材②军事技术 – 高等学校 – 教材 Ⅳ. ①E0②E9

中国版本图书馆 CIP 数据核字(2018)第 121806 号

书 名:大学军事理论与技能训练
著 作 者:薛俊义
责任编辑:张征宇 郭红蕊 徐 菲
责任校对:刘 芹
责任印制:刘高彤
出版发行:人民交通出版社股份有限公司
地 址:(100011)北京市朝阳区安定门外外馆斜街 3 号
网 址:http://www.ccpress.com.cn
销售电话:(010)59757973
总 经 销:人民交通出版社股份有限公司发行部
经 销:各地新华书店
印 刷:中国电影出版社印刷厂
开 本:787×1092 1/16
印 张:16.5
字 数:360 千
版 次:2018 年 8 月 第 1 版
印 次:2023 年 8 月 第 5 次印刷
书 号:ISBN 978 – 7 – 114 – 14786 – 9
定 价:42.00 元

(有印刷、装订质量问题的图书由本公司负责调换)

本书编委会

主　编　薛俊义

副主编　仇立华　张雨青　李义峰

编　委　谢毅敏　唐劲松　陈雪海　吴晓静

　　　　邢千里　陈　林　崔振海　张庆领

前言

　　国防教育是增强民族凝聚力、提高全民素质的重要途径，是建设和巩固国防的基础。我国普通高等学校从 1985 年开始的以学生军训为主要形式的国防教育，至今已有 33 年的光辉历程。学生军事训练工作是学校国防教育的基本形式，是国家人才培养和国防后备力量建设的重要举措。军事理论课是普通高等学校学生的必修课，在普通高等学校开展学生军事教育工作，是适应国家人才培养战略和加强国防后备力量建设的需要，对于造就有理想、有道德、有文化、有纪律的社会主义新人，培养具有军事知识和技能的高素质后备兵员具有重要意义。教育部、总参谋部、总政治部于 2007 年重新颁布《普通高等学校军事课教学大纲》（以下简称《大纲》）。根据《大纲》规定，结合大学生军事理论课教学和军事训练实际，我们组织编写了本教材。

　　军事理论是反映战争规律和战争指导规律，用以指导国防和军队建设、战争准备和实施的知识体系，是社会科学中综合性、实践性很强的一门学科。随着以信息技术为核心的高新技术广泛应用于军事领域，军事科学发展日新月异。在编写过程中，我们注意吸纳中外军事科学技术发展和中外军事理论研究的新成果，结合青年学生的知识结构和年龄特点，介绍中国国防、军事思想、国际战略环境、军事高技术与信息武器装备、信息化战争、条令条例教育与训练、军事地形等方面的内容，力争将教材做到结构体系合理、内容简明易懂。

本教材紧紧围绕国家人才培养和国防后备力量建设的需要，重点向青年学生传授中国国防建设、军事思想、国际战略环境、军事科技、信息化战争等方面的基本理论和知识，使学生认清国防与国家安危存亡、民族荣辱兴衰的密切关系；提高其对国防地位和作用的认识、增强国防观念和国家安全意识；了解国际形势风云变幻及其对我国安全构成的威胁与挑战，熟悉国家对外关系的方针和政策，明确自己所担负的历史责任；加深对中华民族爱国主义优良传统的理解，激发爱国热情；树立正确的世界观、人生观、价值观和高尚的理想情操；热爱祖国、关心国防，自觉为中华民族的振兴而奋斗。

本教材结构严谨，资料翔实，信息量大，时代性强，具有知识性、可读性和实用性等。同时本着军事教育宜广不宜深的原则，教材还确立了军事科学理论知识和军事基本技能类教材的内容和体系。

本书由盐城工学院军事教研室组织编写，由薛俊义担任主编，仇立华、张雨青、李义峰担任副主编。

在编写过程中，我们参考并吸取了有关学者的研究成果，在此表示感谢。由于编者水平有限，不足之处在所难免，敬请有关专家和读者提出宝贵的意见和建议。

编　者

2018 年 4 月

CONTENTS

目 录

上篇　军事理论篇

下篇 军事技能篇

第六章 中国人民解放军条令教育与训练

第七章 军事地形学与基本战术

第八章 综合训练

上 篇

军事理论篇

第一章　中国国防

学 习 目 标

1.全面了解我国国防历史和国防建设的现状及发展趋势。

2.熟悉国防法规的基本内容。

3.掌握国防建设的基本内容。

4.明确人民军队的性质、任务和军队建设指导思想。

5.明确公民的国防权利和义务，增强依法建设国防的观念。

6.了解国防动员的含义和基本内容。

第一节　国防概述

一、国防的含义和基本类型

有国就有防，国无防而不立。一个国家、一个民族，最重要的是发展和安全问题。强大的国防是关系到国家和民族生死存亡、荣辱兴衰的根本大计，是维护全国各族人民根本利益的需要。了解和认识现代国防，牢记历史教训，增强国防观念，加强国防建设，增强国防实力，以适应未来现代化战争的需要，是国家的大事，也是全体公民的责任。

（一）国防的含义

"国防"一词是由"国"和"防"两个词素以复合结构形式组成的合成词。"国"是国家的简称，属于历史范畴，它是人类社会阶级斗争的必然产物。"防"是防备、防卫以及各种防务的简称。

概念窗

国防即国家的防务，是为捍卫国家主权、统一、领土完整和安全，防备和抵抗侵略，制止武装颠覆，维护国家安全和社会稳定所进行的军事活动，以及与军事有关的政治、经济、外交、科技、教育等方面的活动。

从概念表述中可以看出，国家是国防的主体，外敌的侵略和武装颠覆是国防的对象，捍卫国家主权、统一、领土完整和安全是国防的目的，军事活动以及与军事相关的政治、经济、外交、教育等方面的活动是国防的手段。可见，国防是国家生存与发展的安全保障，关系国家的安危和民族的兴衰。

（二）国防的基本类型

国防随着国家的产生而产生。不同性质、不同社会制度、不同政策的国家，其国防有着不同特征和不同类型。目前，世界上的国防类型主要有四大类。

一是扩张型。奉行霸权主义侵略扩张政策的国家，为了维护本国在世界许多地区的利益，打着防卫的幌子，将其疆域以外的国家和地区纳入本国的势力范围，对别国进行侵略、颠覆和渗透。

二是自卫型。以防止外敌侵略为目的，在国防建设上主要依靠本国的力量，广泛争取国际上的同情和支持，维护本国安全，维护周边地区和世界的和平与稳定。

三是联盟型。以结盟形式，联合一部分国家来弥补自身力量的不足。从联盟之间的关系来看，联盟型国防又可分为两种：其一是一元体系联盟，即某大国为联盟的盟主，其余国家处于从属地位；其二是多元体系联盟，即联盟诸国基本处于伙伴关系，共同协商防卫大计。在联盟的国防中，也可以分为扩张和自卫两种情况。

四是中立型。主要是指中小发达国家，为了保障本国的安全，严守和平中立的国防政策，制定总体防御战略和寓兵于民的防御体系，其中一些国家采取完全不设防的方式。

二、现代国防的含义和特征

（一）现代国防的含义

现代国防是对传统国防的继承和发展，是一种全新的国防观念和国防实践活动。现代国防绝非单纯的武力较量，而是在综合国力的基础上，以军事手段为主，在政治、经济、科技、外交、文化等多种手段配合下进行的总体较量。

现代国防是一个大系统，包括武装力量建设，国防体制建设，国防科学技术研究，国防工业建设和战场建设，军事交通，人力动员准备，对人民群众进行国防教育，建立国防法规等，这些均属于国防建设范畴。

（二）现代国防的基本特征

1. 现代国防概念的内涵更丰富

现代国防虽然与传统国防在目的上都是为了维护国家利益，但它所维护的国家利益，无论是内涵上，还是范围上，以及维护国家利益的行为方式上，都远比以前丰富得多。

国防所维护的国家利益主要是安全利益。首先，它是指国家作为一个政治利益实体的安全，包括国家政治制度的巩固、领土主权的完整、主导意识形态的维护、民族团结和睦统一，等等。其次，它还指国家作为一个经济利益实体的安全，包括国家资源和经济活动、人民群众生命财产的不可侵犯性等。此外，它还指国家作为国际社会成员的地位和威望。一个国家在国际上的地位、尊严、荣誉、信誉、对外友好关系等，对国家的生存与发展都有着十分重大的影响。

总之，现代国防涉及广泛的领域，贯穿于社会活动的全过程，它不仅包括诸如发展武器装备等硬件建设，更包括进行国防教育、国防动员机制等软件建设。

2. 现代国防是国家综合国力的体现

现代国防理论与传统国防理论的不同之处在于它是在第二次世界大战之后，经济与科技飞速发展基础上产生出来的一种凭借综合国力维护国家安全的新理论。

综合国力，指的是国家全部物质力量和精神力量、实力和潜力的总和，由表现为自然的、经济的、政治的、科技的、军事的、精神的等要素构成。它包含国家的方方面面。例如，自然要素方面的国土面积、人口数量、自然资源、地理位置等；经济要素方面的国民经济生产水平、经济结构、经济潜力等；政治要素方面的社会政治制度、国家政策和管理能力、国际关系和国际地位等；科技要素方面的国民教育水平、科学和技术发展水平、科学技术潜力等；军事要素方面的武装力量的数量和质量、国防科技的规模和水平、后备力量的数量和质量、战争准备程度、动员能力等；精神要素方面的民族文化传统、社会风尚、国防意识、国民向心力和凝聚力等。其中，经济实力是基础，国防实力是支柱，民族凝聚力是灵魂。

3. 现代国防与国家经济建设关系更密切

现代国防与国家经济建设有着更为密切的关系。一方面，国家经济发展水平制约国家武器装备发展的总水平和国防力量的总规模。特别是在当今科技迅猛发展促使武器装备不断更新的情况下，现代国防对资源、财力的需求，对国家各经济部门的依赖性日益增强。没有强大的经济实力为现代国防提供物质基础，就不可能从根本上加强现代国防建设。另一方面，现代国防对于经济并不是消极和被动的，它可以为经济建设创造一个和平安定的国际、国内环境，保障经济建设顺利进行，还可以充分发展国防系统的社会经济功能，多方面支援和促进经济建设的发展。

4. 现代国防是多种手段、多种斗争形式的角逐

国防手段是为达到国防目的而采取的方法和措施。主要包括军事活动，以及与军事有关的政治、经济、外交、科技、教育等方面的活动。这些手段的综合运用又形成了诸多的斗争形式。

在现实的国际社会中，无论是影响力、谈判，还是威慑，都必须以强大的实力为后盾和基础，甚至要随时准备把实力投入战场。国家武装力量的强弱是一个国家实力的重要标志。在这一点上，现代国防观与传统国防观是相同的。现代国防观与传统国防观的根本不同之处，并不在于是否在战场上决一雌雄，而在于是否着眼于制约战争的发生。因此，运用影响力、谈判和威慑等非暴力手段已客观地居于国防的重要位置。现代国防也正是这多种手段和多种斗争形式的角逐。

5. 现代国防既是一种国家行为又是一种国际行为

经济全球化的发展趋势，使得一个国家的发展离不开国际环境，世界的和平与战争、经济的繁荣与衰退，都是一个国家持续发展的相关因素，也涉及国防的方方面面。世界尤其是周边国家局势动荡，该国就得在国防方面给予更多的关注。如果别国武力相加，该国就必须进行国防动员，以迎接外来挑战。由此可见，现代国防作为一种国家基本行为的同时，也日益成为一种国际行为。

6. 现代国防具有多层次的目标

由于各国的国家利益不同，特别是经济利益不同，因此，所制定的战略也各有

千秋，再加上各国军事实力和综合国力的差异，就使得现代国防呈现出多层次的目标体系。

在范围上，现代国防的目标体系可分为自卫目标、区域目标和全球目标。自卫目标国防是指由于本国在国土之外的经济利益有限，加上自身实力不足，只能将国防目标定位于一个最基本的层次上，即维护国家主权和领土完整；区域目标国防是指在维护本国安全利益这个层次上再提高一步，努力为本国的发展创造一个良好的周边环境，并扩大自卫的纵深和弹性；全球目标国防是指少数实力雄厚的国家，国家利益遍及全球，或者出于保护本国利益的目的，或者出于称霸世界的企图，将国防的目标对准世界，以进行侵略扩张，并将自己的意志强加给别国。

从内涵上对国防的目标层次进行分类：一种是基于保证国家生存、民族独立型的国防，称为生存目标；另一种是国家生存无忧，民族独立无虑，国防的目标在于争取一个适合国家发展的空间，称为发展目标。

三、中国的国防历史

我国国防经历了几千年的荣耀和屈辱、昌盛和衰败的历史，给我们留下了丰富的国防遗产，积累了宝贵的历史经验。

（一）古代国防

漫长的国防历史发展过程中，中华民族经历了无数次血与火的洗礼，培育出强大的民族凝聚力和自强不息、卫国御侮的尚武精神，最终形成了多民族、大疆域的国家。

1. 古代的国防政策和国防理论

我国古代为提高国防能力提出了许多卓有成效的国防政策和国防理论：一是"以民为体""居安思危"的国防指导思想；二是"富国强兵""寓兵于农"的国防建设思想；三是"爱国教战""崇尚武德"的国防教育思想；四是"不战而胜""安国全军"的国防斗争策略等。遵循这些思想使我国取得了无数次战争的胜利，使中华民族代代繁衍、生生不息，也曾带来"中国既安，四夷自服"的鼎盛时期。

2. 古代的兵制建设

所谓兵制，就是军事制度，现在一般称为军制。它包括武装力量体制、军事领导体制和兵役制度等方面的内容。

在武装力量体制上，我国古代一般区分为中央军、地方军和边防军。秦朝以前，武装力量比较单一，在军事力量构成上实行兵民合一的军民制，平时生产劳动，战时集合成军，以临时征集的方式组成军队。秦朝以后，随着政治制度的完善和经济、生产的发展，各朝代根据国家的状况和国防的需要，以及驻防地区和任务的不同，将军队区分为中央军、地方军和边防军，并对军队的组织编制、屯田戍边、兵役军赋、军队调拨、军需补给、驿站通道、武器的制造和配发等作出具体的规定，通过法律形式颁布执行，如唐代的《卫禁律》和《军防令》等。

在军事领导体制上，商、西周时期还设有专门的军事机构，君王一般亲自主持军政，领兵作战。春秋末期，国家机构出现将相制，以将为主组成军事指挥机构。战国时期，将军独立统兵作战已很普遍。秦统一后，设立了专门管理军事的部门——兵部。宋朝为了防止"权将"拥兵自重，在中央设立了枢密院，作为军事领导的最高机构，主官由文官担任。枢密院对军队有调遣权，但无指挥权；将军对军队有指挥权，但又不能调遣军队，以此造成枢密院和将军的相互牵制。各朝代在军事领导体制方面的做法虽然不尽一致，但皇权至上，军队的调拨使用大权始终掌握在皇帝手中。

中国古代的兵役制度，主要包括兵农合一制、全民皆兵制、征兵制、军户制、团结兵制、民兵制、募兵制、卫所制、八旗绿营制等。在西周、春秋以前，是寓兵于农的。到战国时期，由于战争规模的扩大和对抗的加剧，开始出现了全民皆兵制。征兵制在中国古代广泛存在，几乎各朝都有，比较明显的三代、春秋、战国、秦、汉、三国。军户制，就是把军籍与民籍分开，列入军户籍的人家世世代代要出人当兵，而民户则只纳租调，不用服兵役。中国历史上采用这一制度的大体上是南北朝、隋、唐、明。

3. 古代的国防工程建设

我国古代为抵御外敌的侵犯，巩固边海防，修筑了数量众多、规模庞大的国防工程，如城池、长城、京杭运河以及海防要塞等。

城池是我国古代国防建设中出现时间最早、数量最多的工程。城池建筑始于商代，之后规模不断扩大，结构日益完善，一直延续到近代。因此，城池的攻守作战是我国古代战争中的主要形式之一。

图 1-1 中国古代军事工程——万里长城

长城（见图 1-1）是城池建设的延续和发展，始建于春秋战国时期。秦朝灭六国完成统一后，为了防御北方匈奴的南侵，于公元前 214 年将秦、赵、燕三国北部的长城予以修缮，连贯为一。故址西起临洮（今甘肃岷县），北傍阴山，东至辽东。后经各朝代多次修建连接，至明代形成了西起嘉峪关、东至山海关的万里长城。

古代海防建设从明代开始。为防止倭寇的袭扰，明代在沿海重要地段陆续修建了以卫城、新城为骨干，水陆寨、营堡、墩台、烽堠等相结合的海防工程体系。

从整个历史来看，我国历代前期国防日渐发展、日趋强盛，以至达到鼎盛。从春秋战国到秦汉、到盛唐均是如此。后期国防便日趋衰败，以致一触即溃、不可收拾。从中唐到两宋、晚清均是如此。其间，虽然盛唐之前有两晋的糜烂，中唐以后有明清中前期的振作，但整个封建社会国防事业由盛及衰的基本趋势是没有改变的。

（二）近代国防

19 世纪上半期，西方资本主义国家为了开辟新的销售市场和原材料产地，加紧了对外侵略扩张。它们抓住中国"国防不固，军队不精"这一致命弱点，开始了对中国赤裸裸的侵略。

从 1840 年鸦片战争以后，随着统治阶级的腐败衰落，中华民族屡遭外敌的侵略和欺辱，中国的国防状况也每况愈下。1901 年，列强威逼清政府签订了丧权辱国的《辛丑条约》，使中国丧失了大量主权。

20 世纪 30 年代，日本军国主义又发动了一场旨在灭亡中国的侵略战争。中国人民前仆后继、艰苦卓绝、英勇顽强地进行了长达 14 年的抗争。这场抗日战争是中国近代以来一次规模巨大的、全民族奋起抗击外来侵略的民族解放战争，也是 100 多年来中国人民反对外国侵略者取得的第一次完全胜利、洗刷民族耻辱的战争。

四、中国国防的历史启迪

中国的国防历史，给予我们许许多多的告诫和启迪，主要有：

第一，有国必须有防。有国无防，国家和民族就要遭殃；有国有防，国家的主权、统一和领土完整才能得到可靠的保证。

第二，落后就要挨打。加强国防，必须大力发展科技，振兴经济，不断提高综合国力。

第三，必须有一支中国共产党领导下的人民军队。没有先进的军事思想做指导，没有一支真正代表人民根本利益的人民军队为之奋斗，就难以担当保卫和巩固国防的重任。

第四，必须有一个正确的国防战略方针。国防战略方针正确与否，是决定国防事业能否强大的关键。

第五，必须大力加强军队的军事训练，大力改善军队的武器装备。

"前事不忘，后事之师。"只有不忘国耻，牢记历史的经验教训，大力加强国防建设，才能为现代化建设提供可靠的安全保障，才能维护国家的根本利益，才能完成祖国的统一大业，才能实现中华民族的伟大复兴。

第二节 国防法规

一、国防法规的地位和作用

国防法规是实现国防建设和国防斗争目的的重要手段。由于它规范了国防领域处理有关方面关系的行为准则，可以起到教育、预测、评价、强制和保护等作用，所以国防法规在国防乃至国家社会主义现代化建设中居于重要地位。

（一）国防法规是国家法律体系的重要组成部分

我国社会主义法律体系，是以宪法为核心的众多法律组成的有机整体。我国法律体系中包含的法律，主要有宪法、民法、经济法、刑法、军事法、诉讼法等。国防法规与国家大部分法律有着紧密地联系，在国家法律体系中居于重要的地位。《中华人民共和国国防法》规定：国防指国家为防备和抵抗侵略，制止武装颠覆，保卫国家的主权、统一、领土完整和安全所进行的军事活动，以及与军事有关的政治、经济、外交、科技、教育等方面的活动。这一定义明确了国防法规所调整的社会关系十分广泛，而且复杂多样。它不仅包括军事领域的大部分活动，还包括与军事有关的政治、经济、外交、科技、文化等领域的活动。调整范围不仅包括军队和其他武装力量内部之间的关系，还包括武装力量与国家各级、各类机关及企事业单位的关系，以及与广大人民群众的关系。进一步健全国防法规体系，不仅是加强国防现代化建设的需要，也是完善我国社会主义法律体系的需要。

（二）国防法规建设是国防建设的重要内容

国防建设是一项极其复杂的社会系统工程，要通过整个国防领域中物质技术水平的提高、人员素质的增强和管理的科学化来实现，几乎涉及社会的各个领域。而这一切，都有赖于国防领域中调整各个社会关系的国防法规作保证。首先，国防法规作为国防行为的准则，对国防建设各个方面的权利、义务、相互关系等，都作出了明确的规定，使国家政府机构、各组织团体乃至全体公民在国防建设中都能各司其职、各尽其责。其次，国防建设的法制化本身也是国防现代化的重要组成部分，成为衡量国防现代化的重要标志之一。

二、中国的国防法规体系

国防法规体系，是指由各个层次和各个方面内容的国防法律规范组成的有机整体。不同层次表现了国防法律规范之间的纵向关系，不同方面的内容表现了国防法律规范之间的横向关系，从而构成了一个相互联系、相互制约、和谐统一的有机整体。

（一）国防法规体系的层次，是对国防法律规范的纵向划分

依据我国国防立法的权限和法律规范的效力等级，可将国防法规体系划分为五个层次。

1. 宪法中的国防条款

《中华人民共和国宪法》中的国防条款在国防法律体系中居于最高地位，主要包括以下内容：武装力量的领导体制、性质、任务、建设方针和活动的根本准则，军队在国家政治制度中的地位，公民在国防方面的基本权利和义务，国防建设的领导和管理体制，全国总动员、局部动员和宣布战争状态的制度，国家和社会对伤残军人及军人家属的优抚政策，军事审判机关和军事检察机关的设置等。

2. 基本国防法律

由全国人民代表大会制定，如《中华人民共和国国防法》《中华人民共和国兵役法》，以及《中华人民共和国刑法》分则中的第七章和第十章等。

3. 国防法律

由全国人民代表大会常务委员会制定，如《中华人民共和国国防教育法》《中华人民共和国军事设施保护法》等。

4. 国防法规

狭义的国防法规是国防法规体系的第四个层次，主要包括以下内容：中央军委制定的军事法规，如《中国人民解放军内务条令》《中国人民解放军纪律条令》等；国务院单独制定或与中央军委联合制定的国防行政法规，如《中国人民解放军现役士兵服役条例》等。

5. 国防规章

主要包括以下内容：中央军委各部门、各军兵种、各战区制定的军事规章；国务院部委单独制定或与军委有关部门联合制定或与中央军委联合制定或与国防行政机关制定的地方性国防法规和规章。

（二）国防法规体系的内容

在横向关系上，依据国防活动的领域，可以将国防法规划分为若干方面的内容，也就是若干方面的国防法律制度，主要包括国防领导、武装力量建设、国防建设事业、军事刑事等方面的法律制度。

1. 国家领导方面的法律制度

主要包括：国家最高军事统帅、国防决策机构、国防行政领导机构、国防指导机构、国防协调机构、国防咨询机构的设置、职权划分和相互关系等制度。

2. 武装力量建设方面的法律制度

主要包括：武装力量体制、兵役制度、军队体制编制、军事训练制度、军队行政管理制度、军队武器装备管理制度、军队政治工作制度、军队后勤工作制度、人民武装警察部队制度、优抚与安置制度等。

3. 国防建设事业方面的法律制度

主要包括：国防科研生产法律制度、国防动员法律制度、国防教育法律制度、军事设施保护法律制度、人民防空法律制度、安全防卫法律制度、对外军事关系方面的法律制度等。

4. 军事刑事方面的法律制度

它是规定军职人员违反职责犯罪和其他公民危害国防利益犯罪及其刑罚处罚的法律规范的总和。它以刑法、军事刑事法规、规章、司法解释等形式，规定了军职人员违反职责犯罪和其他公民危害国防利益犯罪的种类、适用法律，以及处罚原则、刑事处罚种类、诉讼程序和执行方式等。

三、中国公民的国防权利和义务

（一）公民的国防权利

根据国防法的规定，我国公民有三种相对独立的国防权利。

1. 对国防建设提出建议的权利

《中华人民共和国国防法》第 54 条规定："公民和组织有对国防建设提出建议的权利。"这一规定，是公民依法享有对国家事务的建议权在国防建设方面的体现。我国现行《中华人民共和国宪法》规定："中华人民共和国公民对于任何国家机关和国家工作人员，有提出批评和建议的权利。""一切国家机关和国家工作人员必须依靠人民的支持，经常保持同人民的密切联系，倾听人民的意见和建议，接受人民的监督，努力为人民服务。"

2. 制止、检举危害国防行为的权利

《中华人民共和国国防法》第 54 条规定："公民和组织有对危害国防的行为进行制止或者检举的权利。"这一规定，是宪法关于公民有维护国家安全、荣誉和利益的义务以及关于公民检举规定在国防方面的体现。这一权利表现为两个方面：一方面，公民为维护国防利益，有权依法对危害国防的行为（即行为人违反国家的有关法律，不履行国防义务，超越国防权利的界限，对国防利益造成破坏或侵害的行为）予以制止、检举；另一方面，危及国防利益的违法犯罪行为，必须查清楚事实，负责任处理，绝不允许对检举人进行压制和打击报复，否则，相关人士将承担法律责任。

3. 在国防活动中因经济损失得到补偿的权利

《中华人民共和国国防法》第 55 条规定："公民和组织因国防建设和军事活动在经济上受到直接损失的，可以依照有关规定取得补偿。"这一规定，体现了我国一切为了人民利益的社会主义的本质，既保护了公民的经济权利，又有利于调动公民依法参加国防建设和军事活动的积极性。但是，这种补偿与公民在民事活动中享有的损害赔偿是不同的。它仅限于公民在国防活动中直接的经济损失，而不包括间接的经济损失和非经济损失。同时，对直接经济损失的偿讨，可以是全部的，也可以是部分的。

（二）公民的国防义务

中国的国防法律法规赋予公民的义务主要有：

1. 兵役义务

《中华人民共和国宪法》第 55 条规定："保卫祖国、抵抗侵略是中华人民共和国每个公民的神圣职责。依照法律服兵役和参加民兵组织是中华人民共和国公民的光荣义务。"我国公民履行兵役义务是建立在高度自觉的基础之上。我国公民履行兵役法规定的义务有以下四种形式：服现役，现役士兵包括义务兵役制士兵和志愿兵役制士兵，义务兵役制士兵称义务兵，志愿兵役制士兵称士官；服预备役，士兵退出现役时，符合预备役条件的，由部队确定服士兵预备役，在退出现役之日起 40 天内，到安置地的县、自治县、市、市辖区的兵役机关办理预备役登记；民兵，是不脱离生产的群众武装组织，是中国人民解放军的助手和后备力量；军训训练，高等院校的学生在就学期间，必须接受基本军事训练。

2. 支前参战的义务

根据宪法和兵役法的规定，在战争发生时，为了对付敌人的突然袭击，抵抗侵略，适龄公民应当积极响应祖国的战时征召，一部分服现役参加战斗，其余的除了随时准备应召服现役外，要在政府的领导下，由当地军事指挥机关组织，积极担负战备勤务，支援前线作战，如前送武器弹药、给养，后运伤员，守护重要军事设施和交通运输线路，参加军警民联防等。

3. 接受国防教育的义务

《中华人民共和国国防法》第 52 条规定："公民应当接受国防教育。"《中华人民共和国国防教育法》还专门对国防教育作出了规定。高等院校和高级中学的学生国防教育是以军事训练和军事理论教育为主来进行的。

4. 保护军事设施的义务

《中华人民共和国军事设施保护法》明确规定："中华人民共和国的所有组织和公民都有保护军事设施的义务。禁止任何组织或个人破坏、危害军事设施。任何组织或者个人对破坏、危害军事设施的行为，有权检举、控告。"

5. 保守国家军事机密的义务

宪法规定，保守国家机密（包括军事机密）是每个公民应尽的义务。《中华人民共和国国防法》第 52 条规定：“公民和组织应当遵守保密规定，不得泄露国防方面的国家秘密，不得非法持有国防方面的秘密文件、资料和其他秘密物品。”

6. 协助国防活动的义务

根据《中华人民共和国国防法》的规定，公民在协助国防活动方面的义务主要有三点：一是支持国防建设，包括参与国防宣传、履行兵役义务、协助做好军人及其家属的优抚工作、促进军民团结等；二是为武装力量的军事训练、战备勤务、防卫作战等活动提供便利条件或者其他协助，主要包括根据需要主动为武装力量使用档案、资料、物资、设备、交通、通信、场地、建筑等提供方便，为武装力量执行任务的人员提供必需的饮食、住宿、医疗、卫生保障等；三是支前参战的义务，主要包括战时踊跃参军、配合部队作战、担负战时勤务、保卫重要目标等。

第三节　国防建设

1949 年 10 月 1 日，中华人民共和国成立，从此结束了近代中国有国无防的历史。在中国共产党的领导下，经过 60 多年的不懈努力，中国国防不断得到巩固和加强。作为国家现代化建设的重要部分，当今的国防建设从我国的国情出发，正在向建设有中国特色的现代化国防的目标迈进。

一、国防建设成就

国防建设是国家为提高国防能力而进行的各方面的建设。主要包括：武装力量建设，边防、海防、空防、人防及战场建设，国防科技与国防工业建设，国防法规与动员体制建设，国防教育，以及与国防相关的交通运输、邮电、能源、水利、气象、航天等方面的建设。

重视国防和军队建设，是我国几代领导人的一贯思想。中华人民共和国成立以来，在党中央、中央军委的领导下，国防和军队建设取得了举世瞩目的成就。

（一）建设和完善了有中国特色的武装力量领导体制

我国的武装力量领导体制，是在长期的革命战争中形成和发展起来的。中华人民共和国成立后，根据中央人民政府 1949 年 10 月 19 日的命令，成立了中央人民政府人民革命军事委员会，作为全国武装力量的最高统帅机关。1954 年 9 月，第一届全国人民代表大会第一次会议通过的《中华人民共和国宪法》规定，中华人民共和国国家主席统率全国武装力量，并决定设立国防委员会和国防部，由国家主席担任国防委员会主席。与此同时，取消了中央人民政府人民革命军事委员会。在同月召开的中央政治局会议上，决定在中央政治局和书记处之下成立中共中央军事委员会，领导和指挥中国人民解放军和其他武装力量。

1982 年起，党和国家共同设立中央军事委员会。同年 12 月召开的全国人大五届五次会议通过的《中华人民共和国宪法》规定，中华人民共和国中央军事委员会统一领导全国的武装力量。国家中央军委设立后，中共中央军委同时存在，为避免机构重叠，中共中央决定，国家军委与党的军委是"一个机构，两个牌子"，其组成人员完全相同，而且全体军委委员都由共产党员担任。党的中央军委与国家中央军委并存，同时向中央和全国人大及人大常委会负责。这种体制既贯彻了党对军队绝对领导的根本原则，又适应了我军已成为国家主要成分的实际，进一步完善了国家武装力量的领导体制，体现了党领导军队与国家领导军队的一致性。

（二）中国人民解放军的现代化、正规化和革命化建设有了突破性进展

中华人民共和国成立后，人民解放军在毛泽东关于建设现代化革命武装力量的战略思想和邓小平军队建设思想的指引下，不断向现代化、正规化和革命化迈进。特别是改革开放以来，我国国防实力得到进一步增强，国防现代化建设，尤其是军队的建设有了突破性进展，取得了一系列重大成就。

1949 年 10 月 1 日，当毛泽东主席在天安门向全世界庄严宣告中华人民共和国成立时，经过长期考验的中国人民解放军也迈开了建设诸军兵种构成的合成军队的坚实步伐。当时的炮兵、装甲兵等技术兵种所占比例非常小。经过 60 多年的艰苦努力，人民解放军实现了由单一陆军向诸军兵种合成军队的发展，不仅掌握着种类比较齐全的常规武器装备，而且拥有了具有一定威慑力的尖端武器装备。

进入 20 世纪 90 年代以来，人民解放军继续向着更高级的阶段迈进。根据技术战争的特点和影响，人民解放军开始把军事斗争准备的立足点放在打赢现代科技特别是高技术条件下的局部战争上，军队建设逐步实现由数量规模型向质量效能型、由人力密集型向科技密集型的转变。在发展武器装备方面，人民解放军根据现代科技特别是高技术条件下局部战争的需要，努力发展高科技"撒手锏"。在改革调整体制编制方面，人民解放军进一步压缩军队规模，优化诸军兵种比例结构，完善合成体制，使军队体制编制更加适应现代协同作战和联合作战的需要。在改革教育训练方面，为培养掌握现代科技知识和战争知识，精通现代军事科学理论的高层次指挥人才，指挥院校增设了硕士、博士生教育，部队训练加大了实战力度。2009 年 10 月 1 日，在国庆 60 周年阅兵大典上，中国人民解放军受阅部队浩浩荡荡通过天安门广场，接受祖国和人民的检阅（见图 1 - 2）。装备着新式武器的受阅部队，以空前的阵容和世界一流的训练水平，向世界展示了中国军队革命化、现代化、正规化建

设的巨大成就，展示了人民军队威武之师、文明之师、胜利之师的崭新风貌，展示了共和国钢铁长城维护祖国安全与统一、促进世界和平与发展的坚强决心和强大力量。

图1-2 国庆60周年阅兵大典

（三）国防科技是衡量一个国家综合国力的重要标志之一，也是国防现代化建设的一个重要方面

中华人民共和国成立以来，在党中央、国务院、中央军委的领导下，经过60多年的建设和发展，我国的国防科技工业从无到有，从小到大，从落后到先进，建立起了包括电子、船舶、兵器、航空、航天和核能等门类齐全、综合配套的科研实验生产体系，取得了一大批具有国内或国际先进水平的科技成果，为我军现代化建设和切实增强我国的综合国力作出了重要贡献。

中华人民共和国成立后的第一个五年计划期间，我国的国防科技工业经过几年的努力，先后建立了飞机、舰艇、火炮、坦克、弹药、雷达、指挥仪、通信设备等工厂，为我国独立自主研制和生产武器装备奠定了初步基础。1964年第一颗原子弹试验成功，1966年导弹核武器试验成功，1967年第一颗氢弹试验成功，1970年第一颗人造卫星上天，1975年人造卫星按预先计划准确返回地面，1980年向南太平洋发射运载火箭

图1-3 中国歼-20歼击机

成功，1982年潜艇发射运载火箭成功，1984年地球同步卫星发射成功，2000年10月第一颗导航定位卫星"北斗"发射成功，1999—2012年连续发射九艘"神舟"号飞船。2004年歼-10战机正式装备部队。2011年1月歼-20战机（见图1-3）实现首飞。2012年10月31日由中航工业沈飞研制的AMF五代战机（歼-31）首飞成功。

2017年3月9日，据中央电视台军事农业频道报道证实歼-20已进入空军序列。歼-20是中国现代航空工业的代表作，它是中国国防能力高速发展的一个象

征，而歼－20的正式服役，标志着中国成为第二个自主研发并装备第五代战斗机的国家。

中国国防科技工业在为部队提供性能先进、质量可靠、配套完善的武器装备的同时，大力发展军民两用技术，和平利用军工技术，促进国民经济建设。现在，民用核电技术已向产业化发展，民用航天技术在应用卫星、运载火箭、载人航天等方面也取得了丰硕成果。截至2005年中国长征系列运载火箭成功发射了30颗国外制造的卫星，在国际商业卫星发射服务市场占有一席之地。连续发射成功的五艘"神舟"无人实验飞船和四艘"神舟"载人实验飞船，表明我国载人航天技术日臻成熟，进入一个新的发展阶段。民用飞机在通用飞机、"新舟600"飞机生产上取得重要进展。民用船舶工业已成为全国机电行业中具有国际竞争力的出口型支柱产业，2010年已经超越韩国，跃居世界第一位。国防科技工业充分发挥了军工行业的优势，在民用核电、航天、航空、船舶和电子等产业，实现军民相互促进的良性循环。目前，国防科技工业已成为国民经济建设的重要力量。

（四）我国奉行睦邻友好政策

我国严格按照与相邻国家签订的条约、协定和联合国海洋法公约，对陆地边界和管辖海域实施防卫、管辖，维护国家领土主权和海洋权益，保卫边防、海防安全。

我国主张通过谈判解决边界和海域划界问题，重视在边境地区建立互信机制，反对使用武力或采取激化事态的行动，按照公平原则划定海域界限。目前，我国先后与大部分邻国解决或基本解决了历史遗留的边界问题。

我国重视发展与相邻国家的边防交往和合作，共同维护边界秩序。2002年4月，上海合作组织成员国在阿拉木图会晤。中国、俄罗斯、哈萨克斯坦、吉尔吉斯斯坦、塔吉克斯坦五国国防部门领导商定：五国边防部门在上海合作组织有关文件规定的框架内，根据成员国共同国界地区的形势，加强边防信息交流，深化双边和多边合作，采取有效措施共同打击恐怖主义、分裂主义、极端主义和预防各种形式的跨国犯罪活动，维护成员国共同边界地区的安全，为发展成员国之间的睦邻友好、经济贸易和文化交流提供安全保障。中国国防部门和边防部门忠实履行有关条约、协定和协议，在双边或多边的法律框架内共同维护边界秩序，保障了边界地区的和平与稳定。

在现代战争中，实施大规模空袭已成为作战的首选手段，空袭与反空袭已成为重要的作战样式之一。在空袭隐蔽突然、精确打击和破坏效能空前增强的情况下，人民防空的作用越来越突出和重要。

我国人民防空建设贯彻人民战争思想，从战时需要出发，把城市人民防空作为建设重点，在适应国家市场经济的推进和军事斗争准备的需要中改革发展。

党的十一届四中全会以来，人防工程实行"平战结合"方针，在保证人防工程战备功能不受影响的前提下，开发利用人防工程，为城市生产和人民生活服务，已取得良好的社会效益和经济效益。

（五）国防后备力量建设取得长足发展

我国历来十分重视国防后备力量建设。1985 年，党中央、国务院、中央军委提出了"精干的常备军和强的后备力量结合，是建设现代化国防的必由之路"的基本指导方针，国防后备力量呈现出良好的局面。一是国防后备力量建设实现了指导思想的战略性转变，走上了和平时期稳步发展的轨道，明确提出了民兵工作要以更好地适应新时期军事战略方针和适应发展社会主义市场经济的新形势为指针。二是确立并实行了民兵与预备役相结合的制度，重点抓基层民兵队伍建设和预备役部队建设，加强训练，更新武器装备，使得后备兵员的整体素质明显提高，初步形成了具有中国特色的国防后备力量体系。三是注重宏观指导、合理布局，边海防、大中城市和重点地区的民兵工作得到了加强。四是民兵、预备役部队在参战支前、保卫边疆、发展生产、扶贫帮困、抢险救灾、维护社会治安等方面发挥了重要作用，为国家的改革、发展和稳定作出了巨大贡献。五是加强了国防教育，有效地增强了全民的国防观念，普及了国防知识，推动了国防建设。中国的国防，是全民的国防。从1985 年开始，我国有组织有计划地在部分高等院校和高级中学开展学生军训工作试点。2001 年 4 月 28 日，《中华人民共和国国防教育法》正式公布实施，使国防教育逐步走上经常化、多样化、规范化的轨道。《中华人民共和国国防教育法》公布实施后，从 2001 年开始，学生军训工作有计划、有步骤地在全国普通高等学校和高级中学全面铺开。六是完善了国防动员体制，组建了国防动员委员会。委员会在国务院和中央军委领导下，主管全国的国防动员工作，按照"平战结合、军民结合，寓兵于民"的方针，协调国防动员工作中经济与军事、军队与政府、人力与物力之间的关系，从而将人民武装、国民经济、人民防空、国防交通等方面的动员准备纳入国家总体发展规划和计划，通过优化动员机制，提高后备力量的快速动员能力，提高平战转换能力，极大地增强了国防实力。

（六）国防法制建设向规范化、制度化迈进

中华人民共和国成立以来，国防法制建设逐步发展，在立法、执法、司法及法律监督等方面都取得了很大的成绩。

党的十一届三中全会以来，国防和军事法制建设进入了一个新的发展时期。1982 年修改的《中华人民共和国宪法》在总结中华人民共和国成立以来历史经验的基础上，确立了国防和武装力量建设的基本原则，为国防和军事法制建设提供了宪法依据。此后，在国家立法体制中进一步健全了国防和军事立法体制。中央军委发布了《中国人民解放军立法程序暂行条例》，对立法规划、计划，以及法规起草、

审议、发布实施都作了明确规定，实现了国防和军事立法的规范化、制度化。

中国的国防和军事立法取得了显著成绩，全国人民代表大会及其常务委员会制定了《中华人民共和国国防法》《中华人民共和国兵役法》等 12 项国防和军队建设的法律和有关法律问题的解释。国务院、中央军委制定了 40 多项军事行政法规。中央军委制定了《中国人民解放军司令部条例》《中国人民解放军政治工作条例》《中国人民解放军基层后勤管理条例》等 70 多项军事法规；中央军委各部门、各军兵种、各军区制定了 1000 多项军事规章。我国在国防和军队建设的主要方面基本实现了有法可依，初步建立了具有中国特色的国防和军事法规体系。国家在国防建设领域，依法确立和健全了从中央到地方的国防领导体制和运行体制，建立了兵役制度、国防动员制度、国防科研生产制度、国防资产管理制度、军事设施保护制度以及军人抚恤优待制度；在军队建设领域，依法确立了军队的性质、任务和建设方针，实行了军人衔级制度、军事训练制度、司令部工作制度、政治工作制度、后勤保障制度、内务制度、警备勤务制度、军纪奖惩制度等一系列重要制度，保障了国防活动和军队建设在法律规范和调控下有序地进行。

为了保障国防和军事法规在军队的统一实施，国家在军队中建立了军事执法体制、军事司法体制和军事法制机构、法律服务组织，构成了完整的国防和军事法制组织体制。军事执法体制，主要由负责军事法实施的军队各级领导机关和职能部门构成，并在军级以上单位设立了专门履行监督检查职能的纪律检查机构和财务审计机构，全国大中城市驻军建立了维护军容风纪、纠察违纪军人和违章军车的警备勤务机构。军事司法体制，由国家设在中国人民解放军总部、军区级单位、军级单位的三级军事法院和军事检察院构成，它们与军队各级保卫部门分别行使法律规定的职权，依法办理军队内部发生的刑事案件。军事法制机构，由中央军委法制局和各总部、军区级单位编设的法制机构或人员组成，负责管理全军和军队各单位的法制工作。法律服务部门，由军队各级设立的法律顾问处和法律咨询站组成，专门为军队各级领导机关决策和部队官兵的涉法问题提供法律咨询和服务。

此外，我国十分重视面向全国人民，特别是在军队中开展国防和军事法制的宣传教育，把法制宣传教育纳入部队教育训练的轨道。

二、国防建设的目标和国防政策

（一）国防建设的目标

21 世纪以来，世界发生了深刻复杂的变化，和平与发展仍然是时代主题。但世界并不安宁，霸权主义、强权政治和新干涉主义有所抬头，局部动荡频繁发生，热点问题此起彼伏，传统与非传统安全挑战相互交织，国际军事领域竞争更趋激烈。在这样的国际环境下，人民解放军坚决履行新世纪新阶段的历史使命，拓展国家安全战略和军事战略视野，有效应对多种威胁，完成多样化的军事任务。

2013 年，中国政府发布了首部专题型国防白皮书《中国武装力量的多样化运用》，在系统阐述中国武装力量多样化运用的政策和原则时，强调"坚定不移把军事斗争准备基点放在打赢信息化条件下局部战争上，统筹推进各战略方向军事斗争准备，加强军兵种力量联合运用，提高基于信息系统的体系作战能力。"[①] 并强调坚决维护国家海洋权益是人民解放军的重要职责。

习近平主席提出"强军梦"，强调"能打仗、打胜仗"，从根本上阐明，保障国家和平发展必须不断加强核心军事能力建设。建设与中国国际地位相称、与国家安全和发展利益相适应的巩固国防和强大军队。

（二）国防政策

1. 中国基本的国防政策

中国的国防政策是由中国的国家利益、社会制度、对外政策和历史文化传统等因素所决定的。维护国家利益，一是要始终把维护国家的主权、统一、领土完整和安全放在第一位，把保卫祖国、抵抗侵略、维护统一、反对分裂作为国防政策的出发点和立足点。二是要为国家的改革开放和发展提供一个和平稳定的内外环境。中国是社会主义国家，并处在社会主义的初级阶段。中国根据自己的国情所选择的社会制度、发展战略和生活方式，不会产生对外侵略扩张的因素，因而也就不会制定扩张性的国防政策。中国始终不渝地奉行独立自主的和平外交政策，不同任何国家或国家集团结盟，主张通过协商和平解决国家间的纠纷和争端，主张在和平共处五项原则基础上同所有国家发展友好合作关系。因此，中国几千年的历史中，爱和平、重防卫、求统一、促进民族团结、共御外侮，始终是中国国防观念的主题，中国的国防政策源于这种优良的历史文化传统。

中国国防政策对国防的领导力量、国防的基本目标、国家军事战略方针、国防和军队建设的途径、防卫活动的指导原则、对外军事交往及合作的宗旨都作了明确规定。这些明确规定有：坚持中国共产党对国防的领导；坚持国防政策的防御性与保卫国家利益坚决性的统一；坚持国防建设与经济建设协调发展；贯彻积极、防御的军事战略方针；独立自主地建设和巩固国防；实行军民结合，全民自卫；实现国防现代化；走有中国特色的精兵之路；维护世界和平，反对侵略扩张行为。

2. 新阶段中国的国防政策

进入 21 世纪，国际国内形势都发生了新的重大变化，作为国家的国防政策也必须在保持政策的连续性和继承性的基础上进行相应地调整。

（1）维护国家安全统一，保障国家发展利益。防备和抵抗侵略，确保国家领土、

[①] 国务院新闻办公室：《中国武装力量的多样化运用》，人民出版社，2013，第 5 页。

领海、领空不受侵犯。反对和遏制"台独"分裂势力及其活动，防范和打击一切形式的恐怖主义、分裂主义和极端主义。人民解放军坚决履行新世纪新阶段的历史使命，为中国共产党巩固执政地位提供有力保证，为维护国家发展的重要战略机遇期提供坚强的安全保障，为维护国家利益提供有力的战略支撑，为维护世界和平与促进共同发展发挥重要作用，不断提高应对多种安全威胁、完成多样化军事任务的能力，确保能够在各种复杂形势下有效应对危机、维护和平、遏制战争、打赢战争。

（2）实现国防和军队建设全面协调可持续发展。坚持国防建设与经济建设协调发展的方针，把国防和军队现代化建设融入经济社会发展体系中，使国防和军队现代化进程与国家现代化进程相一致。全面加强军队的革命化、现代化、正规化建设，科学统筹，走有中国特色的精兵之路。深化体制编制和政策制度调整改革，注重解决体制机制上制约军队发展的深层次矛盾和问题，着力推进军事组织体制创新和军事管理创新，提高军队现代化建设的效益。

（3）加强以信息化与主要标志的军队质量建设。坚持以机械化为基础，以信息化为主导，推进信息化、机械化复合发展，实现军队火力、突击力、机动能力、防护能力和信息能力的整体提高。实施科技强军战略，依靠科技进步加快战斗生成模式的转变。提高武器装备和国防科技的自主创新和努力，力争在一些基础性、前沿性、战略性技术领域取得重大突破。加紧构建适应信息化战争需要的联合作战指挥体制、训练体制和保障体制，加强诸军兵种的综合集成建设。实施人才战略工程，培养大批适应军队信息化建设、胜任信息化条件下作战任务的高素质新型军事人才。

（4）贯彻积极防御的军事战略方针。立足于打赢信息化条件下的局部战争，着眼于维护国家主权、安全和发展利益的需要，做好军事斗争准备。创新发展人民战争的战略思想，坚持军事斗争与政治、经济、外交、文化、法律等各领域的斗争密切配合，综合运用各种手段和策略，主动预防、化解危机，遏制冲突和战争的爆发。逐步建设集中统一、结构合理、反应迅速、权威高效的现代国防动员体系。以联合作战为基础作战形式，发挥各兵种作战特长。陆军逐步推进由区域防卫型向全域机动型转变，提高空地一体、远程机动、快速突击和特种作战能力。海军逐步增大近海防御的战略纵深，提高海上综合作战能力和核反击能力。空军加快由国土防空型向攻防兼备型转变，提高空中打击、防空反导、预警侦察和战略投送能力。火箭军逐步完善核常兼备的力量体系，提高信息化条件下的战略威慑和常规打击能力。

（5）坚持自卫防御的核战略。中国的核战略贯彻国家的核政策和军事战略，根本目标是遏制他国对中国使用或威胁使用核武器。中国始终奉行在任何时候、任何情况下都不首先使用核武器的政策，无条件地承诺不对无核武器区使用或威胁使用核武器，主张全面禁止和彻底销毁核武器。中国坚持自卫反击和有限发展的原则，着眼于建设一支满足国家安全需要的精干有效的核力量,确保核武器的安全性、可靠性,保持核力量的战略威慑作用。中国的核力量由中央军事委员会直接指挥。中国发展核力量是极为克制的,过去没有将来也不会与任何国家进行核军备竞赛。

(6)营造有利于国家和平发展的安全环境。按照"和平共处五项原则"开展对外军事交往,发展不结盟、不对抗、不针对第三方的军事合作关系。参与国际安全合作。加强与主要大国和周边国家的战略协作与磋商,开展双边或多边联合军事演习,推动建立公平、有效的集体安全机制和军事互信机制,共同防止冲突和战争。支持按照公正、合理、全面、均衡的原则,实现有效裁军和军备控制,反对核扩散,推进国际核裁军进程。遵守联合国宪章的宗旨和原则,履行国际义务,参加联合国维和行动、国际反恐合作和救灾行动,为维护世界和地区和平稳定发挥积极作用。

三、武装力量建设

(一)中国武装力量的构成和任务

中国武装力量实行野战军、地方军和民兵"三结合"的体制。中华人民共和国成立后,随着不同时期形势的发展和变化,这种"三结合"的武装力量也经历了不同的具体组织形式。在新的历史时期,我国的武装力量由中国人民解放军、中国人民武装警察部队和民兵组成。

中国武装力量的主要任务是:巩固国防,抵御侵略,保卫祖国,保卫人民的和平劳动,参加国家建设事业,全心全意为人民服务。

中国武装力量的主体是中国人民解放军。中国人民解放军诞生于1927年8月1日,土地革命时期称为中国工农红军,抗日战争时期称为八路军和新四军,解放战争时期改称中国人民解放军。中华人民共和国成立以来,人民解放军由单一的陆军发展成为陆、海、空三军和战略导弹部队以及其他兵种在内的合成军队,建成了一支拥有现代化武器的人民军队。人民军队在新的历史条件下,正在逐步实现机械化和信息化建设的双重历史使命,为捍卫国家的根本利益,全面建设小康社会,建立新的功勋。

中国人民解放军的具体构成是:

1. 中国人民解放军现役部队

(1)陆军。陆军是陆地上担负作战任务的军种。由步兵、炮兵、装甲兵、工程兵、通信兵、防化兵、陆航兵等兵种组成,通常由集团军、师(旅)、团、营、连、排、班的序列编制。陆军能够独立作战,也可与海、空军联合作战。陆军具有强大的火力、突击力和高度机动的能力。

①步兵。步兵由摩托化步兵和装甲步兵组成,是陆军中的主要兵种,担负着在

地面作战中歼灭敌人的主要任务。步兵能够在任何时间、季节、天气和地形作战。摩托化步兵通常搭乘轮胎车辆，装甲化步兵搭乘履带车辆。步兵的任务是在进攻战斗中歼灭敌人的有生力量，夺取被敌方占领的地区；在防御中大量歼灭、杀伤、消耗敌人，坚守阵地，必要时可进行特殊条件下的作战。步兵的武器装备通常有轻武器、坦克、装甲车、火炮、便携式防空导弹和反坦克导弹、直升机等。

②炮兵。炮兵是以火炮和战役战术导弹为基本装备的战斗兵种。它是合成军队的重要组成部分，是陆军中主要的火力突击力量。炮兵具有强大的火力、较远的射程、良好的射击精度和较高的机动能力，能集中、突然、连续地对地面、水面和空中目标实施射击，主要使用于支援、掩护步兵和坦克的战斗行动，也可与其他兵种协同作战。炮兵由地面炮兵、高射炮兵、战役战术导弹部队组成。中华人民共和国成立后，我国不断突破火炮制造的关键技术、弹药技术、火控技术、防护技术、自动化指挥技术和通信技术，制造出互动匹配、优长互补的系列火炮，战场打击能力实现了历史性跨越。

③装甲兵。装甲兵是陆军中以坦克和其他装甲战斗车辆为基本装备的战斗兵种，是陆军中一支重要的突击力量。装甲兵具有快速的机动力、强大的火力和较好的防护力，可减轻常规武器和核武器的袭击损坏。在协同作战中，与其他兵种协同遂行作战任务。装甲兵以坦克部队、装甲步兵为主体，还包括炮兵、反坦克导弹、防空、防化、工程及其他保障部队。装甲兵的任务是：在进攻战斗中，突破敌人防御，消灭敌坦克、装甲兵和反坦克火器，摧毁阻碍步兵前进的火力点，在敌防步兵障碍物中为步兵开辟道路，对敌侧后实施保卫迂回、穿插和分割，配合步兵歼灭敌人。在装甲兵部队中，坦克是地面作战的主要突击兵器。坦克具有强大的直射火力、高度的越野机动力和坚固的装甲防护力，可通过放射性沾染区域、水障碍、电网等。坦克通常按战斗全重、火炮口径分为轻型、中型和重型；按作战性能分为主战坦克、水陆两栖坦克和特种坦克等。

中华人民共和国成立后，我军开始了装甲兵部队的全面建设，相继制造出中轻型坦克、水陆两栖坦克以及具有特殊功能的架桥坦克、扫雷坦克等。我国自行研制的第一代水陆坦克曾横渡琼州海峡。我军装甲部队的装备有85式、88式、90式及99式（见图1-4）主战坦克系列和86式步兵战车等。

图1-4　中国99式主战坦克

④工程兵。工程兵是担负军事工程保障任务的专业兵种，是我军实施工程保障的技术骨干力量。陆军工程兵包括工兵和舟桥、建筑、工程维护、伪装、野战给水等专业部队。工程兵的主要任务是：实施工程侦察，构筑重要的工事，排除障碍物，实施破坏作业，对重要目标进行伪装，修筑道路，架设桥梁，开设渡场，构筑积水

23

站等。在协同作战中，负责保障我军的隐蔽安全、指挥稳定和快速机动，阻滞敌方机动，也可直接歼灭敌军有生力量。海军、空军和火箭军编成的工程兵部队主要担负军港、机场、导弹基地等工程维护和构建任务。

⑤通信兵。通信兵是担负军事通信任务的专业兵种，通常包括通信、通信工程、无线电通信对抗、航空兵导航和军邮等专业部（分）队。通信兵的主要任务是：保障军队指挥和武器控制的通信联络，组织实施电子对抗、航空兵导航和野战军邮，对保障军队指挥和完成各项任务具有重大作用。随着军队的武器和通信装备的不断发展，通信兵专业训练加强了无线电通信反侦察、反干扰训练，计算机控制的多手段，大容量自动化通信系统的技术组织、指挥、管理和训练，以提高通信部队在各种复杂条件下的通信和生存能力。

⑥防化兵。防化兵亦称化学兵，是我军担负防化保障任务的专业兵种，由防化、观测、侦查、洗消、喷火、发烟等专业部队组成。防化兵是我军合成军队的组成部分。防化兵的任务是：实施对原子、化学观测和对化学、辐射的侦察、实施沾染检查和组织剂量监督、实施消毒和消除，指导我军对核武器、化学武器、生物武器袭击所采取的防护措施，避免或减少杀伤破坏，保持我军战斗力和重要目标的生存能力。

⑦陆航兵。陆航兵亦称陆军航空兵，被誉为现代化战场上一支灵活机动、出击神速的"空中轻骑兵"。国产武装直升机是陆航兵的重要装备。我国自行研制的武装直升机具有体积小、速度快、机动性能好、攻击穿插能力强等特点。直升机可以在距地面 10 米以上的高度飞行，并利用地形地物隐藏接近目标，实施跳跃垂直攻击。武装直升机火力配置强大，主要用于战场上的反坦克战，攻击坦克、装甲车等点状目标，并且具有暂停、前飞、下滑和在规避状态下实施攻击的能力。

走进 21 世纪的中国陆军，已初步形成地面突击力量、火力打击力量、作战保障力量和后勤技术保障力量。高技术武器装备批量在部队列装，使部队专业化程度显得更为突出。每个陆军集团军有数十个技术兵种，100 多个专业，技术兵种比例约占总员额的 70%。高技术兵种已成为陆军的骨干力量。

（2）海军。中国人民解放军海军成立于 1949 年 4 月 23 日，以第三野战军即华东军区一部为基础，组成了华东军区海军。1950 年 4 月 14 日，成立了海军领导机关。目前我海军部队辖有北海、东海、南海三个舰队，舰队受海军和所在地战区的双重领导。

海军以舰艇部队为主体，是在海洋上作战的军种。海军由水面舰艇部队、潜艇部队、海军航空兵、岸防兵、海军陆战队等兵种和各种保障部队组成。海军具有在水面、水下、空中和岸上实施攻防作战的能力，可独立或协同其他军种遂行海上作战任务，机动消灭敌方舰艇部队，袭击敌方基地、港口和路上的重要目标，保护海上交通线和破坏敌方交通线，封锁与反封锁、登陆与抗登陆。

①水面舰艇部队（见图1-5）。水面舰艇部队是在水面遂行部队作战任务的兵种，通常装备有驱逐舰、护卫舰、布雷舰、扫雷舰、导弹艇、鱼雷艇等。其主要任务是攻击敌方海上兵力和岸上目标，保护海上交通线，进行海上封锁与反封锁作战。海军的新型导弹驱逐舰，对海面、水下等目标都可构成几个层次的防御和攻击。

②潜艇部队（见图1-6）。潜艇部队包括鱼雷潜艇、导弹潜艇和战略潜艇部队。潜艇既能独立作战也可协同作战。其主要任务是消灭敌方大中型运输舰船和战斗舰艇，破坏摧毁敌方基地、港口和陆地重要战略目标，进行侦查、反潜、布雷和巡逻等。

图1-5　水面舰艇部队

图1-6　潜艇部队

③海军航空兵。海军航空兵是海军中主要在海洋上空遂行作战任务的兵种。通常由轰炸航空兵、歼击轰炸航空兵、歼击航空兵、强击航空兵、侦察航空兵、反潜航空兵部队和执行预警、电子对抗、空中加油、运输、救护等保障任务的部队组成。具有远程作战、高速机动和猛烈突击的能力，是海洋战区夺取和保持制空权的重要力量，是海军的主要突击兵力之一，能对海战的进程和结局产生重大影响。

④岸防兵。岸防兵部署在沿海重要地域，是以火力参加沿岸攻防作战的兵种，由海岸炮兵部队和海岸导弹部队组成，装备大中型口径的海岸炮和具有不同射程的岸舰导弹武器系统。其主要任务是保卫基地、港口和沿海重要地域，消灭敌方舰船，支援海岸岛屿的守备部队作战。

⑤海军陆战队。海军部队中担负登陆作战任务的兵种，由陆战步兵、装甲兵、工程兵、通信兵、侦察兵组成。它装备有步兵自动武器、水陆坦克、两栖装甲车、轻型自行火炮、气垫船、直升机等。海军陆战队具有机动性强、反应快的特点和独立作战的能力。其主要任务是独立或配合陆军担任先遣部队实施登陆，夺取和巩固登陆点或登陆场，保障后续梯队登陆，也担任海岸防御任务。

目前，海军部队的武器装备已发生重大变化，导弹逐渐成为主要的舰载武器，大、中、小型水面舰艇和潜艇分别装备了战术导弹和战略导弹，出现了导弹护卫舰、导弹驱逐舰、导弹快艇（见图1-7）、导弹常规潜艇、导弹核潜艇。舰艇普遍加强了反潜、防空和电子对抗能力，海军部队在导弹化、立体化、信息化建设方面取得了突破性进展，已具备近海防御作战能力，能有效地保卫祖国的万里海疆和海洋国土安全。2012 年 9 月中国人民解放军海军第一艘可以搭载固定翼飞机的航空母舰辽宁号航空母舰（简称"辽宁舰"，舷号 16），交付中国人民解放军海军；2012 年 11 月 23 日上午，航母舰载机歼 – 15 首降成功，将中国海军的建设与发展推入到一个全新的进程。

（3）空军。中国人民解放军空军成立于 1949 年 11 月 11 日，以第四野战军一部为基础，在北京成立空军领导机关。1950 年 7 月，组建了空军陆战第 1 旅。随后陆续组建歼击、轰炸、强击、侦查、运输等航空兵师，成立各军区空军领导机关。

空军是空中作战的军种，具有远程作战能力、高速机动能力和猛烈突击能力，既能协同其他军兵种作战，又能独立作战。空军的兵种部队包括歼击航空兵、轰炸航空兵、强击航空兵、侦查航空兵、运输航空兵、高射炮兵、空降兵、地空导弹部队。空军通常装备的飞机有歼击机、侦察机、歼击轰炸机、轰击机、侦察机、预警机、电子对抗机、空中加油机、运输机、无人机、直升机等。根据不同的机种，飞机装备有航炮、空空导弹、空地导弹、空航导弹、各种航空炸弹、集束炸弹、油气弹、制导炸弹等。作战飞机的性能趋向集空中格斗和对地（水）面攻击于一体，电子导航、电子火控和隐形技术广泛应用。直升机广泛用于空降、反坦克、反舰、反潜、侦察、通信、电子对空、救援、运输等方面。图 1 – 8 所示为中国歼 – 10 战斗机。

图 1 – 7　导弹快艇部队　　　　　图 1 – 8　中国歼 – 10 战斗机

空军的基本任务是：担负国土防空，支援陆军、海军作战，对敌后方重要目标实施空袭，进行空运和航空侦察，夺取制空权，实施空中封锁，抗击敌方空袭等任务。空军是现代立体化作战的重要力量，对战争的进程和结局产生重大影响。

随着军队装备机械化、自动化、信息化程度日益提高，作战飞机的性能不断改进，空袭的突然性日益增大，制空权在战争中的作用越来越重要。目前，我空军部队装备了具有世界先进水平的战机和国产多种型号的各类战机。空军部队的飞行安全连续 20 年保持世界先进水平，已具备在夜间、海上等复杂气象和地域条件下的作战能力，具备了全天候、全天时、全空域的作战能力，具备了成建制、大集群、快速、连续出动的长途突袭能力，成为空中进攻和对空防御的主力军。

经过 60 多年的建设，中国空军已发展成由航空兵、地空导弹兵、高射炮兵、空降兵、雷达兵（含电子对抗部队）、通信兵等多兵种合成的战略军种，具备了较强的防空和空中进攻作战能力、一定的远程精确打击和战略投送能力。

①航空兵。歼击航空兵是歼灭敌空中飞机和飞航式空袭兵器的兵种；强击航空兵是摧毁、压制敌方战术纵深和潜近战役纵深内目标的兵种；轰炸航空兵是摧毁、破坏敌后方重要目标，参加夺取制空权的战斗，支援地面和舰艇部队作战的兵种；侦察航空兵是以侦察机为基本装备，从空中获取情报的兵种；运输航空兵是装备军用运输机和直升机，随行空中输送任务的兵种。

②地空导弹兵。地空导弹兵是指装备地空导弹、执行防空任务的兵种，通常与歼击航空兵、高射炮兵协同行动。

③高射炮兵。高射炮兵的主要任务是防空作战，歼灭敌方空中目标，协助歼击航空兵夺取制空权。

④空降兵。空降兵是以降落伞、机降的方式投入地面作战的兵种，是一支具有快速机动能力，能跨越地理障碍，能实施远程奇袭，能突然出现于敌人后方，配合正面作战部队的突击力量，由步兵、炮兵、装甲兵、工程兵、通信兵等专业部队组成。空降部队的主要任务是：夺取并扼守敌纵深的重要目标或地域，破坏敌后方指挥机构、导弹、核武器设施、机场、交通枢纽和后方供应，支援在敌人后方作战的部队。

⑤雷达兵（含电子对抗部队）。中国空军雷达兵经过几十年的发展建设，在全国范围内构建了比较严密的雷达网，建立了能够执行多种任务的联合空情预警探测系统，基本具备了探测全域、全频、多维空间、多类目标的能力。

⑥通信兵。空军通信兵是担负空军通信、保障空军指挥的一支重要兵种。无论是作战、演习、训练，还是处理日常工作和应对突发事件，都离不开昼夜值勤的通信兵。目前，空军通信兵拥有超短波、短波、微波、卫星通信等多种通信手段，实现了通信网络的全疆域覆盖，战机飞到哪里，语音信息和数字信息就能传递到哪里。

中国空军除上述几大兵种外，主要兵种还有气象兵、防化兵等。空军气象兵为完成空军部队的作战、训练等任务而采取的提供天气预报、天气实况和其他有关气象资料以及提出趋利避害的综合措施的兵种，是空军战斗保障的重要组成部分。其目的是保障空军部队充分利用有利天气，避开不利天气，顺利完成任务；预防和减少危险天气对部队的危害。防化兵部队装备有观测、侦察、洗消、防护、喷火和发烟等专业技术装备，编有防化、喷火和发烟分队，担负防化保障和喷火、发烟任务，及核、化学事故应急救援任务。我国举行的历次核试验任务中，人民空军防化兵担负了空中辐射测量、核试验烟云取样和飞机洗消等任务。

（4）火箭军。1966 年 7 月 1 日，中国战略导弹部队的领导机关在北京成立，由周恩来总理提议，毛泽东主席批准命名为"第二炮兵"。

第二炮兵是我军使用战略导弹核武器的一个独立兵种，是实施核反击的主要战略力量，由近程、中程、远程、洲际导弹部队组成。第二炮兵可发挥核威慑作用，遏制敌方可能对我国发动的核攻击，并为我国的和平外交政策服务。

第二炮兵的主要任务是：用常规导弹或核导弹打击敌方重要核、空、海军基地或港口，削弱其核作战和常规作战的能力，摧毁敌交通、通信枢纽，制止或迟滞敌方进行战略机动、物资补给及通信联络，摧毁敌方政治、经济中心和主要工业基地，使其国家管理和军事指挥系统瘫痪。

导弹武器特别是核武器，射程远、速度快、命中精度高、杀伤力大，是武器发展史上一次质的飞跃。它对战略思想、战争规模、作战方式、指挥通信、军事组织以及作战心理产生了巨大的影响，给未来战争带来一系列新特点。

导弹按作战距离可分为近程、中程、远程、洲际导弹。近程导弹打击距离为1000公里以下，中程导弹1000～3000公里，远程导弹3000～8000公里，洲际导弹8000公里以上。

中国战略导弹部队组建几十年来，经过几代人的艰苦创业，已经基本形成固定阵地与机动发射相结合的模式，构成了包括近、中、远程和洲际导弹在内的多型号、系列化的战略打击力量体系。这标志着中国战略导弹部队已具备全天候作战、快速机动和准确打击的能力。

中国政府一贯主张全面禁止和彻底销毁核武器。中国从拥有核武器的第一天起就郑重声明：无论在任何时候都不首先使用核武器，不参加核军备竞赛，也不在国外部署核武器。中国保持精干有效的核反击力量是为了遏制战争和打赢自卫战争，是为了遏制他国对中国可能发动的核攻击，任何对中国的核攻击都将导致中国报复性的核攻击。

2015年12月，第二炮兵正式更名为火箭军，成为中国人民解放军军种中新的一员。火箭军的成立，表明火箭军是中国战略威慑的核心力量，是中国在国际地位的战略支撑，是维护国家安全的重要基石。火箭军部队在遏制战争威胁、营造我国安全有利战略态势、维护全球战略平衡与稳定方面起到了不可替代的重大作用。

（5）战略支援部队。战略支援部队成立于2015年12月，是中国人民解放军陆军、海军、空军和火箭军之后的第五大军种。

在新一轮调整军委总部体制、实行军委多部门制、形成军委管总格局的过程中，出于精简机构和人员、理顺指挥关系等方面的考虑，决定将由原总部直属的情报、技侦、电子对抗、网络攻防、心理战、通信等方面力量分离出去，并进一步整合成中国人民解放军战略支援部队。

战略支援部队的主要任务是航空航天、情报获取、电子对抗、网络攻防和心理战等。过去情报工作由总参下属的情报部门负责。通常意义上的情报获取，主要通过分析公开资料、派遣谍报人员等方式获取外军信息；技术侦察工作，主要通过电子侦察站、电子侦察卫星、电子侦察机等手段获取敌方雷达和无线电通信信号，经处理分析获取信息；电子对抗力量包括电子对抗团、电子侦察机等，负责干扰敌方雷达和通信；网络攻防力量指黑客部队；心理战力量包括最近服役的心理战飞机等，可通过网络、电视和广播等方式对敌方广大区域实施心理战。这类部队虽然不是真刀实枪地打仗，但其对于作战的价值并不亚于传统部队。

从技术层面看，电子对抗、网络攻防和心理战密不可分，因为无法截获信号就不可能实施干扰，不能干扰也就不能传播心理战信号。情报尤其是战役战术情报与技术侦察在分析应用方面密不可分，两者可以相互印证。这种多层面的紧密关系，决定了将它们组合成整体可以取得更好效果。这些部队的共同特点，一是都不直接参战，而是为作战部队提供信息支持和保障；二是不适合专门隶属某一军种，但又无法与各军种脱离关系，电子侦察机、心理战飞机等表现得尤其明显；三是行动具有战略意义，可以对国家博弈、战争进程等产生重大影响。

所以，战略支援部队主要是将战略性、基础性、支撑性都很强的各类保障力量进行功能整合后组建而成的部队。战略支援部队是维护国家安全的新型作战力量，是我军新型作战能力的重要增长点。成立战略支援部队，有利于优化军事力量结构，提高综合保障能力。

2. 中国人民解放军预备役部队

我军预备役部队是以现役军人为骨干，以预备役军官、士兵为基础组建的部队。其于1983年开始组建，现在全国相关地区均先后组建了预备役部队。预备役部队实行统一编制，授予番号、军旗，列入中国人民解放军编制序列。根据《中华人民共和国国防法》第22条规定："预备役部队平时按照规定进行训练，必要时可以依照法律规定协助维护社会秩序，战时根据国家发布的动员令转为现役部队。"

国防后备力量是战斗力与生产力、综合国力和国防潜力的共同载体，预备役部队是国防后备力量的重要组成部分。

除了中国人民解放军以外，中国武装力量还包括中国人民武装警察部队和民兵。

中国人民武装警察部队是中华人民共和国武装力量的重要组成部分，是执行国家安全保卫任务的武装集团。其前身为中国人民公安中央纵队，于1949年正式成立，后编制体制几经调整，1982年重新组建并改为现名。

中国人民武装警察部队的主要任务是：在和平时期担负固定目标执勤任务，主要担负警卫、守卫、守护、看押、看守和巡逻等勤务。具体负责来访的重要外宾，省级以上党政领导机关和各国驻华使、领馆，国际性、全国性重要会议和大型文体活动现场的安全警卫；对监狱和看守所实施外围武装警戒；对重要机场、电台和国家经济、国防建设等重要总站的机密要害单位或要害部位实施武装防守保卫；对铁路主要干线上的重要桥梁、隧道和特定的大型公路桥梁实施武装防守保护；对国家规定的大中城市或特定地区实施武装巡查警戒。处置突发事件，主要是对突然发生的危害国家安全或者社会秩序的违法事件依法实施处置，包括处置叛乱事件、骚乱及暴乱事件、群体性治安、械斗事件等。反恐怖，主要是反袭击、反劫持。遇到严重灾害时，参加抢险救灾。战时，协助人民解放军进行防卫作战。

民兵是中华人民共和国武装力量的重要组成部分，是在党的领导下不脱离生产的群众武装组织，是中国人民解放军的助手和后备力量，是一支维护国家安全与稳定的战略力量，是信息化条件下进行人民战争的基础。

我国民兵的主要任务是：积极参加社会主义现代化建设，带头完成生产任务；担负战备勤务、保卫边疆、维护社会治安的任务；随时准备参战，抵抗侵略，保卫祖国。

（二）人民军队的性质与宗旨、地位与作用

1. 人民军队的性质与宗旨

1989 年 11 月 12 日，邓小平同志正式卸去中央军委主席职务，在会见参加军委扩大会议的全体代表时指出："我们的军队能够始终不渝地坚持自己的性质。这个性质是，党的军队，人民的军队，社会主义国家的军队。"[①]

军队宗旨，又称建军宗旨，是指建设军队是干什么的，是为谁服务的。军队的宗旨由军队的性质决定，同时又是军队性质的集中表现。中国人民解放军作为党领导下的人民军队，把全心全意为人民服务作为其唯一宗旨。

2. 人民军队的地位与作用

中国人民解放军是中国共产党领导的人民军队，是捍卫社会主义祖国的钢铁长城、建设有中国特色社会主义和维护世界和平的重要力量。无论是历史还是现实，都无一例外地表明，人民解放军在中国革命和建设的实践中，在建立和巩固新中国的国防事业中，具有不可替代的重要作用。

（三）新时期军队建设的总目标和总要求

建设强大的人民军队是我们党的不懈追求。从毛泽东同志领导制定建设优良的现代化革命军队的总方针，到邓小平同志提出建设强大的现代化正规化的革命军队的总目标，到江泽民同志提出建设政治合格、军事过硬、作风优良、纪律严明、保障有力的总要求，再到胡锦涛同志提出以推动国防和军队建设科学发展为主题、以加快转变战斗力生成模式为主线全面加强革命化现代化正规化建设的重要思想，都指引我军不断取得辉煌成就。

2013 年 3 月 11 日，习近平在出席十二届全国人大一次会议解放军代表团全体

---

① 邓小平：《邓小平文选》第三卷，人民出版社，1993，第 334 页。

会议时强调，全军要深入贯彻落实党的十八大精神，高举中国特色社会主义伟大旗帜，以邓小平理论、"三个代表"重要思想、科学发展观为指导，牢牢把握党在新形势下的强军目标，全面加强军队革命化现代化正规化建设，建设一支听党指挥、能打胜仗、作风优良的人民军队。建设与我国国际地位相称、与国家安全和发展利益相适应的巩固国防和强大军队。

党的十九大报告指出，习近平新时代中国特色社会主义思想是全党全国人民的行动指南和思想武器，全军官兵必须牢固确立习近平新时代中国特色社会主义思想的根本指导地位，全面贯彻习近平强军思想，为实现新时代强军目标、建设世界一流军队努力奋斗。

习近平提出的强军目标，以中华民族伟大复兴为崇高理想，以国家安全环境和军队建设现状为客观依据，以提高军队战斗力为出发点和落脚点，是对党的军事指导理论的坚持和发展。强军目标阐明了加强军队建设的聚焦点和着力点，明确了实现军队现代化的战略布局和路线图。听党指挥是灵魂，决定军队建设的政治方向；能打胜仗是核心，反映军队的根本职能和军队建设根本指向；作风优良是保证，关系军队的性质、宗旨和本色。三者相互联系，密不可分。

第四节　国　防　动　员

概念窗

国防动员是指为捍卫国家利益，达成国家防务目的而进行的动员。国防动员从主体内容上说，就是主权国家进行防卫的战争动员，即国家采取措施，由平时状态转入战时状态，统一调动人力、物力、财力为战争服务。

国防动员是国家行为，国家的人力、物力、财力乃至所有物质和能量几乎都是动员的对象，平时就应该做好以综合国力为基础的国防动员准备。

一、国防动员的地位和作用

第二次世界大战结束以后，随着经济社会的发展，特别是科学技术的进步，国防斗争成了国与国之间以综合国力为后盾、运用多种手段的综合较量，国防动员也随之扩展为对国家整体力量发挥战争效能的准备和实践，其在现代国防斗争中的作用越来越显著。

（一）国防动员已经成为国家安全与发展的重要因素

和平时期，任何国家都不可能也没必要经常维持庞大的战争规模，但必须拥有足以应付可能发生的战争、对潜在之敌构成威胁的国防力量。为减轻国家负担，又保持必要的国防力量，各国普遍选择了兼顾安全与发展两方面需要的途径。这就是在加快常备军精干化的同时，注重加强国防后备力量建设和动员准备。国防动员已被越来越多的国家作为总体发展战略的重要内容，成为与国家发展需求相适应的达成维护国家安全目的的重大战略举措。

（二）国防动员是将战争潜力转化为实力的关键环节

为了进行战争，国家必须拥有能够随时补充和满足军队作战需要的后备兵员和物资，以及交通通信、工业生产、科学技术等多方面的条件。所有这些战争的潜在能力，只有通过实施有效的动员，才能转化为战争实力，形成赢得战争胜利的强大的物质手段和精神手段，以保证战争的顺利进行。无论是大规模战争，还是局部战争，战争动员对于形成和保持一定的兵力优势，补充和满足战场所需的作战物资，都是关键性的中间环节。

（三）国防动员是坚持和实现人民战争的基本手段

在未来高技术条件下的战争中，人民战争仍将是我军赖以战胜敌人的优势所在。人民战争的人民性决定了人民群众力量是战争的主体力量，而人民群众的主体地位必须通过实施战争动员才能形成。只有通过实施战争动员，才能广泛地组织和武装群众，将蕴含于人民群众的威力转化为战争实力，夺取最后胜利。在未来战争中，只有实施充分、有效的动员，我军的作战行动才能得到广大人民群众的配合，从而更加有效地运用人民战争的战略战术，才能组织群众支援前线、保卫后方，充分发挥人民战争的整体威力。

国防动员的地位和作用之所以如此突出，根本原因在于国防建设同国家发展之间存在着一种依存关系。只有当国家拥有雄厚的综合国力时，国防和军队建设才能更加强大。如果一味强调国家安全的需要，以过多的财力、物力用于国防和军队建设，势必会妨碍经济建设和社会发展，影响综合国力的提高。为此，世界上许多国家为使有限的国防开支获得最佳国防效益，普遍选择了加强国防动员准备、提高动员能力的道路。中国还处于社会主义初级阶段，正在建立和发展社会主义市场经济体制。这一基本国情不仅使加强国防动员准备具有更加重要的现实意义，也为动员准备带来了一系列的新问题。我们必须在集中力量发展经济、增强综合国力的同时，按照国防斗争的需要，适应社会主义市场经济的发展规律，认真做好动员准备，以保证国家安全利益得以有效维护，社会主义现代化建设得以顺利进行。

二、国防动员的基本领域

国防动员按规模可区分为总体动员和局部动员，按方式可分为公开动员和秘密动员，按时机可分为战争初期动员和持续动员。动员的主要内容通常包括武装力量动员、国民经济动员、人民防空动员、国防交通动员和政治动员。

（一）武装力量动员

武装力量动员，即国家将军队及其他武装组织由平时体制转为战时体制的措施和活动。武装力量动员是夺取战略主动权、赢得战争胜利的重要手段，也是遏制战争爆发、维护和平与国家安全的重要因素，在国防动员中居于核心地位。武装力量动员，通常包括兵员动员、武器装备动员和后勤物资动员。

（二）国民经济动员

国民经济动员，指国家将经济部门及其相应的机构有组织、有计划地从平时体制转入战时体制的措施和活动。其目的是充分调动国家的经济能力，提高生产水平，扩大军品生产，保障战争和其他国防斗争的需要。在现代条件下，搞好经济动员，不仅是保障战争物资需求的基本手段，也是战时稳定社会经济秩序的必要措施，更是解决国防经济与国民经济、战时经济与平时经济矛盾的重要途径。国民经济动员，通常包括工业、农业、物资、商业贸易、邮电通信、财政金融、信息技术等方面的动员。在现代条件下，工业、财政金融和信息技术动员尤为突出。

（三）人民防空动员

人民防空动员的主要任务是依据国家有关法律、法令，动员社会力量，进行防空设施建设，组织防空专业队伍，普及防空知识教育，组织隐蔽疏散，配合防空作战，消除空袭后果等。目的是保护居民、经济设施以及其他重要目标的安全，减少国家及人民群众生命财产的损失，保存战争潜力。人防动员不仅是抗击空袭、保护战争潜力的重要手段和战时稳定社会的重要保证，也是进行人民战争的一种有效形式。人防动员的内容包括群众防护动员、人防专业队伍动员、人防工程技术保障动员和人防预警保障动员。

（四）国防交通动员

国防交通动员是指在全国或部分地区调集交通力量，全力保障战争需要的紧急行动。国防交通动员，通常在国家动员领导机构的统一领导下，由国防交通主管机构组织，协同政府、军队有关部门共同实施。国防交通动员准备包括：在平时制定完备的国防交通动员的法规和规划，健全国防交通机构和机制，建立国防交通保障队伍，储备必要的国防交通物资和器材等。

国防交通动员的主要任务包括：根据战争规模和作战需要，有计划地将平时国防交通领导机构迅速按方案扩编为战时交通运输指挥机构，政府交通运输部门随即转入战时体制；根据作战保障需要，动员、征用社会运输力量，必要时对交通运输系统实行不同范围、不同形式的军事化管理；动员、组织各交通保障队伍和交通保障物资器材迅速到位，执行运输、抢修、防护任务；根据上级的命令，做好对弃守地区的交通遮断准备，保证及时遮断。

国防交通动员平时的主要工作有：提出战时交通运输指挥机构的组成与形式的预案；制定国防交通动员法规与制度；建设、改善国防交通网路等交通基础设施；制订战时交通保障计划和方案；组织训练各类交通保障队伍；筹措、储备交通保障物资器材；开展国防交通研究，不断提供新的技术与手段；组织实施国防交通教育等。国家发布动员命令后，应严格按照国家动员领导机构规定的动员范围、时机、方式，有计划、有步骤地组织实施。

（五）政治动员

政治动员，是国家从政治、组织上发动军队和人民群众参加（支援）战争的措施和行动。政治动员在国防斗争中有着特殊重要的作用，是赢得战争胜利的根本保证，也是顺利进行其他动员的前提条件和基础。政治动员分为国内政治（思想）动员和国外政治（外交）动员。政治动员的目的在于：激发全体军民的爱国热情，动员军队英勇作战，动员人民踊跃参军参战，努力增加生产，厉行节约，全力支援战争；通过各种外交活动和对外宣传，争取世界人民和友好国家的同情与支援。

政治动员的主要任务是：国家政治体制向适应战争需要的方向转变；进行广泛的政治宣传和精神灌注，以形成良好的精神条件；通过细致扎实的工作，调动各种社会力量支援战争；开展外交活动和对外宣传，巩固和扩大国际统一战线。政治动员准备的主要工作是：开展深入、广泛、持久的全民国防教育；在军队和民兵预备役人员中加强战斗意志和作风培养；加强对外友好往来和军事交往，建立广泛的国际统一战线。战时政治动员实施的主要工作是：运用舆论工具和宣传手段，广泛开展有关的宣传和精神灌注；调整对外政策，积极开展各种外交活动和对外宣传。

三、国防动员的改革发展

十一届三中全会以来，随着形势的发展和条件的变化，中国的国防动员建设正在进行调整改革，向着现代化的方向大步迈进。

中国的动员领导体制，是在革命战争年代形成的。中华人民共和国成立以来虽有很大发展，但基本形式仍是由中央军委领导、以武装力量动员为主体的体制。改革开放以来，随着国家经济政治体制的改革，国防动员的领导体制也进行了调整。

其中，最突出的是组建了国家国防动员委员会。

在国防动员领导体制调整的同时，动员基础有了很大发展，军民结合、平战兼容程度大大增强。近年来，我国有重点地开展了战争潜力调查，正逐步完善国民经济发展与国防动员准备的机制。在国家重点建设中，既考虑生产、生活的需要，也对适应国防需要进行了充分的论证。特别是在国家的一些基础性建设中，从设计、投产到施工、验收，都尽可能做到军民结合、平战结合。比如，在沈大高速公路和济德高速公路上修建公路飞机跑道，正式启用具有平战结合功能的万吨级国防动员船。此外，国防工业系统也加强了平战结合的研究论证，研制了动员模型等计算机软件系统。民兵预备役建设也在适应高技术局部战争需要和社会主义市场经济要求方面进行了大胆的调整改革，以增强综合国力为基础的整个国防动员建设正在向着现代化方向大步前进。

第五节　国　防　教　育

概念窗

国防教育，是国家为巩固和加强国防而对公民进行的普及性教育。以爱国主义为核心的国防教育，是一个国家、一个民族必不可少的基本教育，是全民教育大系统中的重要组成部分，是激发公民爱国热情、依靠全国人民建设和巩固国防的一项基础工程。

一、国防教育的重要意义

国防教育是为捍卫国家主权、领土的完整和安全，防御外来侵略、颠覆威胁的建设与斗争，对全民传授与国防有关的思想、知识、技能的社会活动。国防教育是国防建设的重要组成部分，包括为增进全民的国防思想、国防知识、国防技能和身体素质，以及形成和增强国防观念、国防能力的各种类型的社会活动。

当今世界，科学技术的飞速发展及其在军事上的广泛应用，使战争对人的精神、知识、技能以及体魄等方面提出了更高的要求。国防教育作为一种全面的综合性教育，在提高人的国防素质方面正显示出越来越重要的作用。国防领域内无论物质建设、精神建设，还是制度建设，都与国防教育密切关联，都要依靠国防教育为之奠定思想基础。同时，国防领域内的人才培养、武器发展、人和武器的科学编组等，也都要依靠国防教育为之注入生机和活力。在新的历史时期，深入、广泛、持久地开展国防教育，具有重大的战略意义。

首先，通过国防教育，可以使全民增强国防观，树立居安思危的思想。冷战结束以来，国际形势总体继续趋向缓和，我国的安全环境相对稳定。长期处于和平的环境中，往往会使一些人的国防观念淡化，甚至产生麻木思想。然而，天下并不太平，威胁我国国家安全的一些因素依然存在，我们对此绝不能放松警惕。开展国防教育的意义，就在于启发全体公民清楚地认清今天的形势，明确我国所面临的威胁，正确认识战争与和平相互转化的辩证关系，懂得只有居安思危，切实加强国防力量，才能提高威慑、遏制和赢得战争的能力，才能使和平得以实现。

其次，通过国防教育，可以使全民族的国防精神得以发扬，增强公民的使命感和责任感。国防精神是指与国防需要相适应和以维护国家利益为最高准则的意识思维和心理状态。它是一个国家保持强大国防能力的思想基础。国防精神作为一种相对独立的意识形态，不能自生自长，必须通过一定的教育手段进行灌输和培养。在全体公民中广泛、深入、持久地开展国防教育，使公民树立科学的战争观、国家安全观，掌握必要的国防和军事知识，发扬爱国主义、革命英雄主义精神和民族传统美德，在整个国家和民族中形成坚不可摧的精神长城。

最后，加强国防教育，对于加速培养国防人才、促进国防现代化乃至整个国家的社会主义现代化建设也有着重要的意义。实现国防现代化，人才是关键，教育是基础。有了充足的、优秀的国防人才，国防的巩固和发展便有了可靠的前提和保证。通过国防教育，不仅能使受教育者增强国防观念，学习和掌握必要的国防知识和技能，而且能使他们锻炼出保卫祖国、抵抗侵略所需要的强健体魄，成为德、智、体全面发展的国防人才，从而促进我国的国防现代化乃至整个国家的社会主义现代化建设。

二、国防教育的基本特征

（一）教育对象的全民性

它要求国防教育具有层次性，把教育对象区分为不同层次，才能使各个对象都有所收益。

（二）教育内容的多元性

它决定了各部门、各领域都要在统一的要求下，制定出自身的教育发展目标，使国防教育真正落到实处。

（三）教育过程的长期性

它决定了国防教育应具有阶段性，分阶段目标的实现是落实总目标的根本保证。

它决定了国防教育具有较强的针对性，只有根据形势的需要，针对存在的主要问题进行教育，才能达到保证和促进国防建设的目的。

三、国防教育的主要内容

第一，国防理论教育。理论是行动的先导，从理论上搞清国防建设的必要性和国防斗争的规律性，才能引导公民树立牢固的国防意识，自觉地为国防事业献身。在国防理论教育中，要以马列主义军事理论、毛泽东军事思想、邓小平新时期军队建设思想、江泽民国防和军队建设思想、胡锦涛国防和军队建设理论以及习近平强军思想的重要论述为重点。此外，还包括国防建设理论，国防斗争特别是战争的理论，国家的防卫方针、政策及其理论原则，国际形势与国际关系理论等。

第二，国防精神教育。国防教育的主要目的是增强全体公民的国防意识，而国防意识中最基本的是国防建设和国防斗争所必需的各种精神。中华民族有着光荣的历史传统，在中国共产党领导的革命斗争和社会主义现代化建设中又创造了宝贵的精神财富。概括起来主要有：爱国主义精神、革命英雄主义精神、自我牺牲精神、无私奉献精神、艰苦奋斗精神、爱军习武精神、民族团结和自强精神等。用这些传统和精神对全体公民尤其是对青少年进行教育，是国防教育的基本任务。

第三，国防知识教育。国防意识和国防精神是学习和掌握国防知识的动力，进行国防知识教育反过来又可以促进国防意识和国防精神的强化。国防知识的内容很多，一般公民主要应了解以下知识：国家领土、领海、领空和海洋权益知识；国防历史知识；现代战争及现代军事知识；国防科学技术普及知识；国防法律知识；等等。

第四，国防技能教育。提高公民保卫祖国的素质，也是国防教育的一项基本任务和目标。这种素质除包括道德精神素质、知识理论素质外，还包括公民的身体素质和国防技术素质。通过广泛的群众体育和国防体育活动，公民可具有强壮的身体、敏捷的反应能力，以适应在保卫祖国斗争中克服艰苦环境的需要。通过各种国防技能的教育训练，公民掌握现代战争条件下保卫祖国的技能，以适应战时部队动员、扩编和开展地方武装斗争的需要。国防技能教育的具体内容包括："三防"技术；战场救护技术；单兵、分队战术技术等。

此外，国防教育的内容还有战备形势教育、国防任务教育、敌情等特定教育。这些教育相互联系、相互渗透、相互促进，其核心是爱国主义精神的教育。因为没有爱国主义精神，不仅无从为国家安全作出贡献，也无法理解国防投入的必要性。当然，爱国主义精神不仅体现在国防问题上，但对国防的态度无疑是爱国主义精神最突出、最集中的表现。

？思考题

1. 我国新世纪新阶段的国防政策是什么？
2. 我国公民的国防权利和义务是什么？
3. 国防动员的基本内容是什么？
4. 我国军队的性质、任务是什么？
5. 什么是预备役部队？主要任务是什么？

第二章　国际战略环境

学习目标

1.学习什么是国际战略环境。

2.了解国际战略环境和世界战略格局。

3.正确认识我国周边安全环境,增强国家安全意识。

4.明确什么是非传统安全威胁。

第一节　战略与战略环境概述

一、战略的基本概念

（一）战略含义

战略（strategy）一词最早是军事方面的概念。战略是发现智谋的纲领。在西方，"strategy"一词源于希腊语"strategos"，意为军事将领、地方行政长官。后来演变成军事术语，指军事将领指挥军队作战的谋略。在中国，"战略"一词历史久远，"战"指战争，"略"指谋略。春秋时期孙武的《孙子兵法》被认为是中国最早对战略进行全局筹划的著作。在现代"战略"一词被引申至政治和经济领域，其含义演变为泛指统领性的、全局性的、左右胜败的谋略、方案和对策。战略一般有三大属性：①经济；②战争；③政治。此三种属性互相影响。

（二）战略基本特性

1. 全局性

凡属需要高层次谋划和决策，有要照顾各个方面和各个阶段性质的重大的、相对独立的领域，都是战略的全局。全局性表现在空间上，整个世界、一个国家、一个战区、一个独立的战略方向，都可以是战略的全局。全局性还表现在时间上，贯穿指导战争准备与实施的各个阶段和全过程。战略的领导者和指挥者要把注意力摆在观照全局上面，胸怀全局，通观全局，把握全局，处理好全局中的各种关系，抓住主要矛盾，解决关键问题。同时，注意了解局部，关心局部，特别是注意解决好对全局有决定意义的局部问题。

2. 方向性

战争是政治的继续，具有很强的政治目的。任何战略都反映一个国家或政治集团利益的根本目标方向，体现它们的路线、方针和政策，是为其政治目的而服务的，具有鲜明的目标方向。

3. 对抗性

制定和实施战略都要针对一定的对象。通过对其各方面的情况进行分析判断，确定适当的战略目的，有针对性地建设和使用好进行斗争的力量，掌握斗争的特点和规律，采取多种斗争形式和方法，对敌抑长击短，对己扬长避短，以取得预期的斗争效果，是战略谋划的基本内容。

4. 预见性

预见性是谋划的前提，决策的基础。在广泛调查研究的基础上，全面分析、正确判断、科学预测国际国内战略环境和敌友关系及敌对双方战争诸因素等可能的发展变化，把握时代特征，明确现实和潜在的斗争对象，判明面临威胁的性质、方向和程度，科学预测未来战争可能爆发的时机、样式、方向、规模、进程和结局，揭示未来战争的特点和规律，是制定、调整和实施战略的客观依据。

5. 谋略性

战略是基于客观情况而提出的克敌制胜的斗争策略。它是在一定的客观条件下，变被动为主动，化劣势为优势，以少胜多，以弱制强，乃至不战而屈人之兵的重要方法。运用谋略，重在对战争全局的谋划。制定战略强调深谋远虑，尊重战争的特点和规律，多谋善断，料敌定谋，灵活多变，高敌一筹，以智谋取胜。

（三）战略的构成要素

1. 战略目的

战略目的是战略行动所要达到的预期结果，是制定和实施战略的出发点与归宿点。战略目的是根据战略形势和国家利益的需要确定的。不同性质的国家和军队，其战略目的不同。对于奉行防御战略的国家来说，维护国家和民族的根本利益、长远利益和整体利益，特别是维护国家领土主权的完整和统一是战略的基本目的。确定战略目的，强调需要与可能相结合，具有科学性和可行性，符合国家的路线、方针和政策，与国家的总体目标和国力相适应，满足国家在一定时期内对维护自身利益的基本要求。

2. 战略方针

战略方针是指导战争全局的方针，是指导军事行动的纲领和制订战略计划的基本依据。它是在分析国际战略形势和敌对双方战争诸因素的基础上制订的，具有很强的针对性。对不同的作战对象，不同条件下的战争，应采取不同内容的战略方针。每个时期或每次战争除了总的战略方针外，还须制订具体的战略方针，以确定战略任务、战略重点、主要战略方向及力量的部署与使用等问题。

3. 战略力量

战略力量是战略的物质基础和支柱。它以国家综合国力为后盾，以军事力量为核心，在发展经济和科学技术的基础上，根据战略目的和战略方针的要求，确定其建设的规模、发展方向和重点，并与国家的总体力量协调发展。

4. 战略措施

战略措施是战略决策机构根据战争的需要，在政治、军事、外交、经济、科学技术和战略领导与指挥等方面，所采取的各种全局性的切实可行的方法和步骤。

二、战略环境的基本概念

概 念 窗

　　战略环境是指国家（集团）在一定时期内所面临的影响国家安全或战争全局的客观情况和条件，主要包括国际和国内的政治、经济、军事、外交、科技、地理等方面的客观条件及其所形成的战略态势。战略环境是一个动态的概念，主要包括国际战略环境和国内战略环境。

　　国际战略环境，也称作世界局势，是指一定时期内世界各主要国家和政治集团在战略上相互联系、相互作用、相互斗争所形成的世界全局性的大环境。它包括国际战略格局和国际战略形势两个方面，国际战略格局是国际战略环境的框架结构，国际战略形势是国际战略环境的动态表现。它从本质上反映了世界各主要国家的政治集团建立在一定军事、经济实力基础上的政治关系的基本状况和总体趋势，其核心是世界范围内的战争与和平问题。国际战略环境是在一定的时代背景下形成的，时代的特征对它的基本面貌有决定性的影响。

　　国际战略环境是国家安全和发展的国际条件，对实现国家的战略目标和战略利益有重大的影响，并决定或制约着一个国家政治、军事、经济方面的斗争对象和敌友关系以及采取的方针、政策和策略。任何一种战略，都是依据一定的环境条件提出的，在实施过程中都要受到这种环境条件的制约。因此，对国际战略环境的分析和判断，是战略决策制订和实施过程中必须特别重视的一个至关重要的问题。

　　国内战略环境是指对筹划、指导军事斗争全局具有重大影响的国内社会环境与自然环境。它反映了国家军事力量建设与运用的可能条件和制约因素，决定着战略的基本性质和方向，是制订战略的依据。国内战略环境主要包括国家政治、经济、军事、地理等方面的基本状况，其中对战略具有直接影响的是国家的地理环境、政治环境和综合国力状况。

第二节　国际战略格局

　　国际战略格局是考察国际战略环境必须研究的重要内容，是国际战略环境的总体框架，表现了国际力量的分布、组合和对比。在国际战略格局中，拥有强大军事实力和政治影响力的国家与地区，在国际事务中扮演着主要角色，起着主导作用。

一、国际战略格局的基本概念

概念窗

国际战略格局是指国际社会中国际战略力量之间在一定历史时期内，相互联系、相互作用形成的具有全球性的、相互稳定的力量对比结构及基本态势。

国际战略格局作为国际斗争的直接产物和国际战略运用的必然结果，其构成要素是国际战略力量。国际战略力量由多种要素构成：一是政治力量，主要有政治稳定力、经济协调力、政治影响力；二是经济力量，主要有生产力、经济开发力、经济资源配置力及其储备力等；三是军事力量，主要有常备军力、后备军力、战争动员力等；四是科技力量，主要有科技发展力、科技成果应用转化力、科技创造发明力等；五是社会文化力量，主要有社会凝聚力、社会文明影响力、历史传统继承和发扬力等。国家力量或国家集团力量这些要素，虽然各有不同的作用和影响，但只要各个要素构成整体，充分发挥综合影响力，就能真正构成国际战略力量，并对国际战略格局产生应有的影响。

国与国之间的关系，本质上是国与国之间的力量对比关系。因此，国际战略格局本质上是一种国际战略力量的对比关系。国际战略格局的形成、发展和变化的继承在于各国政治、经济、军事力量等的相互对比的结果。尤其是大国实力、地位的变化，以及由此而派生的影响力对比是国际战略格局变化的直接动因。因此，在考察各种战略力量时，不仅要考察它们本身所具有的实力地位，而且要考察它们在国际事务中发挥的实际作用和影响力，从而形成正确的战略判断。

二、国际战略格局的结构类型

根据国际战略格局的内部结构和外在形态，通常将国际战略格局划分为以下四种基本类型。

（一）单极格局

所谓单极格局，是指某一个大国在国际战略格局中占据主导地位，形成一超独霸的局面。这种格局在历史上曾经出现过，例如，资本主义初期，西班牙、荷兰和英国都曾有过独霸世界的历史。这是由于资本主义刚刚在局部地区出现，近现代意义上的国际社会正在逐步形成，因而资本主义发展最早的国家往往能够确立独霸的地位，但这种霸权在很大程度上局限于欧洲地区，真正的世界霸权并未建立起来。

（二）两极格局

所谓两极格局，是指两大战略力量之间的相互对立和相互合作都在整个国际事务起着决定性影响的局面。这种格局在历史上曾多次出现，例如，第一次世界大战期间的同盟国和协约国，第二次世界大战期间的法西斯轴心国和反法西斯同盟国，第二次世界大战后初期的社会主义和资本主义两大阵营，以及随后的美国、苏联两极对抗，都是世界历史上的两极格局。当然，以上所分析的两极格局，除了冷战时期两个超级大国和两大政治军事集团的对抗具有较典型的两极特征并延续了较长时间外，其他都是在新旧格局过渡时期形成的具有一定特殊性的两极格局。

（三）多极格局

所谓多极格局，是指多种战略力量既相对独立又相互联系、既相互合作又相互制约而形成的一种相对稳定的战略关系。在这种格局中，作为战略格局构成要素的战略力量，可以是国家，也可以是国家集团。这种格局在20世纪70年代以后已初见端倪，即美国、苏联、日本、西欧和以中国为首的发展中国家的五大力量构成的世界多极化趋势。冷战后，多极化趋势呈现出更加强劲的发展势头，目前已经形成了初步的轮廓。

（四）多元交叉格局

多元交叉格局，是一种由两极向多极或多极向两极的过渡性格局。在这种格局状态下，一方面，存在着两大战略力量或多种战略力量的对立，这是格局的主导方面；另一方面，也存在着独立于上述力量之外的其他战略力量。这些战略力量既在一定程度上受到现有格局中支配力量的影响，又能够在国际事务中发挥自身的独特作用，从而构成国际战略格局中潜在的一极。这一格局在冷战结束后，向多极格局的过渡中表现得较为明显。这种多元交叉格局是构成未来多极格局的基础。

三、国际战略格局的现状与特点

美苏两极格局结束以后，整个国际关系发生了急剧变化。当前世界各种力量正在重新分化组合，表明世界进入了一个新旧格局的转换时期。目前，新的国际战略格局还没有完全形成，正处于国际战略格局的过渡转型时期。在此期间，各种国际力量需要慢慢发生变化，要重新定位和整合，由量变到质变，还需要较长的时间。

（一）美国企图长期保持唯一的超级大国地位

冷战后，美国成为唯一的超级大国，世界出现了"一超多强"的局面。美国经济连续高速增长，国力日益增强，军事实力强大，政治影响广泛，综合实力处于绝对领先地位，为其独自称霸世界提供了雄厚的基础。因此，美国极力保持"一超"的局面，构建美国领导下的单极世界。为了实现这一目标，美国制定并实现了一整套的战略措施。在政治上，极力推行以美国模式为标准的所谓"全球民主化"；在经济上，倚仗强大的经济实力，以进行经济制裁为手段，迫使别国无限度地开放市场，利用高科技和不等价交换等手段剥削发展中国家；在军事上，保持庞大的防务开支，努力发展高、新、尖武器，在世界各地部署军事力量并建立军事联盟，插手干涉别国内部事务。在全球战略方面，既联合又试图控制欧洲；既利用又要制约日本；以北约东扩为手段，进一步挤压、削弱俄罗斯；将中国视为主要竞争对手，向我国台湾出售武器。同时，不顾欧洲国家的强烈反对，拒绝接受《京都议定书》，谋求建立美国主导下的单极世界的企图不断膨胀。

当前，美国是世界唯一的超级大国，欧、日、中、俄等地区或国家都无法撼动其地位，"一超独霸"的局面仍将保持相当一段时间。但是美国并不能够凭借自己的优势地位为所欲为。其一，几乎所有国家都不赞成建立以"美国为轴心的世界"单极格局。其二，美国其国内面临众多的社会问题和经济问题，不具备承担"领导世界重任"的能力。其三，在国际上，欧洲、日本等地区和国家的调整，对美国的"世界新秩序"形成一大制约。其四，当今世界仍存在许多尖锐矛盾和复杂问题。近年来，一系列针对美国的恐怖活动，也使美国认识到建立单极体制称霸世界的企图是难以成功的。因此，未来的国际战略格局绝不可能完全按美国的意图发展。

（二）　国际战略格局正向多极发展

美国"一超独霸"的局面是两极体制被打破后的一种过渡现象，在这个过渡期内，国际战略格局呈现的基本态势将是"一超多强"，是一个终将被多体制取代的暂时性的历史进程。突出表现在第二次世界大战后日本、德国迅速崛起，已成为世界主要经济大国，并且凭借其强大的经济实力，力图谋求政治大国地位，积极争取成为联合国安理会常任理事国。日本是经济发展大国，人均国民收入已超过美国。随着日本经济、科技及军事力量的增强，日本力争在关系世界稳定和发展的重大问题上，拥有不次于其他大国的发言权，成为未来国际战略格局中"支撑国际秩序的一极"。欧盟是当今世界上规模最大、一体化程度最高的地区经济集团，具有雄厚的经济、科技和军事实力，在处理全球或地区事务中有很大的发言权，在南北关系中有较大的影响力，尤其与曾是其殖民地的发展中国家，还保持着较为密切的政治、经济、文化联系。俄罗斯虽然丧失了苏联超级大国的地位，但其军事力量仍然是一支可以与美国抗衡的力量。2000年之后，俄罗斯的经济在大量出售资源的情况下得以迅速发展。普京总统执政以来，俄罗斯社会趋向稳定，经济开始恢复性增长，而且质量明显提高，重振大国的意图更加明显。中国是联合国安理会常任理事国之一，目前是世界第二大经济体、第一大出口国，并拥有最多的外汇储备，是经济增长最快的国家之一。虽然中国仍属经济欠发达的发展中国家，但是政治稳定，经济持续、快速、健康发展，综合国力不断增强，在国际事务中的影响与日俱增。虽然发展道路并不平坦，但整体崛起的趋势无人可以阻挡。中国毫无疑问是多极化格局中的一极。

（三） 新的安全结构正在建立并逐步完善

冷战时期以美国为首的北大西洋公约组织和以苏联为首的华沙条约组织发生了直接的军事对抗，由于苏联的解体，华沙条约组织解散，旧的安全结构已经瓦解。

世界各国正力求通过建立和完善各种机制来维护自身的利益，各种力量正在围绕建立新的全球和地区安全结构进行着斗争和协调，使本国或地区国家在新的安全结构中处于较为有利的地位。在欧洲，新的安全结构正在建立和完善。其特点主要是扩大原有组织和转变其功能。欧共体已于1993年11月1日开始实施《欧洲联盟条约》，由一个经济体转为政治、经济、货币联盟体。北约加快了从军事政治集团向政治军事组织的转变，开始调整其战略，以适应冷战结束后欧洲新的安全形势。北约先后与欧洲其他国家和俄罗斯建立了"和平伙伴关系"。东盟各国的"东盟地区论坛"已成为亚太地区第一个政府间的多边安全对话机制。亚太经济合作组织（Asia – Pacific Economic Cooperation，简称 APEC）是亚太地区重要的经济合作论坛，也是亚太地区最高级别的政府间经济合作机制。2001年6月，上海合作组织国家元首举行首次会谈并签署《上海合作组织成立宣言》，上海合作组织正式成立。在本次会议上，上海合作组织国家元首正式签署了《打击恐怖主义、分裂主义和极端主义上海公约》。上海合作组织政府首脑在会谈中联合决定启动上海合作组织多边经济合作进程。苏联地区的一些加盟共和国，不仅在地域上连成一片，而且在政治、经济、文化和历史发展阶段上也有较多一致性。

随着各地区安全机制的建立，预示着未来地区军事格局将朝着多样化、区域化的方向演进，世界将在地缘上分为欧洲、苏联地区、亚太、中东、拉美和非洲六大军事区域，形成各具特色的地区军事格局。

（四） 经济因素在国际事务中的作用不断上升

当前世界战略力量呈现出多极化的发展趋势，最突出的表现是经济领域的多极化发展速度比其他领域更快。各国更加注重经济的发展，调整本国的经济发展战略，制订经济发展计划，突出其在国际社会的影响力。

四、国际战略格局的发展趋势

（一） 国际战略格局走向多极化是历史的必然

国际战略格局走向多极化，一是因为国际力量对比关系由两个超级大国主宰他国转变为"一超多强"。第二次世界大战后相当长时期内支配世界的是美、苏两个超级大国，现在一个已经解体，另一个也相对衰弱。苏联解体后，俄罗斯的实力地位和国际影响明显削弱；美国虽为当今世界唯一超级大国，但其相对实力地位已大不如前。而且，在第二次世界大战中遭受重创的西欧诸国和日本在战后已在经济上迅速崛起，其经济实力已接近或正在赶超美国；中国实行改革开放后，综合国力也明显增强。二是因为世界五大力量之间的关系发生了实质性变化。美国与欧洲、日本的关系已由二十世纪五六十年代的"主仆"关系转变为趋于平等竞争的"伙伴"关系。此外，美俄、欧俄敌对关系开始转变为竞争性伙伴关系，中国与美国等各大力量的关系也有不同程度的改善和调整。三是因为大国关系成熟化。随着多极化进程明显加快，大国之间的对立与合作往往因事而异，利害关系交错，矛盾与摩擦的危险性相对减弱。

（二）经济全球化趋势下，"软实力"对国际战略格局产生重要影响

经济全球化时代，信息、金融、贸易、生态等因素在国家安全斗争中的地位迅速上升，正在推动人类战争观和国家安全观的不断更新。金融战、贸易战、生态战等"非军事战争行为"，以及整体战、隐性战等战争形势与国家安全新理念的不断涌现，越来越引起人们的高度关注，国家安全领域里的斗争日益走向集束组合。

在经济全球化进程空前加速，经济利益日益占据国家利益核心位置的前提下，经济争夺战已经成为世界"软战争"的主要形态，并且以其独特的方式推动着国家安全观和传统战争观的重大变革。当今世界经济的一个显著特征就是世界经济越来越多地受到国际因素的影响，经济的稳定程度直接决定着国家的健康程度。其中金融安全在国家经济安全乃至整个国家安全中的战略地位空前上升，相对军事安全而言成为当代国家安全斗争的又一主战场。随着经济全球化的演进，各国金融的相互依存度日益加深。如今，任何国家金融体系的剧烈动荡，不仅会在短时间内将一个国家百十年积累的财富席卷一空，导致国家整个经济体系的崩溃和社会的倒退，还可能引发"多米诺骨牌效应"，酿成全球金融危机。一个引人注目的事实是，如同美国超强的军事优势制造了当代世界不对称战争一样，美国的金融霸主地位同样使这场全球金融争夺战呈现出不对称特征。据资料介绍，美元每贬值10%，就相当于美国经济5.3%的财富从世界各地转移至美国。截至2016年7月，中国持有美国国债约1.26万亿美元，是美国国债的全球最大单一持有国。近年来，美国强迫人民币升值，使得中国持有的美国国债大幅缩水，上万亿美元蒸发于无形，财富无形中流入美国。这种状况既有助于缓解美国的经济困难，又削弱了新兴国家的经济升幅。金融实力同军事实力一样，已经成为衡量国家强弱的主要标志。当代金融战线已经成为国家安全斗争的又一个主战场，确保金融安全已经成为维护国家安全的重要战略手段。

第三节　我国周边安全环境

一、我国周边安全环境与现状

冷战结束后，我国周边地区顺应和平与发展的历史潮流，在军事与安全领域出现了降低军备水平、减少军事对抗、展开互助合作的可喜现象。但是由于复杂的地缘政治关系以及大国争夺地区主导权的斗争较为激烈，各国都努力实现军队的现代化，重视军事手段在国家安全领域的应用，使军备继续保持在较高的水平。

（一）周边安全环境概念

概念窗

所谓周边安全环境是指国家周边有无危险和受到危险的情况及条件，是一个国家对其周边国家或集团，在一定时期内对自己国家的主权、领土完整是否构成威胁，有无军事入侵、渗透颠覆等情况的综合分析和评估。它是关系到国家和民族兴衰存亡的大事，是制订国防战略的首要依据。

从这个概念中，我们可以知道周边安全环境其实包括两个大环境：一个是本国周边国家的军事环境，即本国周边国家有无危险和是否受到威胁；另一个是周边国家对本国的军事环境，及周边国家或集团对本国的主权、领土完整是否构成威胁。

（二）我国周边的地理环境及其对我国安全的影响

影响一国安全环境的国际、国内因素是复杂多变的，但是对一国安全环境起决定作用的是地缘政治因素。一个国家的地理位置决定了其周边安全的复杂程度，也决定了其在国际战略格局中的地位，影响具有长久性。

我国处在一个极其复杂的地理环境中。我国地处亚洲东方，陆地边界线总长2.2万余公里，海岸线总长1.8万多公里。我国既是一个陆地型大国，也是一个海洋型大国，我国的大陆面积约960万平方公里。此外，我国的海疆线长度近3.2万公里，与渤海、黄海、东海、南海濒临，拥有漫长的海岸和6500多个岛屿。根据《联合国海洋法公约》应划归中国管辖的海洋国土，除内水、领海、毗连区外，还包括大陆架和专属经济区，共计300多万平方公里。

我国有世界上第二长的陆界，邻国众多。周边共有14个国家与我国的领土相邻，它们分别是朝鲜、俄罗斯、蒙古、哈萨克斯坦、吉尔吉斯斯坦、塔吉克斯坦、阿富汗、巴基斯坦、印度、尼泊尔、不丹、缅甸、老挝和越南。此外，在海上还和6 个国家隔海相望，它们是韩国、日本、菲律宾、文莱、马来西亚、印度尼西亚。

这种地理环境对我国安全有利有弊。作为一个大国，这种身份本身就是维护我国周边环境稳定安全的有利因素。但是我国处在世界人口密集度最大的东亚，周边国家多。我国漫长的边界线、海岸线缺乏天然屏障，易遭外敌入侵。而且我国处在一个极其复杂的地理环境中，面临着不同程度的威胁与挑战。

另外，与我国相邻的国家在人口、军事、经济发展上又是极其的不平衡。世界上人口过亿的 10 个国家，有 7 个就在这个地区，分别是中国、印度、印度尼西亚、俄罗斯、日本、巴基斯坦、孟加拉国。既有经济发达程度较高的日本、韩国、新加坡等新兴工业化国家，也有贫穷落后的老挝、蒙古、孟加拉国、阿富汗等，贫富差距较为悬殊。世界上有 5 个军队员额在 100 万以上的国家，即中国、美国、俄罗斯、印度、朝鲜。中国周边的 7 个主要邻邦和地区（俄罗斯、印度、巴基斯坦、日本、朝鲜、印尼、缅甸）的兵力加在一起，比中国兵力多一倍。除中国之外，世界上 6 个公开拥有核武器的国家中有 4 个是中国邻国或亚太地区大国，拥有核技术以及核生产能力的国家大多在中国周边。

可见，我国周边的安全环境是极其复杂的，安全隐患随时存在。

二、我国安全环境面临的主要问题

（一）祖国统一面临复杂形势

实现祖国完全统一，是毛泽东、邓小平等老一辈革命家的遗愿和中华民族的根本利益之所在。党和政府按照"和平统一、一国两制"的方针，在复杂的国际形势中，正确处理各种矛盾，有力推动了祖国统一的历史进程。

但是近年来，台湾地区出现了较为复杂的局面，一方面要求统一的呼声越来越高，另一方面"台独"分裂势力也越来越嚣张。再加上我国与周边邻国还存在一些尚未解决的领土、领海方面的争端，国际敌对势力也借机制造事端，使祖国统一面临更加复杂的形势。

"台独"分裂势力从 20 世纪 40 年代中期产生，到 80 年代后膨胀，经历了一个从日本到美国、从海外转向岛内、从分散到统一集中的发展过程，其目的就是要将台湾从祖国分裂出去，使台湾成为一个"独立"的"国家"。

以美国为首的外国势力，从他们本国的战略利益出发，不仅不愿意看到中国的统一与强大，而且还伺机或寻找借口干涉中国内政，削弱中国的实力，进而寻机控制中国，台湾问题正好成为他们分化、削弱中国的有力工具。

加大涉台政治、外交斗争的力度，推动海峡两岸经济文化交流。党和政府坚持把维护我国对台湾的主权作为外交工作的基本原则之一，作为中美关系上最重要、最敏感的核心问题，坚决反对国外势力支持纵容"台独"势力的错误态度和做法，坚决反对一切外国势力插手台湾问题，连续 9 年挫败有关台湾重返联合国的提案，对台湾当局所谓的"务实外交"和玩弄"渐近式台独"的伎俩进行坚决的遏制。中国政府先后两次发表关于台湾问题的白皮书，充分表达了中国人民捍卫国家统一的坚强意志和决心。2017 年 10 月 18 日，习近平总书记在中国共产党第十九次全国代表大会所作报告中指出：解决台湾问题，实现祖国完全统一，是全体中华儿女共同愿望，是中华民族根本利益所在。党和政府采取积极措施推动和平统一进程，大力发展两岸经贸、科技、文化合作交流和人员往来。2017 年，台湾同胞到大陆观光、探亲、交流活动近 587 万人次，两岸贸易总额达到 1993.9 亿美元。进一步增加了台湾人民对祖国大陆的了解和感情，台湾岛内推动统一的积极力量逐步增长。党和政府维护国家主权和领土完整的立场是坚定不移的，中国人民完全有信心、有能力解决台湾问题，不管在前进的道路上还有多少艰难险阻，任何人、任何势力也阻挡不了实现祖国完全统一的历史潮流。

（二）边界和海洋权益争端尚存

中国是一个陆地大国，和周边许多国家的领土连接，由于历史问题，和很多国家在边界问题上有着争议。例如俄罗斯、哈萨克斯坦、吉尔吉斯斯坦、印度等都和我国有着边界争议。随着我国经济发展、国力的提升，区域组织的合作不断加强以及我国大力推行睦邻友好关系，我国和周边国家关系不断地改善，已经解决了和大部分国家的边界问题。但是，和邻国之间还是存在着领土争端。

1. 边境争端

1962 年，中印之间曾因边界领土争端爆发了边境武装冲突，此后两国在政治上对立、军事上对峙了多年。20 世纪 80 年代中期以来，两国进行了多次边界谈判，但至今无实质性进展。印度作为一个崛起的大国，一直把中国作为主要对手，企图独霸南亚，不断发展的实力使得其在领土问题和其他一些问题上表现得越来越强硬。印度还一直把西藏视为其势力范围，支持达赖集团分裂我国西藏的图谋。

2. 海洋争端

在海洋上，我国和其他国家的争端地区就更多了。科学家预言，21 世纪将是海洋世纪，在海洋经济时代，谁拥有海洋，谁能在海洋开发中占有优势，谁就能在世界上取得更多的利益、更大的生存权利。事实上，当今世界为争夺海洋国土和海洋权益的斗争日趋激烈，越来越多的国家早已将目光投向海洋，海洋上的经济争夺、军事斗争已向我们提出了严峻挑战。

（1）东海争端。中日东海之争源于中日专属经济区界限的划分及钓鱼岛领土之争。

东海海底的地形和地貌结构决定了中日之间的专属经济区界限划分应该遵循"大陆架自然延伸"的原则。东海大陆架位于中、日、韩三国之间，东西宽 150 ~

360 海里，南北长 630 海里，面积 70 多万平方公里。中国与日本是相向的不共架国，其大陆架向东自然延伸至冲绳海槽。中国政府一贯主张，冲绳海槽即为中日东海大陆架的自然分界。但日本政府为获取冲绳海槽以西、预测最有石油储藏远景海域的开发权，只承认中国与日本琉球之间是"共大陆架"，且设立相应中间线，这样我国主张的冲绳海槽中心线与日本主张的中间线之间产生了 21 万平方公里的争议区。

　　钓鱼岛（见图 2 - 1）一直在中国海防区域之下，成为中国领土不可分割的一部分。况且，钓鱼岛等岛屿位于中国东海大陆架的边缘，与琉球群岛隔有冲绳海槽，故从地质构造上也证明钓鱼岛等岛屿确属中国而非琉球群岛。但日本却在 1895 年趁甲午战争清政府败局已定，在《马关条约》签订前 3 个月窃取了钓鱼岛，并强行划归琉球管辖，

图 2 - 1　钓鱼岛

接着就迫使清政府在《马关条约》中将钓鱼岛连同台湾一起割让给日本。第二次世界大战后，美国在占领琉球群岛的同时，不仅将中国的钓鱼岛"托管"为靶场，而且在 1971 年 6 月 17 日美日两国政府达成的关于琉球群岛和大东群岛的协定中，美国违背《开罗宣言》的原则，公然把中国领土钓鱼岛等岛屿也划入"归还区域"交给日本，日本政府遂将钓鱼岛等 4 岛占为己有。多年来，日本一直妄图永久霸占钓鱼岛，并采取了一系列非法活动。2012 年 9 月 10 日，中国政府就钓鱼岛及其附属岛屿领海基线发表声明。钓鱼岛自古就是中国领土，中国政府已对钓鱼岛开展常态化巡逻。

　　（2）南海争端。南海，又称南中国海，遍布大小岛屿，包括东沙、西沙、中沙及南沙群岛。南海四大群岛中，西沙、中沙群岛被中国实际控制，东沙群岛由中国台湾控制，而南沙群岛的情况则较为复杂。

　　中国地图的右下角，都附有一个南海诸岛的小地图，海洋工作者常常提起的"九段线"包围着的最南端分布着南沙群岛。南沙群岛陆地面积虽然只有两平方公里，但是整个海域面积达 82.3 万平方公里。南沙群岛地处越南金兰湾和菲律宾苏比克湾两大海军基地之间，战略位置十分重要，扼西太平洋至印度洋海上交通要冲，是通往非洲和欧洲的咽喉要道。在南沙群岛中，属于中国控制的岛屿只有 9 个，中国大陆占 8 个，中国台湾占 1 个，而被南亚诸国非法侵占的岛屿（礁）却多达 45 个。

　　南海之争，其本质是围绕着石油资源而展开的争端，是名副其实的"石油政治"问题，南沙问题背后是扑朔迷离的大国角力，而且也是反华势力构建反华圈的借口和工具。

（3）黄海争端。在黄海，我国与朝鲜、韩国存在着18万平方公里的争议地区。中朝在专属经济区的划分上存在较大分歧，朝鲜在1977年6月颁布的《关于建立朝鲜民主主义共和国经济水域》的政令中声称，其经济水域不能划至200海里的海域，应划至海洋的半分线即中间线，这是中国不能接受的，因为在北黄海，中国一侧海岸线长为688公里，朝鲜一侧仅为414公里，其比例为1∶0.6，且黄海沉积物大部分来源于中国大陆，按中间线划分显然不公平。

（三）边疆分裂势力严重影响我国安全

境内外一小撮民族分裂主义分子，在国际上某些反华势力的操纵唆使下，置民族大义、国家利益于不顾，为迎合某些西方大国对中国进行"西化""分化"的和平演变战略，采取政治斗争与暴力对抗相结合的方式，进行民族分裂活动，严重影响了我国边疆地区的安全与稳定。例如，活动在我国新疆境内的"东突"民族分裂势力，与国际恐怖主义势力相勾结，以泛伊斯兰主义和泛突厥主义思想为理论基础，以反对中国共产党领导下的政权建立"东突厥斯坦"为目的，以宗教为掩护，大肆进行分裂新疆的破坏活动。又如，逃往国外的达赖集团，利用西藏地区交通不便、经济落后、文化水平低大肆进行"藏独"活动等，这些都将对我国边疆地区的安全与稳定产生不利影响。

第四节　非传统安全威胁

概念窗

非传统安全威胁是相对传统安全威胁因素而言的，指军事、政治和外交冲突以外的其他对主权国家及人类整体生存与发展构成威胁的因素。非传统安全问题主要包括：经济安全、金融安全、生态环境安全、信息安全、资源安全、恐怖主义、武器扩散、疾病蔓延、跨国犯罪、走私贩毒、非法移民、海盗、洗钱等。如果非传统安全问题矛盾激化，有可能转化为依靠传统安全的军事手段来解决。非传统安全问题从产生到解决都具有明显的跨国性特征。

一、非传统安全威胁的凸显

冷战结束后，特别是进入21世纪以来，在传统安全依然突出并有新表现的同时，非传统安全威胁日益凸显成为国际形势的一个突出特点。东南亚金融危机、

"9·11"事件、"非典"疫情、印度洋海啸、"禽流感"、"5·12"汶川地震、玉树地震及 2008 年爆发的全球性金融危机等一系列事件，使得金融危机、恐怖主义、传染疾病、自然灾害等非传统安全领域的威胁凸显出来，成为既是中国也是世界上许多国家和地区安全面临的突出问题。

二、非传统安全威胁的主要特点

根据目前各种非传统安全威胁的现象以及人们对这些现象的理解，非传统安全威胁有以下几个主要特点。

（一）跨国性

非传统安全问题从产生到解决都具有明显的跨国性特征，不仅是某个国家存在的个别问题，而且是关系到其他国家或整个人类利益的问题；不仅可能对某个国家构成安全威胁，而且可能对别国的国家安全不同程度地造成危害。首先，许多非传统安全威胁本身就属于"全球性问题"。如地球臭氧层的破坏，生物多样性的丧失，严重传染性疾病的传播等，都不是针对某个国家的安全威胁，而是关系到全人类的整体利益。其次，许多非传统安全威胁具有明显的扩散效应。如在东亚、拉美先后爆发过的金融危机，始于一个国家，而最终波及整个地球，而且随着其不断扩散，其危害性也逐渐积聚、递增，以致酿成更大危机。最后，许多非传统安全威胁的行为主体呈"网络化"分散于各国。如以"基地"为核心的国际恐怖组织分散在 60 多个国家，其结构呈网络状，彼此并无隶属关系，但联系紧密、活动灵活。非传统安全威胁的跨国性非常突出，是世界各国共同面临的挑战。

（二）不确定性

非传统安全威胁不一定来自某个主权国家，往往由非国家行为如个人、组织或集团等所为。

传统安全的核心是军事安全，主要表现为战争及与之相关的军事活动和政治、外交斗争。非传统安全威胁远远超出了军事领域的范畴。首先，大部分非传统安全威胁属于非军事领域，如能源危机、资源短缺、金融危机、非法洗钱等主要与经济领域相关，组织犯罪、贩运毒品、传染性疾病等主要与公共安全领域相关，环境污染、自然灾害等主要与自然领域相关，都不是传统安全所关注的领域。其次，某些非传统安全威胁虽具有暴力性特征，但也不属于单纯的军事问题。如恐怖主义、海盗活动、武装走私等虽然也属于暴力行为，并可能需要采取一定的军事手段应对，但它们与传统安全意义上的战争、武装冲突仍有很大不同，而且单凭军事手段也不能从根本上解决问题。非传统安全威胁的多样性，使其较传统安全威胁更为复杂，靠单一手段难以根治。

（三）突发性

传统安全威胁从萌芽、酝酿、激化到导致武装冲突，往往是一个矛盾不断积累、性质逐渐演变的渐进过程，往往会表现出许多征兆，人们可据此采取相应的防范措施。然而，许多非传统安全威胁却经常会以突如其来的形式迅速爆发出来。首先，不少非传统安全威胁缺少明显的征兆。据有关资料，1990 年以来全球有 100 多起影响较大的恐怖事件，都是在毫无防范的情况下发生的。从 20 世纪 80 年代出现的艾滋病，到近年来的"疯牛病""口蹄疫""非典""禽流感"等，人们意识到其严重性时，已经造成很大危害。其次，人类对某些问题的认识水平还有局限。如地震、海啸、飓风等自然灾害，其发生前并非全无征兆，但由于人类在探索自然方面还有许多未解之谜，加之全球经济、科技发展的不平衡，都会导致许多发展中国家缺乏对灾害的早期预警能力。此外，金融危机、传染病等非传统安全威胁并非源于某个确定的行为主体，其威胁的形式、过程也带有很大的随机性，使防范的难度明显增大。

（四）互动性

非传统安全因素是不断变化的。例如，随着医疗技术的发展，某些流行性疾病可能不再被视为国家发展的威胁；而随着恐怖主义的不断升级，反恐成为维护国家安全的重要组成部分。

当前，非传统安全威胁与传统安全威胁相互交织、相互影响，并在一定条件下可能相互转化。首先，许多非传统安全问题是传统安全问题直接引发的后果。如战争造成的难民问题、环境破坏与污染问题等。其次，一些传统安全问题可能演变为非传统安全问题。如恐怖主义的形成，就与霸权主义所引发的抗争心态、领土、主权问题导致的冲突和动荡，民族宗教矛盾形成的历史积怨等传统安全问题有着密切关联。最后，一些非传统安全问题也可能诱发传统安全领域的矛盾和冲突。如恐怖组织谋求获取生化等高技术手段，就会涉及大规模杀伤性武器的扩散问题。非传统安全威胁与传统安全威胁的互动性，使看似相对孤立的事物，表现出"牵一发而动全身"的效应，不能简单地对待和处理非传统威胁。

（五）转化性

非传统安全与传统安全之间没有绝对的界限。如果非传统安全问题矛盾激化，有可能转化为依靠传统安全的军事手段来解决，甚至演化为武装冲突或局部战争。

（六）主权性

国家是非传统安全的主体，主权国家在解决非传统安全问题上拥有自主决定权。

（七）协作性

为应对非传统安全问题，应加强国际合作，旨在将威胁减小到最低限度。

三、我国面临的非传统安全威胁

21世纪初期，非传统安全威胁对中国的安全挑战明显加大，出现新的不确定因素。经济问题、环境恶化、有组织犯罪、艾滋病等将上升为对国家安全构成威胁的战略问题。非传统安全对中国社会经济发展的侵害和威胁是现实的、严峻的。

（一）生态环境安全

就生态环境而言，我国主要面临以下几个方面的威胁：一是森林覆盖率低，土地荒漠化加剧，土壤质量低，耕地面积减少。我国是世界上荒漠面积较大、分布地区较广、危害程度较为严重的国家之一。二是空气污染严重。中国被认为是世界上空气污染最严重的地区之一，以煤为主的单一的能源结构和落后的煤炭利用方式，急剧增长的机动车尾气排放和局部地区工业废气大量超标排放，是造成污染的主要原因。同时，我国酸雨也呈蔓延之势，已成为欧洲、北美之后的世界第三大酸雨区。三是水资源安全问题日益突出。表现为人均水资源量极少，中国人均拥有的水资源量约为世界人均水资源量的四分之一，而北方地区的人均水资源量就更少；水资源分布严重失衡，中国水资源的分布是南多北少、东多西少，同时降雨量极不均匀，南方洪涝灾害频繁，北方干旱缺水；水资源污染严重，七大水系普遍受到污染，水质令人担忧。

造成这些现象的原因主要有：全球生态环境系统的破坏和污染给中国造成极大的影响；中国庞大的人口对生态环境造成重大持久的压力；先发展后治理的传统经济发展模式也使生态环境受到了巨大的冲击和破坏。

（二）经济安全

所谓经济安全，其含义是保障国家经济（科技）发展战略诸要素的安全，在参与国际竞争和合作中维护国家利益和争取优势地位，特别是保护本国市场和开拓国际市场。1997年席卷整个东南亚的金融危机表明，在经济全球化时代，经济安全往往更需注意，它可能在很短的时间里，把一国经过数十年积累下来的财富，通过货币贬值和股市动荡等经济手段掠夺一空。因此，在很大程度上，经济安全已成为国家安全的决定因素。

我国经济安全的威胁主要来自三个方面：一是市场安全。主要是指经济摩擦增多和由此引起的贸易制裁以及国际垄断势力对我国产业安全构成的威胁。中国经济由于规模巨大、增长迅速，特别是加入WTO后，大量国际资本和金融机构纷纷涌入国内，经济摩擦不可避免。这对我国市场安全构成极大威胁。外国资本和跨国公司以合资、兼并或并购等方式垄断或控制我国的一些重要产业和企业，有可能引发我国民族工业企业的生存危机。二是金融风险。我国的金融风险主要表现在以国有企业银行贷款为主的不良贷款比例过高和庞大的银行坏账、呆账问题，证券市场上存在欺诈事件增多、投机气氛较浓、资本外逃、汇率震荡等问题。三是能源安全。能源安全是国家经济安全的重要领域，我国的能源种类不均衡，能源发展后劲不足，利用率低，开发难度大，供需矛盾日益突出，石油短缺是我国未来一段时期能源安全的主要矛盾。

（三）信息安全

关于信息安全，狭义上主要指信息技术领域的安全，包括网络安全；广义上是指综合性的信息安全，包括经济、政治、科技、军事、思想文化、社会稳定和生态环境等各个领域。后者是人们通常讨论的信息安全问题的主要内容。在信息社会里，一个国家或地区信息网络的安全运行和信息畅通，直接影响着国家安全的维护。一旦信息系统遭受进攻和破坏，信息流动被锁定或中断，就会导致整个国家的财政金融瓦解，能源供应中断，交通运输混乱，社会秩序失控，生态系统破坏，国防能力下降，国家陷入瘫痪，民众陷入困境，从而直接危及国家的安全和民众的生存。由此看出，在信息时代，哪一种安全都离不开信息安全。信息安全是一切安全的重中之重和先中之先。

（四）人口安全

人口安全指的是一个国家或地区人口规模适度、结构合理以及流动有序的一种状态。这种状态不但可以充分满足该国或地区经济、社会可持续发展对人才资源的需要，而且也有利于实现该国或地区的社会、政治稳定。当前，我国面临的人口安全问题主要涉及以下几个方面。

1. 人口膨胀给资源环境带来的压力

从总体上讲，目前制约中国社会经济发展的核心问题是人口资源问题，人口过多和自然资源相对缺乏将直接制约中国经济的长期发展。中国需要在占世界 7% 的土地上养育世界 20% 以上的人口，这使中国在经济上承受很大的压力。人口膨胀也给我国的生态环境带来了巨大压力。

2. 人口老龄化问题日益突出

与其他国家相比，我国的老龄化问题具有两个显著特点：一是我国老龄化人口基数大，增长速度快；二是我国老龄化问题出现时面临经济底子薄、养老负担重的现状。发达国家的人口老龄化是在人均国民收入较高并建立了健全的养老保险体系的情况下出现的，而我国的老龄化是在人均国民收入较低的情况下出现的。2000 年步入老龄化社会时，人均 GDP 也不过 800 美元，这迫使我国在经济欠发达的时期需要解决比发达国家还严重的老龄化问题。

3. 人口素质有待提高，人才安全问题突出

一方面，现有教育和在职培训还不能满足国民经济和社会发展对各类人才的大量需求；另一方面，很多行业存在着人才流失问题。如果任凭这种趋势蔓延，将严重威胁我国的人才安全。

4. 人口国内流动带来的问题和隐患

我国人口国内流动在促进人力资源合理配置的同时，也给交通、城市管理、社会安全等工作增加了难度。

（五）恐怖主义威胁

恐怖主义对国家和地区稳定的影响日益严重，我国不同程度地受到境内外民族分裂势力、宗教极端势力、暴力恐怖势力等恐怖主义势力的侵害和威胁。

冷战结束后，宗教极端主义、民族分裂主义和国际恐怖主义这"三股势力"在世界上的许多地方泛滥。"三股势力"往往带有很强的政治企图，成为影响国家安全和地区稳定的重大威胁。20 世纪末以来，受世界范围恐怖活动的影响，在外国敌对势力的怂恿和支持下，我国境内外的一些宗教狂热分子、民族分裂分子和各种敌对势力进行勾结，加紧在新疆、西藏等边境地区煽动"疆独""藏独"，不断进行恐怖活动，制造混乱。其中，以"东突"组织为代表的"疆独"分子已经不折不扣地沦为恐怖分子。境内外"东突"分裂势力与国际恐怖主义分子实施恐怖破坏活动，制造一系列暗杀、爆炸和抢劫等恶性事件，企图以恐怖活动为主要手段达到其分裂祖国的目的。

一些宗教极端分子也借民族问题从事分裂乃至恐怖活动。"藏独"势力打着宗教旗号，拉拢迷惑群众，借机制造事端，和国际反华势力一起图谋将西藏从我国分裂出去。可以说"疆独""藏独"问题已经成为中国面临的最大的恐怖主义威胁。在 2008 年 3 月 14 日西藏拉萨及 2009 年 7 月 5 日新疆乌鲁木齐发生的"打、砸、抢、烧"系列暴力事件就是以达赖和热比娅为首的民族分裂主义组织策划的，严重危害了国家安全和社会政治稳定。

（六）流行性传染病的传播与蔓延

在经济全球化的国际环境下，某些新型流行疾病的传播和蔓延，将造成严重的社会恐慌以及巨大的经济损失和人员伤亡，对国家安全和国际安全构成严重的威胁与危害。

我国自 1985 年艾滋病首次报告以来，艾滋病的流行呈快速上升趋势。中国疾控中心数据显示，截至 2016 年 9 月，我国报告现存艾滋病病毒感染者和病人 65.4 万例，累计死亡 20.1 万例。而且中国目前有 32.1% 的感染者未被发现。从全国范围来看，某些地区特定群体的感染率较高。目前在中国性传播 、血液传播和母婴传播

为三种主要的艾滋病传播途径。不过，性传播已是最主要的传播途径，2016 年 1 月至 9 月，新报告经性传播感染者比例达到 94.2%。作为世界第一的人口大国，中国防治艾滋病的任务极其重大，需要投入的政治资源和经济资源远远超过大部分发展中国家。

2003 年春季在全球特别是亚太地区肆虐的非典型肺炎，引起全球各国的高度关注。非典型肺炎作为 21 世纪新出现的第一种严重传染性疾病，其死亡率虽然不高，但其传染能力过于强大，不可避免地引起国内民众和国际社会的严重恐慌，从而导致社会、经济、政治、外交等诸多方面不易处理的危机。

四、我国安全观的新发展

安全观是一个国家对其自身安全利益及其在国际上所应承担的义务和所应享受的权利的认识，是对其所处安全环境的判断，同时也是对其准备应对威胁与挑战所要采取的措施的政策宣示。中国新安全观的提出反映了冷战后中国对国际安全形势的总体判断，以及中国政府对国家安全和国际关系准则全新的理论思考。

（一）中国新安全观的提出

中国是新安全观的积极倡导者和实践者，也是世界上最早抛弃冷战思维的国家。冷战后非传统安全威胁的大量涌现成为推动中国建立新安全观的重要因素，特别是 1997 年亚洲金融危机后，中国开始重视经济安全和金融安全。随着国际形势的变化和中国改革开放的不断深入，"综合安全"的安全战略思想逐步进入中国的安全观念中。国家安全不仅是军事上的安全，而且应是包括经济、科技、政治、军事等在内的综合安全，形成了必须发展包括经济、科技、政治、军事在内的综合国力的新安全观。

1997 年 3 月，中国政府在同菲律宾共同主办的东盟地区论坛信任措施会议上，首次正式提出了适合冷战后亚太地区各国维护安全的新安全观。此后，中国政府又在不同场合对这种新的国家安全观做出了比较全面的阐述。1997 年 4 月，《中俄关于世界多极化和建立国际新秩序的联合声明》中说，双方主张确立新的具有普遍意义的安全观，认为必须抛弃"冷战思维"，反对集团政治，必须以和平方式解决国家之间的分歧和争端，不诉诸武力或以武力相威胁，以对话协商促进相互了解和信任的建立，通过双边、多边协调合作寻求和平与安全。1999 年 3 月 26 日，江泽民在日内瓦裁军谈判会议上第一次指出，新安全观的核心是"互信、互利、平等、合作"八个字。2001 年 7 月 1 日，江泽民在纪念中国共产党成立 80 周年大会的讲话中，对新安全观的表述做了调整，将八个字中的"合作"改为"协作"，即"国际社会应该树立以互信、互利、平等、协作作为核心的新安全观，努力营造长期稳定、安全可靠的国际和平环境"。2009 年 9 月 23 日，胡锦涛在联合国发表演讲，阐述应坚持互信、互利、平等、协作的新安全观，既维护本国安全，又尊重别国安全关切，促进人类共同安全，安全不是孤立的、零和的、绝对的，没有世界和地区的和平稳定就没有一国的安全稳定。

"9·11"事件发生后，中国政府和学术界对恐怖主义等非传统安全威胁的认识进一步加深，多次指出现在是传统安全与非传统安全交织的时代，并强调非传统安全因素上升对中国安全和世界和平的影响，提出要积极应对这种新安全威胁的调整，以新的方式谋求和维护安全。2002年7月31日，在文莱首都斯里巴加湾市举行的东盟地区论坛外长会议上，中国代表向大会提交了《中国关于新安全观的立场文件》，系统阐述了中国在新形势下的安全观念和政策主张。中国政府认为新安全观实质是超越单方面安全的范畴，以互利合作寻求共同安全。2003年，"非典"疫情发生后，中国政府又加强了对"人的安全"和社会安全的关注，将传染病的蔓延提高到了国家安全的高度，充分体现了中国的新安全观对人的安全的重视。

（二）中国新安全观的主要内涵及影响

中国新安全观认为综合安全是当前安全问题的基本特征，共同安全是维护国际安全的最终目标，合作安全是维护国际安全的有效途径，并正式提出了以"互信、互利、平等、协作"为核心的新安全观，通过建立互信机制以争取共同安全，通过友好协商解决国际争端。综合而言，我国的新安全观主要有如下内涵：

互信，这是新安全观的基础。主要是指超越意识形态和社会制度异同，摒弃冷战思维和强权政治心态，互不猜疑，互不敌视。各国应经常就各自安全防卫政策以及重大行动展开对话与相互通报。国家安全利益的差异性是现实存在的。在无政府状态的国际社会中要维护共同的利益，只有依靠互信，而不能依靠军事同盟。

互利，这是新安全观的目的。主要是指"顺应经济全球化时代社会发展的客观要求，互相尊重对方的安全利益，在实现自身安全利益的同时，为对方安全创造条件，实现共同安全"。随着经济全球化的发展，各国的安全利益日益交织在一起，这就需要各国互相尊重、互相兼顾他国的安全利益，在实现各国共同安全利益的基础上实现本国的安全利益。

平等，这是新安全观的保证。主要是指"国家无论大小强弱，都是国际社会的一员，应相互尊重，平等相待，不干涉别国内政，推动国际关系的民主化"。国际社会的所有国家，不论大小、强弱、贫富、意识形态和社会制度的差异有多大，都应平等地参与协商、处理事务，不应为大国所垄断，而应通过国际社会找到符合各国安全利益的方法，予以解决。

协作，这是新安全观的途径。主要是指"以和平谈判的方式解决争端，并就共同关心的安全问题进行广泛深入的合作，消除隐患，防止战争和冲突的发生"。对于外部争端，不能用传统的威胁、遏制等手段解决，而应通过和平谈判、协作的途径解决。协作的目的是通过各国间的合作消除隐患，防止冲突和战争的发生。

由此可见，我国的新安全观突破了旧安全观的局限，是对冷战思维的彻底摒弃。整体而言，我国的新安全观是寻求和平与合作的安全观，是以普通安全为目标的安全观，是将国家安全与国际安全相结合的安全观。

？思考题

1. 战略是什么？它有什么特征？
2. 战略的构成要素是什么？
3. 战略环境的定义是什么？
4. 战略与战略环境的关系是怎么样的？
5. 什么是国际战略格局？
6. 国际战略格局的发展趋势？
7. 什么是周边安全环境？
8. 非传统安全威胁的特点是什么？
9. 我国的新安全观有什么内涵？

第三章 军事思想

学 习 目 标

1.了解军事思想的基本概念、形成,及其发展过程与规律。

2.明确我军的性质、任务和建设指导思想。

3.树立马克思主义的战争观和方法论。

4.熟悉军事思想的主要内容,认识其地位和作用。

5.了解研究现代战争规律及其军事思想对现代战争的
   指导意义。

第一节　军事思想概述

一、军事思想的基本概念

（一）概念

概念窗

军事思想，通常也称军事理论，是人们对战争、军队和国防的基本问题的理性认识，是人们长期从事军事实践的经验总结和理论概括。军事思想主要揭示战争的本质和基本规律，研究武装力量建设及其使用的一般原则，反映从总体上研究军事问题的理论成果。

军事思想的主要内容包括：一是军事哲学，包括战争观、军事问题的认识论和方法论；二是军事实践基本指导原则，包括战争指导的基本方针和原则、军队建设的基本方针和原则、国防建设的基本方针和原则等。军事思想来源于军事实践，又给军事实践以理论指导，并随着战争和军事实践的发展而发展。

（二）军事思想的产生及其特点

军事思想是一种社会意识形态。它产生于一定物质生产和战争实践的基础之上，同时受其他社会意识形态的制约和影响。反映一定阶级和集团利益的政治观念决定军事思想的阶级性质，制约其发展方向。哲学为军事思想提供认识论和方法论基础。科学文化水平以及道德、宗教和法律，还有民族、地理环境等因素，也都不同程度地影响军事思想的发展。反过来，军事思想也影响和作用于其他社会意识形态的发展。军事领域所揭示的一些规律，所形成的原则、概念和范畴，还常常被用于政治、经济、外交乃至商业竞争、体育竞赛等方面。

军事思想具有鲜明的阶级性。军事思想来源于社会实践，不同阶级所奉行或推崇的军事思想，反映了各个阶级对战争的不同认识和不同立场。军事思想具有时代性。不同历史时期的军事思想各有自己的特征，这种特征往往最能反映当时的物质生产水平。军事思想还具有明显的继承性。战争的特性之一，是强制人们必须使自己的主观认识同客观实际相一致才能取胜，所以历史上所形成的许多军事原则、概念和范畴，因其反映了军事斗争的共同规律而流传下来并为后人所继续使用，并不断地得以丰富和发展。

（三）军事思想的分类

军事思想可按时代、阶级性质、国家等进行分类。按时代划分为古代军事思想、近代军事思想、现代军事思想；按阶级性质划分为奴隶主阶级军事思想、封建地主阶级军事思想、资产阶级军事思想和无产阶级军事思想等；按国家划分为中国军事思想和外国军事思想。

二、军事思想的地位和作用

军事思想是各种军事理论、军事原则的理论基础，有着根本性的指导作用。

（一）为认识军事问题提供基本观点

人们总是基于一定的思想观念，去评判军事问题的是非与价值，进而确定对其采取何种态度和行动。军事思想提供的正是这种思想观念。运用马克思列宁主义的理论去看待战争，就能全面认识战争在人类社会生活中的作用，正确判断正义战争与非正义战争，坚持以正义的、进步的、革命的战争去反对非正义的、反动的、反革命的战争。如果用否定一切战争暴力的和平主义，或"强存弱汰"的社会达尔文主义之类的观点看待战争，就不可能有正确的态度和行动。

（二）为进行军事预测提供思想方法

科学的军事思想揭示了军事领域矛盾的规律，为人们正确地认识战争、进行军事预测提供了科学的认识论和方法论工具。

恩格斯和列宁关于资本主义列强之间的争夺将导致世界大战的预见，毛泽东关于中国人民抗日战争进程与结局的论断，都是科学地进行宏观预测的范例。

（三）为从事各项军事实践活动提供全局性指导

人们从事军事实践活动，离不开军事思想的指导。军事实践的成败，与军事思想的科学与否关系甚大。以科学的军事思想做指导，军事实践就能保持正确的方向，并能达到预期的目的。否则，军事实践的方向就难免发生全局性的偏差，达不到预期的目的。军事思想之所以能对军事实践起指导作用，在于它是军事实践的能动反映，是军事实践经验的理论概括，并揭示了军事领域的一般规律。军事思想对军事领域的规律反映得越深刻、越正确，对军事实践的指导作用也就越大。

三、军事思想发展的基本规律

（一）军事思想的发展以新的生产力和新的社会关系为前提

1. 社会生产力和科学技术水平是军事思想发展的物质技术基础

军事思想的发展史证明，社会生产力水平的提高，特别是科学技术的进步，为军事活动创造了新的物质技术基础，从而引起军事思想的变化。例如，冶金技术的成熟及广泛应用，使大规模冷兵器战争成为可能，从而促成了中国先秦军事思想和古希腊、古罗马时代军事思想的繁荣；发达的工厂手工业是拿破仑作战思想的物质前提；第二次世界大战时期确立的机械化战争理论和战后形成的核战争理论，分别是大工业和核技术发展的产物。因此，研究和发展军事思想，必须密切关注生产力发展，特别是科学新发现和技术新成果的军事意义及在军事上的应用。

2. 社会制度的变革促进军事思想的新陈代谢

在阶级社会中，社会关系主要表现为阶级关系，其变化对军事思想的发展具有巨大作用。春秋战国时期，奴隶主阶级统治日益衰败，新兴地主阶级成为政治舞台上的主导力量，他们为争夺和扩大统治权进行了长期的战争，以《孙子兵法》为代表的先秦军事思想是这种社会条件的产物。自中世纪后期起，掌握国家财源的工商市民阶级和资产阶级化贵族在社会关系中的地位不断上升，他们能够靠金钱去购买职业雇佣兵为自己打仗。随着这种阶级关系的变化，买卖雇佣关系逐渐成为近代欧洲军事生活中的基本准则。阶级关系变化对军事思想发展的作用，在社会政治变革时期表现得格外突出。因此，研究军事思想必须特别注意研究社会关系，尤其是阶级关系的变化。

（二）军事思想的来源与发展，依赖于军事实践特别是战争实践

军事思想来源于军事实践。一切真正反映军事规律的军事思想，都是军事实践经验的正确总结和升华。古今中外著名军事家和军事理论家的军事思想，或者是自身军事实践经验的总结概括，或者是从间接的军事实践经验中的抽象提炼，或者兼而有之。军事实践在军事思想的发展过程中还具有检验作用。接受军事实践检验的过程，也就是军事思想得以发展、得以丰富和深化的过程。只有坚持实践、认识、再实践、再认识，如此循环往复，才能推动军事思想不断向前发展。

强调军事思想随着军事实践特别是战争实践的发展而发展，并不意味着军事思想是在军事实践中自发产生的。军事思想的发展需要通过人们的总结加工，特别是杰出人物的总结加工。离开这个条件，军事思想也是难以向前发展的。

（三）军事思想在激烈尖锐的相互对抗竞争中发展

为了在战争中取得胜利，敌对双方总是竞相抢占军事思想的制高点，以便在军事实践的主观指导上高于对手。从这个意义上说，人类军事思想史就是一部在互相对抗竞争中不断发展的历史。

（四）军事思想在继承和借鉴优秀成果中发展

正确地继承和借鉴，需要有科学的态度，要把反映军事领域一般规律的认识同现实条件联系起来，在坚持"以我为主"的原则上，吸收其精华，摒弃其糟粕。通过继承和借鉴，博采众长，创造和发展具有自己特色的军事思想。要取得军事活动

中最高斗争形式战争的胜利，其行动必须符合事物的客观规律，主观指导必须与客观实际保持一致。因此，军事思想不但揭示本时代、本民族、本阶级军事活动的特殊规律，还揭示军事领域中的一般规律和具有稳定性的普遍性矛盾。

（五）军事思想在与哲学思想的相互促进中发展

科学的军事思想从来都是与科学的世界观和方法论相联系的，哲学的进步往往是军事思想变革的先导。从 14—16 世纪文艺复兴时期到 18 世纪启蒙运动期间出现的人本主义哲学思潮，为欧洲军事思想的近代化提供了世界观和历史观基础。克劳塞维茨《战争论》的产生，得益于德国古典哲学的辩证法。马克思列宁军事理论、毛泽东军事思想之所以成为革命人民以弱胜强的制胜法宝，首先就在于它们是建立在辩证唯物主义和历史唯物主义这一科学的世界观和方法论的基础之上的。

军事思想的发展对哲学思想的发展也有促进作用。古今中外许多著名的军事理论著作本身就具有巨大的哲学成就，有的甚至成为一个时代哲学思想的精华。《孙子兵法》既是中国古代著名的军事著作，也是中国古代著名的哲学著作。毛泽东的《中国革命战争的战略问题》等名篇，不仅是毛泽东军事思想的代表作，也是毛泽东哲学思想的代表作，不仅在现代军事思想的发展史上占有重要地位，而且在现代哲学思想的发展史上也占有重要地位。

四、军事思想发展简史

（一）中国近现代军事思想

鸦片战争后，日益激化的阶级矛盾和民族矛盾，接连不断的阶级斗争和民族战争，为中国近代军事思想的发展提供了客观环境。19 世纪 50 年代初期爆发的太平天国武装起义，虽然从建制到活动方式，均未能突破中国古代农民起义的旧轨道，但西方资本主义的一些军事因素影响了这支农民起义军，使其在武器装备、建军和作战的指导思想以及战略战术方面的水平处于历代农民战争之上。通过十几年反清军事战争的实践，太平军创造的"审时度力""正奇抄伏之术"等战略战术原则，在中国近代军事思想史上留下了极为精彩的一笔。

在太平军的沉重打击下，腐朽的清朝正规武装八旗、绿营兵不堪一击，清朝统治者不得不谕令各省兴办团练"助剿"。具有远见卓识的曾国藩，看透了八旗、绿营的不可恃和团练的不中用，借机编练了一支地主阶级的新式武装——湘军。这支军队以捍卫名教、勤王忠君为宗旨，以一批中小地主阶级知识分子为骨干，以山乡朴实农民为兵源，仿效明代戚继光编练"戚家军"的办法组成。这是中国近代军事史上的一次军事改革。这次改革使湘军战斗力大大高于八旗、绿营兵，也开创了"兵为将有"的先河，成为镇压农民起义的主力军。在战略战术方面，曾国藩根据与太平军作战的经验，提出了"坚扎营以自固""慎拔营以防敌""看地形以摸险夷""明主客以制敌命"的原则和"以守为攻，步步为营，节节进击"的作战方针。曾国藩这些置太平军于死地的作战方略，为后来的统治者和军事家所效法和运用。曾国藩、胡林翼等湘军统帅，出身儒生，熟悉历代兵家韬略，并善于从实战中总结经验教训，形成了一整套比较完整、独具特色的建军和作战理论原则，为中国近代军事思想的发展奠定了基础。

1. 中国近代军事思想的成长阶段（1861—1894 年）

自 19 世纪 60 年代开始的长达 30 多年的洋务运动中，不仅有曾国藩、左宗棠、李鸿章等湘、淮军将领，还有奕訢、文祥等朝廷当权人物，开展求强求富活动。"求强"就是求新式武器，通过向西方列强购买和仿制洋枪洋炮、轮船铁舰，以求军队强大。这一时期洋务派建立的军事工业，无论对中国军事力量的发展，还是对近代军事思想的跃进，都起过重要的推动作用。但是为中国近代军事思想增添光彩的，应首推当时勃兴的国防思想。19 世纪 70 年代中期，清朝统治阶级内部发生了一场"塞防"与"海防"之争。"塞防论"者主张暂弃海防，专注塞防"以全力注重西征"，对付沙俄，收复新疆。"海防论"者认为"中国目前力量，实不及专顾西域"，"新疆不复，于肢体之元气无伤；海疆不防，则腹心之大患愈棘"。因此，主张暂弃新疆，专注海防。清朝统治者最后采纳了左宗棠的主张，实行"海防""塞防"并重的方针。

在"并重论"战略方针的指导下，清朝一方面任左宗棠为统帅，出兵新疆，扫荡了统治新疆达 13 年之久的阿古柏政权；另一方面，以李鸿章、丁汝昌为主，致力于"三洋"海军的建设。这一时期提出的建立"三洋"海军的方针，不仅为中国近代建军思想增加了新的内容，更重要的是对一个濒临海洋的大国，却因缺乏和轻视海权思想造成了可悲局面，进行了一定的反思。而"塞防海防"并重的思想及其实施，是包括近代国防思想在内的中国近代军事思想达到一个新水平的鲜明标志。诚然，洋务运动前后，无论是曾国藩还是左宗棠、李鸿章等人，在"中体西用"的方针指导下，对清军特别是北洋海军所推行的一系列革新活动，为中国军队的近代化打下了一定的基础。从军队建设、战争理论、作战原则等方面看，确有许多可取之处，但从阶级本质上看，他们的军事思想却适应了封建地主阶级勾结西方帝国主义列强联合镇压农民起义的战争需要，反映了近代中国半殖民地半封建社会战争的特殊规律。

2. 中国近代军事思想的形成阶段（1894—1919 年）

中国在中日甲午战争中惨败，使人们真正认识到清朝军队建设的全面落后，群臣百官纷纷条陈时务，主张效法西方，"变革军制""修明武备"，编练新军。清朝统治者为了维护其统治地位，不得不在军制、装备、训练、战法和军事教育、部队管理等方面，全面按照西方模式进行改革，从而使中国近代军事思想进入了一个新的时期，即资产阶级军事思想的形成时期。以袁世凯在北洋编练新建陆军和张之洞在南洋创建自强军为代表，近代军事思想在军队建设方面有了一个大的突破。无论是新建陆军还是自强军，都重视武器装备的更新，使清军在武器装备上逐步实现由冷兵器为主向火器为主的转变。不仅如此，清军还从过去单纯改进兵器、学习西方操典，进而对军队的营制饷章、军官的任用和晋升制度、募兵制度、教育训练制度以及后勤保障制度等编制体制，依照西法进行改革。袁世凯为编练新建陆军所制定的《练兵要则十三条》《新建陆军营制饷章》等，是这一时期治军思想的集中反映。

辛亥革命前后，历史把孙中山（见图3-1）为首的资产阶级革命派推到了台前。新兴的资产阶级为中国近代军事思想的发展作出了重要贡献。

首先是建军理论。早在1906年，孙中山在其制定的《中国同盟会革命方略》中提出"建立革命军"的设想，并对革命军的编制、军饷、军律等方面做了详细的阐述。但由于当时秘密斗争的环境，孙中山并没有按《革命方略》进行艰苦的建军活动，而是走了一条联络会党、运动新军、利用军阀的曲折道路。通过一次次武装起义、一次次失败，孙中山开始懂得了应该建立一支什么样的武装和怎样建立武装力量。1924年，孙中山在苏联和中国共产党的帮助下，在广州黄埔建立了陆军军官学校，他希望"用这个学校的

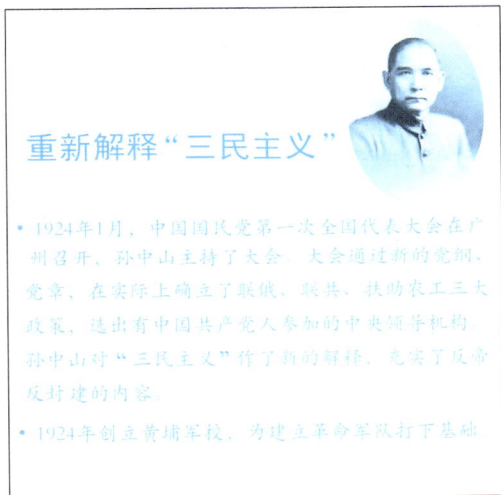

重新解释"三民主义"

• 1924年1月，中国国民党第一次全国代表大会在广州召开，孙中山主持了大会，大会通过新的党纲、党章，在实际上确立了联俄、联共、扶助农工三大政策，选出有中国共产党人参加的中央领导机构。孙中山对"三民主义"作了新的解释，充实了反帝反封建的内容。

• 1924年创立黄埔军校，为建立革命军队打下基础。

图3-1 中国近代民主革命先驱孙中山

学生做根本"，以"创造革命军，来挽救中国的危亡"。孙中山号召这支新型的武装力量为"三民主义"而奋斗，为"三民主义"而牺牲。为此，他借鉴苏联红军经验设立了党代表制度，建立了政治部工作制度，使军队的面貌焕然一新。不幸的是，孙中山建军思想刚刚得到实施，他就因病去世了，但他为中国近代军事思想作出的重大贡献与世长存。

其次是战略战术原则。资产阶级从其领导的历次战争中，创造了新的战略战术原则。在护国战争期间，以蔡锷为首的云南革命党人，根据复杂多变的形势，为实现其合力倒袁的战略目标，在敌人主力尚未到达之前，采取了"速与作战，一举破之"的方针，趁敌不意，迅速接敌。在进攻时，则以有限兵力，实施协同作战，采取主攻、助攻、佯攻等多种作战方式。在防御中，能因势利导，集中用兵，分头破之。因而护国军在敌我力量悬殊的态势下，"以攻则捷，以守则固"，从而"出奇制

胜"。

最后是国防观念。孙中山等人从国家危亡的现实和自身奋斗的过程中，逐步认识到国防建设的重要性。辛亥革命第二年，孙中山即着手撰写《国防计划书纲目》，拟订了发展海、陆、空军等项目，大致展示了他对于国防建设的整体规划。孙中山国防建设理论的一大特色，即注重国防与民生的兼顾。孙中山认为，国防与民生应相为表里。所谓"衣食足兵，事本一源；强兵富国，理无二致"，是孙中山民生主义世界观在国防思想上的反映。孙中山等资产阶级革命派的军事思想，标志着中国近代军事思想的形成。

3. 中国现代军事思想的发展时期（1919—1949 年）

1919 年的五四运动标志着中国的革命由旧民主主义革命转为新民主主义革命。这个时期，在以蒋介石为代表的大地主资产阶级军事思想发展的同时，以毛泽东为代表的中国无产阶级军事思想也产生和发展起来。在这两种对立的军事思想指导下建立起来的两支军队，经过 20 多年的较量，终于以毛泽东军事思想的胜利而告终。

1924—1927 年，国民革命军在孙中山建军思想的指导下，得到迅速发展。1926 年北伐战争开始后，以资产阶级为主要领导阶级的国民革命军根据当时敌我兵力的对比和各派军阀之间的矛盾，制定了军事打击和政治瓦解相结合、集中优势兵力、各个击破的作战方针，北伐军首先直驱两湖，以主力攻击北洋劲旅吴佩孚，然后挥师东南，消灭孙传芳，进军长江下游，最后再行北伐，扫荡张作霖等北方军阀势力。不到一年的时间，先后打败了吴佩孚、孙传芳两大军阀，占领了中国的半壁江山，使孙中山的资产阶级军事思想达到了最高峰。然而，1927 年 4 月 12 日，蒋介石发动了反革命政变。随之国民革命军发生了质的变化，变成了大地主、大资产阶级专政的工具，开始了新军阀混战和镇压人民革命的战争。在此期间逐步形成了以蒋介石为代表的大地主大资产阶级军事思想。

蒋介石为维护其反动统治，特别重视军队现代化建设，组建了中国历史上第一支由陆、海、空军组成的、由世界先进武器装备起来的、完全现代化的地主资产阶级武装力量。这支军队以蒋介石军事思想为指导，在与以毛泽东军事思想武装起来的人民军队作战中被彻底打败。但是，这一时期军事思想也有一定建树，著名军事理论家蒋百里、杨杰，创立了中国总体国防论学说。1937 年蒋百里的《国防论》和1943 年杨杰的《国防新论》，是这个时期军事理论的代表作。他们融合了中外军事理论的精华，提出了许多独到、精辟的见解。但是由于蒋介石采取的是"攘外必先安内"的反动政策，他们的理论不可能被付诸实施。

1927 年大革命失败后，中国共产党领导了以南昌起义、秋收起义、广州起义为中心的武装起义，开始了中国共产党独立领导武装斗争的新时期，开始了中国人民军队和无产阶级军事思想的伟大实践。中国共产党人在井冈山斗争的艰苦岁月里就开始了对军事理论的探索和研究。毛泽东创立了"敌进我退，敌驻我扰，敌疲我打，敌退我追"的"十六字方针"，写出了《井冈山的斗争》《中国的红色政权为什么能够存在?》等著作，为红军军事理论的形成奠定了基础。1929 年古田会议，确立了人民军队建军原则，到 1931 年红军第三次反"围剿"的胜利，形成了红军的全部作战原则，标志着毛泽东军事思想的初步形成。1934 年 12 月，毛泽东在《中国革命战争的战略问题》一书中，运用辩证唯物主义和历史唯物主义的原理，科学地阐明了中国革命战争的战争指导和战略战术原则等问题，使毛泽东军事思想达到了系统化、理论化的高度，标志着毛泽东军事思想的完全形成。抗日战争时期，毛泽东先后写了《抗日游击战争的战略问题》《论持久战》《战争和战略问题》等军事著作，把国内战争理论运用到民族解放战争中来，把游击战争理论提高到战略地位，提出了持久战的战略方针，解决了抗日战争指导上的一系列重大原则问题。这是毛泽东战争理论的新发展，把毛泽东军事思想提高到了一个新的高度。解放战争中，人民解放军由之前的抗日游击战争转变到国内正规战争，毛泽东适时地提出了十大军事原则和辽沈、淮海、平津三大战役的作战方针，确立了以歼灭敌人有生力量为主，不以保守和夺取地方为主的正确的战略方针，展开大规模运动战，歼灭国民党数百万军队，取得了中国人民解放战争的胜利。这是以毛泽东为代表的无产阶级军事思想，战胜以蒋介石为代表的地主资产阶级军事思想取得的伟大胜利。从此，中国结束了半殖民地半封建的历史时代，中国现代军事思想以无产阶级军事思想取得完全胜利而得到极大丰富和发展。

（二）世界现代军事思想

1. 第二次世界大战前的军事思想

1917 年俄国十月社会主义革命的成功，标志着人类文明跨入现代史时期，而现代军事思想的孕育，则可推至 19 世纪和 20 世纪之交。

（1）资产阶级相应的军事理论产生时期。从 19 世纪中叶开始，世界列强竞相利用产业革命所提供的新型技术手段，在全球加剧争夺势力范围，相应的军事理论开始产生。当时的德国首相俾斯麦宣称，德国的一切重大问题都只能通过"铁与血"的手段解决。日本首相山县有朋宣布，以朝鲜和中国等邻国国土为日本的"利益线"。世界资本主义体系在 19 世纪末至 20 世纪初发展到帝国主义阶段，对外扩张的各种军事理论大量出现。英国 H. 斯宾塞的"社会达尔文主义""社会有机论"和德国拉采尔的"地理环境决定论"认为，"强存弱汰"是国际生活的"自然法则"，一个"健全的国家有机体"有权通过战争扩展自己的"生存空间"。美国 A. T. 马汉的"海权论"则提出，谁控制了海洋谁就能控制世界，为此必须大力发展海上力量。他的理论被美、英、日等国奉为国防发展的主导原则。

（2）资产阶级军事思想丰富和发展时期。从 19 世纪后期到第二次世界大战结束，是资产阶级军事思想丰富和发展时期。罗斯福执政时期，美国国家安全的指导原则由 19 世纪前期专注控制西半球，改变为追求全球扩张。随着垄断资本主义的进一步发展，帝国主义国家之间重新瓜分世界的争斗愈演愈烈，终于导致了第一次世界大战。这场大浩劫刚结束，帝国主义列强在签订各种和平条约和实行军备控制的同时，纷纷抢先发展坦克、飞机、潜水艇、航空母舰等机械化兵器，并大量装备军队，种种新的战争理论也应运而生。例如，麦金德的"大陆心脏论"、鲁登道夫的"总体战"理论、古德里安的"闪击战"理论等。麦金德提出的"大陆心脏论"认为，谁控制了东欧和中亚，谁就能控制世界。德国纳粹地缘政治学家 K. 蒙斯霍弗尔把这一学说加以利用和发展，为希特勒的侵略政策制造舆论。鲁登道夫提出了"总体战"理论，强调动员国家一切力量，使用一切手段进行战争。意大利的杜黑、英国的特伦查德、美国的米切尔等人认为，空中力量在现代战争中有决定性作用，主张建立并优先发展独立的空军。英国的富勒和利德尔·哈特、法国的戴高乐和德国的古德里安等人认为，现代战争中决定制胜的手段是高度装甲化、机械化的机动突击力量。为此，古德里安提出了"闪击战"理论，戴高乐主张把小型职业军队作为军队建设的发展方向，利德尔·哈特还提出了"间接路线"战略，认为在战争指导上应尽量采取迂回打击的方式。上述理论在第二次世界大战中得到了一定程度的应用，并有所发展。

（3）无产阶级军事思想在世界范围内蓬勃发展。列宁在领导俄国十月社会主义革命反对帝国主义武装干涉及国内战争中，从帝国主义和无产阶级革命时代的特点与俄国的实际出发，创立了关于战争与革命、武装起义和建设工农红军、实行全民战争等学说，为马克思主义军事理论谱写了新篇章。

列宁逝世后，斯大林等在领导苏联工农红军和国防现代化建设中，在领导和指挥反对法西斯侵略的卫国战争中，继承和发展了马克思列宁主义的军事理论，制定了苏维埃国家军队和国防建设的基本原则，做出了关于战争命运的诸因素及其相互关系、战略与策略等问题的论述，全面建立起苏联军事思想体系。世界其他一些国家的无产阶级政党在领导本国人民的革命武装斗争中，把马克思列宁主义军事理论的原理与本国的实际结合起来，创立了各具特色的军事思想。产生和形成于中国革命战争之中，并在中华人民共和国成立后继续发展的毛泽东军事思想，成为指导中国革命战争不断走向胜利、指导新中国军队和国防建设不断取得巨大成就的理论武器和行动指南。毛泽东军事思想中的人民战争思想、人民军队思想、人民战争的战略战术思想、国防建设思想和关于战争观、方法论的学说，既深刻揭示了中国革命战争、人民军队建设和国防建设的特殊规律，又反映了军事领域的一般规律，其丰富性和系统性达到了前人从未达到的程度，是无产阶级军事思想发展史上的一座丰碑。

2. 核时代的军事思想

第二次世界大战结束到 20 世纪 70 年代后期，随着核武器的进一步发展和世界两极格局的形成，以美国和苏联为首的两大国际政治、军事集团进行了长期的冷战。双方都曾认为，核战争成为现代战争的终极命运。在此期间，随着双方核力量由较悬殊到相对均势发展变化，军事思想也在相应调整。先是立足于打赢核大战，后来相继提出冷战理论、有限战争理论及特种战争理论等。军队和国防建设的指导方针，由原来的优先发展核武器，调整为既注重发展核军备，又不放松发展常规力量，以适应打赢核威慑条件下不同规模和强度的常规战争的需要。美、苏尽管对核武器和核战争作用等问题的认识有过一些变化，但始终把核军备和核威慑作为推行国家政策的重要手段。中国奉行积极防御的战略方针，对外永远不称霸，绝不会侵略别人，对外来侵略则以人民战争坚决实行自卫。中国发展核武器完全是为了自卫，绝不首先使用核武器。

3. 新技术革命时代的军事思想

从 20 世纪 80 年代起，随着新科技革命在世界范围内蓬勃兴起，大量新技术用于军事目的，促使军事领域发生新的变革。尤其是海湾战争所展现的高技术战争的崭新特点，更是对世界各国的军事变革产生极大的影响。这些都有力地推动了各国现代军事思想的发展。这一时期的军事思想集中体现为：着重探索现代条件特别是高技术条件下局部战争的客观规律及指导原则，探索在这种新的战争形态下军队建设和国防建设的指导方针及原则，如美国提出了低强度冲突理论和空地一体战思想、联盟战争和大战略思想等，俄罗斯的军事学说中增加了"积极防御"的战略思想等。

第二节　毛泽东军事思想

在指导中国革命战争中，以毛泽东为主要代表的中国共产党人，把马克思主义军事理论的普遍原理与中国革命战争相结合，实现了马克思主义军事理论的中国化，形成了毛泽东军事思想。

一、科学含义

毛泽东军事思想是关于中国革命战争、人民军队和国防建设以及军事领域一般规律问题的科学理论体系，是毛泽东思想的重要组成部分，是马克思列宁主义普遍原理与中国革命战争和国防建设实际相结合的产物，是中国共产党领导中国人民及其军队长期军事实践经验的科学总结和集体智慧的结晶，是中国共产党领导中国革命战争、军队建设、国防建设和反侵略战争的理论基础和指导思想。

二、基本内容

毛泽东军事思想博大精深，是一个完整的科学体系，内容非常丰富。主要包括战争观和方法论、农村包围城市的武装斗争思想、人民军队建设理论、人民战争思想、人民战争的战略战术和国防建设理论等部分。

（一）战争观和方法论

战争观和方法论是毛泽东运用辩证唯物主义和历史唯物主义在指导中国革命战争中而形成的，是指导我军作战的认识路线，是毛泽东军事思想的基础。主要观点是：战争是从私有财产和有阶级以来就开始了的，用以解决阶级和阶级、民族和民族、国家和国家、政治集团和政治集团之间，在一定发展阶段上的矛盾的一种最高的斗争形式，政治是不流血的战争，战争是流血的政治；战争有正义和非正义两类，共产党人拥护正义战争而反对非正义战争；共产党人是战争的消灭论者，但只能经过战争去消灭战争，研究革命战争的规律也是出于消灭一切战争的志愿；战争是有规律的，战争规律是可以认识的，研究战争必须从实际出发，着眼其特点和发展；必须熟知敌我双方各方面的情况，找出其行动规律，并且应用这些规律于自己的行动中；武器装备是战争的重要因素，人是战争胜负的决定因素；战争指导者必须在既定的客观物质基础上，充分发挥人的直觉能动性，使主观符合实际，并善于运用辩证的方法指导战争。把握了这些基本观点，就能正确地认识和指导战争，夺取战争的胜利。

（二）农村包围城市的武装斗争思想

毛泽东依据马克思主义关于暴力革命、武装斗争的原理，认真分析中国的国情，指出中国革命的主要斗争形势，只能是武装斗争；中国的武装斗争，又只能走农村包围城市的特殊道路。毛泽东认为：中国不同于资本主义发达国家，不能走城市武装起义的道路，因为中国是一个政治经济发展不平衡的半殖民地半封建的大国，在敌强我弱的条件下，不能把武装斗争的矛头指向敌人统治力量强大的中心城市，而应指向敌人统治薄弱的农村，在各省交界处建立农村革命根据地，实行"工农武装割据"，把武装斗争、土地革命和建立政权结合起来，在农村聚集力量，以农村包围城市，逐步发展壮大，最后夺取城市，取得全国胜利。实践证明，这是中国革命唯一正确的道路，是毛泽东军事思想对马克思主义暴力革命学说的重大发展。

（三）人民军队建设理论

毛泽东强调，没有一支人民的军队，便没有人民的一切，人民军队必须服务于人民，全心全意为人民服务是这支军队的唯一宗旨。根据这个宗旨，把以农民为主要成分的革命军队建设成一支具有无产阶级性质的新型人民军队；中国共产党是我军的领导核心，必须坚持党对军队的绝对领导；政治工作是我军的生命线，强有力的政治工作是战胜敌人的重要因素，通过加强思想政治工作，坚持官兵一致、军民一致、瓦解敌军这三大政治工作原则，实行政治、军事、经济三大民主，执行三大纪律八项注意；我军永远是一支战斗队，但又是一支工作队和生产队，除了打仗消灭敌人军事力量之外，还要负担宣传、组织和武装群众，并帮助群众建立革命政权以至共产党的组织等任务，必要时还要参加生产，以减轻人民的负担；要加强军队现代化建设，严格训练、严格要求，进行民主的群众性的整军运动；办好军事院校，培养人才；要提高警惕、保卫祖国，防止敌军突然袭击。这些原则的核心是坚持党对军队的绝对领导。坚持和实行上述原则，就能使我军永远保持人民军队的性质和正确的前进方向，并立于不败之地。

（四）人民战争思想

毛泽东军事思想把"人民群众是历史的创造者"这一马克思主义的基本原理运用到战争领域，确立了在共产党的领导下动员群众、组织群众、武装群众和依靠群众进行人民战争的伟大思想。它包括：建立强大的农村根据地，这是革命战争赖以执行自己的战略任务，保存和发展自己，消灭敌人的战略基地；在巩固和发展中，坚持自力更生，发展生产，加强经济建设，巩固工农联盟，支持革命战争，坚持以军事理论斗争为主与其他斗争形式相配合，把一切人民组织在各种工作团体之中，从事援助军队作战的各项工作；把军事斗争形式与政治、经济、外交、文化等各条战线上的斗争广泛而又全面地配合起来；实行三种武装力量体制，即主力兵团、地方兵团、游击队和民主兵团相结合，这种体制是扩大和发展人民军队的正确路线。

（五）人民战争的战略战术

毛泽东和老一辈无产阶级军事理论家在敌强我弱的条件下，创造了一整套以劣势装备战胜优势装备的灵活机动的战略战术。它的基本思想是在既定的客观物质基础上，充分发挥主观积极性，从敌我双方的客观实际情况出发，趋利避害，能动地争取战争的胜利。它包括：保存自己，消灭敌人；在战略上藐视一切敌人，在战术上重视一切敌人；坚持积极防御，反对消极防御；在战略上实行内线持久的防御战时，在战役和战斗上实行外线速决的进攻战；主要和重要的作战形式是运动战和游击战，进行必要的和可能的阵地战；根据形势和任务的变化，适时进行以作战形式为主要内容的战略转变；慎重初战，不打无准备、无把握之仗；主动性、灵活性、计划性；以消灭敌人有生力量为主要目标，集中优势兵力各个歼灭敌人；战略反攻中的内外线配合和各战略区的协同；战略决战中的封闭敌人退路，抑留敌人重兵集团加以聚歼；战略破击中的大包围、大迂回等。这些原则的提出，是从中国的实际情况出发的，反映了战争的客观规律。实行这些原则能使我军在劣势情况下，始终保持战争的主动权，从局部的胜利发展到全局的胜利，直到彻底打败敌人。

（六）国防建设理论

毛泽东在抗日战争时期就指出，革新军制离不开现代化。解放战争时期，要求加强炮兵、工兵等兵种的建设和现代化运输工具的运用。中华人民共和国成立以后，又及时提出加强国防，建设包括海军、空军以及其他技术兵种的现代化革命武装力量和发展现代化国防技术（包括用于自卫的核武器）的重要指导思想；论述了正确处理经济建设和国防建设的关系，明确要在增强国家实力的经济基础上增强军事实力；要求军队必须掌握最新装备和随之而来的最新战术，使部队实现正规化建设与现代化装备相适应，并强调军队要严格训练、严格要求；领导我军兴办各类军队院校，加速培养干部，成立军事科学研究机构，加强军事理论研究，制定各种条令、条例；对司令部工作、政治工作、后勤工作提出了新的要求；强调后备力量建设，民兵工作要做到组织、政治、军事落实，充分发挥民兵和预备役力量在保卫和建设国防中的作用；提出了有计划地进行国防工程建设的方针原则，并建立人民防空工作；要求全国军民从思想、组织和物质上做好反侵略战争准备和加强战略后方建设等。

毛泽东军事思想的科学体系，不仅包括上述独创性的内容，而且包括他的立场、观点、方法，这也就是它的活的灵魂的三个基本方面；毛泽东军事思想既有带普遍意义的基本原理部分，也有根据基本原理，针对当时具体实践问题做出来的具体结论。它的基本原理部分，带有普遍真理的意义，有着长久的指导作用，是我们在新的历史条件下必须加以坚持的指导方针。但是对于毛泽东军事思想要完整、准确地加以理解，以求真正领会其精神实质，掌握其立场、观点和方法，并用于研究和指导新时期我们所面临的新情况、新问题，才是学习和运用毛泽东军事思想科学的正确态度。

三、毛泽东军事思想的历史地位和现实意义

毛泽东军事思想进一步丰富和发展了马克思主义军事理论，是马克思主义军事理论在中国的实践，又对中国革命战争起了重要的指导作用。可以说，中国革命战争的胜利就是毛泽东军事思想指导的胜利。正因为毛泽东军事思想具有如此重要的历史地位，它在世界上产生了重要的影响。

进入新的历史时期，虽然科学技术飞速发展，大量的科学技术被运用到军事领域，引起了新的军事革命，战争形态、作战样式、军事建设等都发生了许多新的变化，但毛泽东军事思想仍然具有重要的现实意义。毛泽东提出的战争观和方法论，

仍然是认识当代战争的科学工具。毛泽东关于人民战争的基本理论及其立场、观点，仍然是现代条件下进行人民战争的理论基础。毛泽东提出的一系列战争指导原则，对未来战争仍具有普遍的、长远的指导作用。

第三节　邓小平新时期军队建设思想

一、邓小平新时期军队建设思想的形成和发展

任何一种理论都是随着时间需要而产生的，并随着时间的推移而发展。邓小平新时期军队建设思想的形成大体经过了以下几个阶段。

（一）初步形成阶段（1975 年至 1978 年）

1975 年年初，邓小平任党中央副主席、国务院副总理、军委副主席兼总参谋长。邓小平强调，要按照毛泽东提出的"军队要整顿"，以及军事路线、建军原则，好好地清理一下。实质就是邓小平要恢复我军的优良传统，使军队的各项重要工作重新回到毛泽东军事思想的正确轨道上来。

1977 年 8 月，邓小平在军委座谈会上指出，首先调整各级领导班子，然后抓教育训练，接着学习现代战争知识，通过办院校，解决干部指挥现代化战争能力不够的问题。这本身就是在恢复毛泽东军事思想的前提下，着眼于发展。1977 年 12 月，邓小平又向全军提出了十项任务，即揭穿"四人帮"；做好战争准备；加强干部队伍建设；加强党的建设；把教育训练提高到战略地位的高度，大抓国防科技；继续精简整编；加强后勤建设；坚持"三结合"武装力量体制；恢复和发扬我军的优良传统等。同时，通过了关于加强部队教育训练的决定等九个决定和条例。

邓小平在这一时期先后发表了《军队要整顿》《军队要把教育训练提高到战略地位》等一系列重要讲话，就新时期军队建设问题提出了许多重要的观点和方针，为在新的历史条件下研究新情况、解决新问题、全面推进军队和国防现代化建设铺平了道路。

（二）全面成熟阶段（1978 年 2 月至 1985 年 6 月军委扩大会议）

1978 年 12 月，党的十一届三中全会召开，这是我党历史上又一个伟大转折。在这次大会上，邓小平发表了《解放思想，实事求是，团结一致向前看》的重要讲话。其主要观点包括：全党工作的重心要转到"四化"建设上来，这是一场新的长征，首要任务是解放思想，坚持实践是检验真理的唯一标准。

1979 年 7 月，邓小平指出思想路线、政治路线的实现要靠组织路线来保证，要求中央党政机关要选好接班人，军队高级机关也要进一些比较年轻的干部。1980 年 1 月，邓小平提出了 20 世纪 80 年代的三件事：反对霸权主义；台湾回归祖国；加紧经济建设，核心是现代化建设，再次要求军队要消肿。

1981 年 6 月，在十一届六中全会上，邓小平当选为中央军委主席。1981 年 9 月 19 日，邓小平在华北某地阅兵时，发表了《建设强大的现代化正规化的革命军队》的讲话，提出了一系列重大决策和重要理论原则：实现我军装备现代化的途径和方法；军队调整的方针；第三世界是维护和平、反对霸权主义的主力；我国 20 世纪 80 年代的三大任务；台湾回归祖国，实行"一国两制"；我国的对外政策；加强国防建设等。邓小平在这一时期对毛泽东军事思想的发展做了提纲挈领的概括和归纳。

邓小平在这一时期发表的《建设强大的现代化正规化的革命军队》《祖国必须在世界高科技领域占有一席之地》等一系列文章中，从国家发展战略的高度，在党和国家重心转移后就新时期军队建设进行了总体设计，提出了军队建设的总目标和总任务以及基本指导思想，使邓小平新时期军队建设思想形成了一个完整的科学理论体系。

（三）丰富发展阶段（1985 年 6 月军委扩大会议以后）

这一时期，邓小平新时期军队建设思想得到了进一步深化和改善，主要表现在：进一步辩证地论述了战争与和平；重申了解决两种社会制度矛盾的"一国两制"；谁搞霸权主义就反对谁；国际关系中，关心的是和平与发展；一要改革开放，二要坚持四项基本原则；为建设现代化、正规化、革命化的军队而奋斗；应该建立国际政治新秩序等。

在这一阶段，邓小平提出了关于军队建设的一些重大理论原则和进一步明确军队的性质任务和地位作用。以江泽民为核心的军委组成后，全面贯彻了邓小平新时期军队建设思想，在 1992 年 10 月召开的党的十四大上，正式提出"邓小平新时期军队建设思想"概念，并要求按照这一思想指导新时期的军队建设和国防建设。

二、邓小平新时期军队建设思想科学体系的主要内容

邓小平新时期军队建设思想的科学体系，由以下几个方面构成：战争与和平理论、国防建设理论、军队建设理论、军事战略理论。

（一）战争与和平理论

1. 霸权主义是当代战争的根源

邓小平关于"霸权主义是当代战争的根源"的思想，具有丰富的内涵，是对马克思主义战争根源理论的重大发展。第一，任何社会制度的国家只要推行霸权主义，

都可以成为战争的根源。第二，霸权主义，既有世界霸权主义，又有地区霸权主义，两者侵略扩张的本质相同。第三，苏联解体，"两霸相争"消失，但绝不意味着霸权主义消失。

2. 如果工作做得好，世界战争是可以避免的

邓小平研究了军事活动的历史和现状，在世界大战问题上得出了一个新的结论：如果工作做得好，世界战争是可以避免的。一是世界大战不再以少数几个大国的意志为转移。二是取决于战争力量与和平力量新的对比，目前的特点是和平力量的发展超过了战争力量的发展。三是无论局部战争还是武装冲突，越来越多地受到国际政治、经济、外交等因素的制约。

邓小平关于世界战争是可以避免的论断向我们指明：大战的避免不是无条件的，而是要使和平力量不断发展，阻止霸权主义全球战略部署的完成。邓小平讲战争可以避免，主要指的是世界大战可以避免。同时强调了局部战争的不可避免性，不要忽视"世界战争的危险依然存在"。

3. 和平与发展是时代的主题

时代主题是世界发展过程中不同阶段带有战略性和关系全局的核心问题，它是一个时代特征的反映。

进入 20 世纪 80 年代，国际形势和国际社会基本矛盾发生了巨大变化，邓小平洞察国际战略格局的发展变化，提出了和平与发展是当代世界两大战略问题的科学论断。邓小平对国际战略形势的发展，特别是对时代主题、战争与和平形势以及我国安全环境进行科学分析，并做出正确的判断后，果断地决定军队和国防建设指导思想实现战略性转变，充分利用今后一段较长时间大战打不起来的和平环境，在服从国家经济建设大局的前提下，有计划、有步骤地加强以现代化为中心的建设。

4. 战争不是解决国家、民族、阶级间利益矛盾的唯一手段

邓小平面对新的现实指出，维护世界和平，应当放弃用暴力解决国家间冲突和争端的方式，而代之以政治手段解决。冲突双方应互相克制、求同存异，灵活地通过协商、对话等一系列方式加以和平解决。邓小平认为，国家间的利益冲突、领土争端和历史遗留的许多问题，应当本着双方受益、合情合理的原则化解"热点"。同时，还主张加强联合国调解和仲裁国际争端的功能。

总之，邓小平运用马克思主义、毛泽东军事思想的战争观和方法论，分析当今世界的政治、经济、军事形势，对当代战争与和平问题提出了一系列的新理论和新方法。主要有三大论断，一个方式。三大论断：指出新的世界大战可以推迟或避免；和平与发展是当今世界的主题；反对霸权主义和强权政治是维护和平的基本任务。一个方式：指出了用和平方式解决争端的新思路，倡导在和平共处原则上建立国际社会新秩序。

（二）国防建设理论

邓小平通过对国际形势的长期观察和深思熟虑，做出了国防建设包括军队建设的指导思想实行战略性转变的重大决定，从而揭开了我国国防和军队建设的新的一页，逐步形成了具有中国特色的社会主义现代化国防的思想。这一思想主要包括以下方面：

1. 国防建设指导思想的转变

国防建设指导思想长期以来立足于"早打、大打、打核战争"的临战状态，转变到和平时期现代化建设的轨道上来。邓小平依据对当代战争与和平问题的科学分析，提出了我们对国防形势的判断和政策有两个转变：一是对战争与和平问题的认识有了变化，改变了过去认为的战争迫在眉睫、时刻准备早打的认识；二是我们的对外政策改变了过去的"一条线"战略，改变了准备大打、打核战争的认识。利用稳定的和平时期和有利环境，有计划、有步骤地加强以现代化为中心的基本建设，从根本上增强我军的战斗力。

2. 正确处理国防建设和经济建设的关系

在新的历史时期，邓小平同志把国防建设同经济建设的关系提到局部和全局的高度来认识，要求军队自觉地服从国家经济建设的大局。这一思想，是将政治观点、军事观点、经济观点综合并指导国防建设，是要充分利用国际形势的相对和平环境，在服从国家经济建设的前提下，以经济建设的发展促进国防建设的进步，这是富国强兵、提高综合国力的战略性的重大决策。

（1）国防和军队建设要以综合国力为基础。古往今来的战争表明，战争的结局同双方的经济实力一般是相对应的。人们常说"以弱胜强"是仅从敌对双方某一个方面而言的；就整体而言，则是经济力量较强的一方容易获胜，这是一般规律。

现代战争是在高科技条件下的局部战争，高科技出现的武器，使这种形态发生了史无前例的巨变，在更高层次上体现出"战争是经济和科技为基础的综合国力的较量"。第一，高技术武器的大量使用，导致经济上的高投入、高消费。由于高技术武器比一般武器凝聚更多的知识含量和技术含量，所以采购费用非常高。第二，任何一场高技术战争，尽管规模、时间有限，但都会是一场消耗巨大的战争。

综上所述，国富是兵强的物质基础，国家的经济状况从根本上制约和规定着军队和国防建设的规模水平。只有国家经济发展了，军队和国防建设才能得到更大的发展。

（2）国防和军队建设要服从并服务于国家经济建设大局。在一定时期内，军队要放到一个适当的位置，要支援和积极参加国家建设，这是邓小平论述国防和军队建设与国家经济建设关系的实质点。

（3）国防和军队建设要与国家经济建设协调发展

经济建设与军队和国防建设是相互依存、协调发展的关系，而不是彼此取代的关系。邓小平指出："四个现代化，其中就有一个国防现代化。如果不搞国防现代化，那岂不是只有三个现代化了？"① 这是因为，经济力量是综合国力的基础，但国防力量也是不可缺少的组成部分，而国防力量的增强主要依赖坚持不懈的国防建设，其中主要指军队建设。

（三）军队建设理念

邓小平新时期军队建设思想主要包括：以革命化为前提，现代化为中心，正规化为重点，全面建设军队的思想；关于适应国力，加速实现武器装备现代化的思想，关于把教育训练摆到战略地位，努力提高部队战斗力的思想；关于搞好体制改革和精简整编，建立科学的体制编制思想；关于实现军队正规化、依法治军、科学化管理的思想；关于实现干部的革命化、年轻化、知识化、专业化的思想；关于加强和改进新时期政治工作，保证党对军队的绝对领导，保证军队的高度稳定和集中统一的思想等。

1. 中心论——关于我军以现代化为中心的"三化"建设的论述

1981 年 9 月，邓小平明确提出"必须把我军建设成为一支强大的现代化、正规化的革命军队"② 的伟大目标。现代化、正规化、革命化是互相联系、互相促进、缺一不可的。革命化体现人民军队的本质、军队的政治素质和传统作风；正规化体现军队组织、管理水平；现代化体现军队的武器装备、指挥、作战和协同等方面适应现代高技术战争的能力。"三化"不是并列的，而是以现代化为中心。以现代化为中心，就是要建立一支现代化的合成军队。

2. 改革论——我军建设必须走改革之路的论述

邓小平认为，我军建设的基本思路是一条主线、三个层次、四条原则。一条主线：改革要始终围绕着提高战斗力，实现"三化"总目标来进行。三个层次：一是改变我军建设的指导思想和观念；二是改革部队的体制编制；三是改革完善法制制度。四条原则：一是要保证我军的根本制度和性质；二是保持部队的稳定；三是从我军的实际出发；四是要从整体效益出发。

3. 质量论——注重我军质量建设

邓小平为我军质量建设提出了一系列带有战略性的重大措施：一是"消肿"整编，走精兵之路；二是改进武器装备，行利器之举；三是实行干部队伍的革命化、年轻化、知识化、专业化；四是坚持战斗力标准，把教育训练提高到战略地位；五是加强部队管理，从严治军。

---

① 邓小平：《邓小平文选》第三卷，人民出版社，1993，第 128 页。
② 邓小平：《邓小平文选》第二卷，人民出版社，1994，第 395 页。

（四）军事战略理论

在军事战略理论和实践上，邓小平根据国际战略格局的变化和对战争与和平形势的判断，在继承毛泽东军事思想的基础上，提出了关于现代化条件下人民战争的理论和新时期积极防御的军事战略方针，为我国新时期军队建设和军事斗争指明了方向。

1. 坚持现代化条件下的人民战争

现代化条件下，高科技的发展特别是高新技术武器装备的大量问世，使战争呈现出许多新的历史性变化。这些变化也使得产生于革命战争年代的人民战争思想面临着许多新情况和新问题。

人民战争，是我们在历次革命战争中战胜国内外强大敌人的法宝，也是我们与任何强敌相比的最大优势。邓小平在继承毛泽东人民战争思想的同时，又结合新的历史条件，强调要坚持现代条件下的人民战争，丰富和发展了毛泽东的人民战争思想。

总之，一是坚定无论条件发生什么变化，我们都不会丢掉人民战争这个传家宝的信念；二是必须树立以劣势装备战胜优势装备、克敌制胜的信心；三是要充分认识现代化条件下实现人民战争的新特点；四是要努力探讨现代化条件下人民战争的制胜之道。

2. 实施积极防御的军事战略方针

党中央确立积极防御的战略方针的基点，一是我国国家性质和对外政策。不同的国家，由于社会制度和国家奉行的对外政策不同，所确立的军事战略方针也有本质的区别。作为社会主义国家，中国永远不会欺负别人，永远不会称霸，永远不会向全球伸手。二是国家的发展情况。中国是一个发展中国家，考虑军事战略问题，要同国家的发展利益和实际发展状况联系起来。三是国家利益。中国是拥有独立主权的国家，军事战略问题应以国家安全利益作为最高准则。四是新时期军事斗争准备的客观需要。坚持积极防御的军事战略方针，能更加突出军事斗争的正义性、积极性和防御性，进而取得和保持中立上的主动地位。

采取有效的防御性措施，积极地做好战争准备，就能够防患于未然，始终立于不败之地。因此，新时期我们仍要实行积极防御的军事战略方针。

三、邓小平新时期军事思想的历史地位和现实意义

（一）邓小平新时期军事思想的历史地位

1. 邓小平新时期军队建设思想是当代的马列主义军事理论

邓小平新时期军队建设思想，是在和平与发展成为时代主题、建设有中国特色

社会主义的过程中形成的。它的形成和发展既是邓小平对当今国际形势冷静观察和正确判断的结果，又是他对新时期我国国情、军情进行实事求是的科学分析的产物。它具有鲜明的时代特征，是马列主义军事理论、毛泽东军事思想在新的历史条件下的创造性运用和发展。

2. 邓小平新时期军队建设思想是我军建设的科学指南

邓小平新时期军队建设思想符合我军的实际，具有鲜明的中国特色。它紧紧地抓住我军建设的主要矛盾，创造性地回答和解决了新时期我军建设亟待解决的一系列重大理论和实际问题，是新时期军队建设的科学指南。

3. 邓小平新时期军队建设思想是我军克敌制胜的锐利思想武器

邓小平新时期军队建设思想，揭示了现代战争的特点和规律，为现代条件下的作战指导提供了理论武器。它为我军积极防御的战略方针，赋予了具有时代特点的新内涵，是我军赢得未来反侵略战争的锐利思想武器。

邓小平新时期军队建设思想的贡献主要体现在：一是对战争与和平问题提出了新的论断；二是确定了国防建设的总目标是实现现代化；三是提出并实行了国防与军队建设指导思想的战略型转变，使国防与军队建设真正走上和平时期建设的轨道；四是确定了国防建设、军队建设要服从国家建设大局的基本原则；五是提出了军队建设的一系列新观点、新原则；六是提出了军事改革是国防现代化的根本出路，是社会主义国家制度自我完善的重要方面；七是重新明确了我军在新的历史时期要继续坚持积极防御的战略方针。

（二）邓小平新时期军事思想的现实意义

邓小平新时期军事思想代表了我军军事思想发展的一个新阶段，是先进军事思想的具体体现。因此，研究邓小平新时期军事思想不仅具有重大的现实意义，而且具有深远的历史意义。

1. 研究邓小平新时期军事思想以指导新的军事实践

邓小平新时期军事思想在继承和发展毛泽东军事思想的基础上，具有更加鲜明的时代特点，我们之所以要研究邓小平新时期军事思想，目的就在于指导现代军事领域中的各个实践问题。

（1）指导国家和武装力量的国防发展战略与军事战略。邓小平新时期军事思想根据国际形势的发展趋势和特点、世界军事战略态势和军事战略格局，以及我国在国际军事战略格局中的地位和奉行的对外政策，科学地分析和论证了敌我双方的政治、经济和军事实力，可能面对的主要威胁，以及未来战争可能出现的新情况、新特点，做出了正确的判断和预测。这是我们认清国际形势，制定我国国防发展战略和军事战略的基本依据。

（2）指导国家军队建设。邓小平新时期军事思想是我军在新的历史时期进行现代化建设的指南。研究邓小平新时期军事思想就是根据国家的战略方针，针对敌对国家武装力量和武器装备的发展以及建军方向、规模、编成、军事训练、诸兵种发展比重等，进行科学论证和科学预测，提出适合本国军队建设特点的理论原则，用于指导我军建设，使我军在新的历史条件下朝着正确的方向发展。

（3）指导我军武器技术装备的发展。研究邓小平新时期军事思想，就是要在其指导下，根据已制定的国防发展战略、经济实力和科学技术水平，对敌国武器技术装备的现状和发展趋势进行研究、论证和预测；提出我国武器技术装备的发展方向和改进措施，发展适合于不同地形、不同气候条件下作战的武器技术装备，缩短与世界发达国家军队武器技术装备现代化水平的差距。

（4）指导我军的战争准备和战争实施。研究邓小平新时期军事思想，就是要以此为依据不断研究总结以往历次战争经验，尤其是研究总结现代高技术条件下局部战争的经验教训，揭示战争规律和战争指导规律，从中得到启迪，以正确预测未来战争可能出现的形式和样式，提出相适应的对策。同时，根据科学及时代发展的现状和趋势，预测未来军事理论和作战方法可能发生的变化，提出对策和措施。还要根据邓小平新时期军事思想，及时掌握国际形势发展特点和军事战略动向，进行科学分析，做出正确的战略判断，为国家和军队做好战争准备。

2. 研究邓小平新时期军事思想以指导我国武装力量的发展

研究邓小平新时期军事思想的立足点是要全面发展我国的武装力量。当前，国际形势趋于缓和，世界和平力量增长超过了战争力量的增长。在一个较长的时间内，不发生世界战争是可能的，这是邓小平同志对未来战争所做的科学预测。正是在这一科学预测的基础上，中央军委对我军的发展提出了总体构想，不失时机地实现我军建设指导思想的战略性转变，卓有成效地改变了我军的规模、结构、素质以及我军建设的途径和方式。而且，由于局部战争一直在打，我们必须拥有一支精悍的、能够应变的，并在军事、经济、外交等方面获得最佳效益的军队。

3. 研究邓小平新时期军事思想是为了解放思想，发展我国的军事科学

研究邓小平新时期军事思想，就是为了解放思想，按照新的思维方式，打破传统、僵化的旧观念，发展我国的军事科学。在新的历史条件下，我国的国防现代化建设和军队改革的实践均是以邓小平新时期军事思想为先导的。当前，随着整个社会改革步伐的加快，特别需要我们发展军事理论，努力开拓创新，以敏锐的眼光，以科学的态度，认真研究国防和军队现代化建设中出现的新情况、新问题，从理论上做出科学的回答。邓小平同志在新的历史时期，对军队建设做出了一系列战略决策，把建设的重点重新转移到现代化上来，从而使我军建设回到了马克思主义、毛

泽东思想的正确轨道上。邓小平新时期军事思想，是现代化军事思想，它对我国国防和军队建设的指导作用越来越重要和突出。因此，我们必须深入研究邓小平新时期军事思想，掌握它的基本理论，并用它来指导我军面临的新实践，这是时代的要求，也是历史的必然。

第四节　江泽民国防和军队建设思想

一、江泽民国防和军队建设思想的含义

江泽民同志对新时期我国的国防建设、军队建设以及军事斗争准备进行了高瞻远瞩、科学及时的正确决策，对解决国防建设、军队建设和军事斗争准备的一系列重大现实问题和理论问题进行了科学的论述，并提出了创造性的理论和方针原则，形成了江泽民国防和军队建设思想。这一军事思想理论成果，是马克思主义军事理论的延续和发展，是当代中国国防建设和军队建设的科学指南。江泽民国防和军队建设思想，反映和体现着"三个代表"重要思想对我国新时期军事工作的要求。作为"三个代表"重要思想的"军事篇"，江泽民国防和军队建设思想是我党和军队集体智慧的结晶，是"三个代表"重要思想科学体系的重要组成部分。

二、江泽民国防和军队建设思想的内容

（一）军事战略理论

自 20 世纪 90 年代以来，以江泽民同志为核心的党的第三代领导集体，根据世界形势新的发展和变化，坚持毛泽东军事思想和邓小平新时期军队建设思想，为国家制定了新时期的军事战略方针。这个军事战略方针，坚持了毛泽东和邓小平所提出的积极防御的战略思想，同时又从新的国际军事斗争形势和国内安全形势的实际出发，进一步调整和完善了我们的军事战略理论，回答了新形势所提出的一系列关于国防和军队建设的理论与实际问题，正确地认识了新形势下世界军事斗争发展的趋势和基本规律，使我国国防和军队建设能够沿着正确的道路前进，从而创造性地丰富和发展了马克思列宁主义军事思想的理论。江泽民国防和军队建设思想中的军事战略理论主要包括以下几个方面的内容。

1. 和平与发展仍然是世界的主流

一个国家要制定正确的发展战略和国防战略，首先必须对世界形势的发展作出

正确的判断。江泽民同志坚持马克思主义的思想路线，通过冷静的观察和科学的分析之后深刻指出，和平与发展仍然是当今世界局势的主流，这为我国全面推进社会主义现代化建设事业提供了难得的历史机遇。总体和平、局部战乱，总体缓和、局部紧张，总体稳定、局部动荡，成为当今国际局势的基本态势。多极化趋势在曲折中发展，称霸与反霸的斗争将长期存在；经济全球化不断加快，在推动生产力发展的同时，也加剧了世界发展不平衡的矛盾；世界新军事革命和全球性军事战略调整正在深入进行，西方军事干涉主义抬头，冷战后一度减弱的威胁世界和平的因素又出现了上升趋势；一些国家和地区的民族、宗教矛盾激化，由此引发的武装冲突、局部战争和恐怖袭击此起彼伏。这些因素将长期地对世界和平与安全产生深刻的影响。因此，江泽民同志进一步指出，我们当前处在这样一个总的国际形势之下，世界大战一下子打不起来，有可能争取一段较长时间的和平环境。但是世界和平问题并未根本解决，战争危险产生的根源仍然存在。我们要为促进世界和平力量的增长做出不懈努力，同时也要应对现代条件特别是高技术条件下的局部战争，以保卫我国的安全和发展，这是一个重要的战略方针。

2. 立足于打赢一场高技术的局部战争

把我国未来军事斗争准备的基点置于打赢可能发生的高技术局部战争之上，是以江泽民同志为核心的党的第三代中央领导集体在邓小平国防建设思想的正确指导下提出的新时期军事战略方针的基本精神。正如江泽民同志所深刻指出的那样，我军建设面临的主要矛盾，是现代化水平与现代战争的要求不相适应的矛盾，其中包括装备相对落后、编制体制不尽合理、军队人员素质有待提高等方面。这些不足和矛盾制约着我军现代化的进程，如果我军不能紧跟世界军事革命发展潮流，有效地加强质量建设，提高威慑能力和实践能力，就难以打赢未来可能发生的高技术局部战争。江泽民同志强调，面对世界军事革命发展的新形势，我们必须更加自觉、更加坚定地贯彻科技强军战略，争取实现我们现代化建设的跨越式发展，尽快缩短同世界主要军事强国的差距。

3. 坚持高技术条件下的人民战争

国家的国防和军队建设是全党、全国人民的共同事业，未来的反侵略战争也就必然是依靠和动员全体人民的人民战争。江泽民同志特别强调，人民战争是我们的真正力量所在。江泽民同志坚持毛泽东和邓小平的人民战争思想，特别是邓小平提出的在新形势下要继续坚持人民战争的思想，结合当今世界上的高技术战争成为战争主要形式的新形势，与时俱进地提出了坚持高技术条件下的人民战争的新的指导思想。

(二) 国防建设思想

1. 实现国防建设与经济建设的协调发展

江泽民同志指出，把经济建设搞上去和建立强大的国防，是我国现代化建设的两大战略性任务。从根本上说，这两大战略任务是统一的。因此，必须形成国防建设和经济建设相互促进、协调发展的机制。一方面，军队建设必须以经济建设为依托，服从国家经济建设大局；另一方面，必须在集中力量进行经济建设的同时，努力加强国防和军队建设。江泽民同志还强调，国防和军队建设必须与国家经济建设相协调，国防和军队发展战略必须与国家经济发展战略相配套，国防和军队现代化发展进程必须与国家现代化建设发展进程相一致。概括起来就是：两个建设相协调，两个战略相配套，两个进程相一致。

2. 走中国特色社会主义国防现代化建设道路

江泽民同志明确指出，由于受国家经济实力所限，我们不能同发达国家比国防投入，必须走出一条经费投入比较少而效益比较高，具有中国特色的国防和军队现代化道路。因此，以江泽民为核心的党的第三代中央领导集体就提出了军队建设跨越式发展的思想，这是我们继军队建设思想实现战略性转变后的又一重大理论与实践创新。这个思想的提出解决了我军在机械化建设尚未完成而又面临信息化战争挑战的情况下怎样实现国防和军队现代化建设"级跳"式发展，迎头赶上世界军事强国的重大难题，从而在关键时候为我们的国防现代化建设选择了正确的发展途径。

现代高技术战争也就是大量运用信息化技术的信息化战争，先进的信息技术被全面地运用于战场侦察、监视、武器和指挥，使战争向智能化方向发展，争夺信息优势已经成为战争的中心。这就迫使我军必须进行信息化建设，而绝不能在实现机械化之后再来进行信息化建设。所以，我军面临着完成机械化建设和进行信息化建设的双重任务。

江泽民同志指出，我们要紧跟和瞄准国际科研前沿，千方百计地把我军的武器装备搞上去，不断缩小同先进水平的差距。要突出重点，有所为有所不为，有所超赶有所不赶，加快搞出几手使敌人害怕的"撒手锏"。要实现我国的国防现代化，我们的国防科技和国防工业的发展就必须适应世界军事科技发展的新形势，立足于自力更生，从我国的实际出发，尤其是从社会主义市场经济发展的实际出发，深化改革，走中国特色的发展道路，不断增强国防科技和国防工业的发展活力与自主创新能力，为我国的国防现代化提供坚实的物质技术基础。

3. 加强全面国防教育，增强全民国防意识

当今世界各种竞争的主题是综合国力的竞争，而综合国力中的国防实力也是国

家之间竞争的主要内容。历史告诉我们，国防实力绝不只是军队的武器装备的发展水平，更为重要的是人的素质，也就是全体国民的国防意识。如果没有人民的爱国主义精神和参加国防建设的热情，国家就不可能拥有真正强大的国防实力。我们必须看到，一个国家的国防教育不但能够增加国家的国防实力，而且还能够增强国民的综合素质，因而世界各国都高度重视对国民的国防教育，都将其作为最基本的国策。

（三）人民军队建设思想

在江泽民国防和军队建设思想的理论中，关于在新时期人民军队建设的指导思想中的鲜明主题，就是在当今复杂多变的国际环境中，我军能不能跟上世界军事革命的发展潮流，打赢未来可能发生的高技术战争。在社会主义市场经济和对外开放的条件下，我们能不能始终保持人民军队的性质、本色和作风，始终成为党绝对领导下的革命军队。所以，"打得赢"和"不变质"也就是江泽民同志主持军委工作以来始终关注的"两个最重要的问题"，也是我军建设的主要任务和奋斗目标以及我军建设的指导方针。围绕解决这两大历史性课题，江泽民同志全面、系统地阐明了新形势下我国国防和军队建设的地位、目标、任务、指导方针、实现途径、战略步骤和政治保障等一系列基本问题。

1. 坚持和加强党对军队的绝对领导

江泽民同志指出，一个军队要有军魂，我们的军魂就是党的绝对领导。坚持党对军队的绝对领导是毛泽东、邓小平始终强调的我军建军的根本原则。江泽民同志把这一原则提到了"军魂"的高度，进一步揭示了这一原则的科学性、重要性和必要性，是对毛泽东、邓小平的无产阶级革命建军思想的继承、丰富和发展。

江泽民同志指出，坚持党对军队的绝对领导，是我们建军的根本原则，是我军特有的政治优势，也是我军保持人民军队的性质和全心全意为人民服务宗旨的根本保证。党对军队的绝对领导，不仅是我军革命化的保证，而且是我军战斗力的源泉，是我军战无不胜的根本保证。党对军队的绝对领导，关系到党的执政地位，关系到国家的长治久安和社会主义制度的前途与命运，关系到亿万人民群众的根本利益。因而，作为社会主义国家，必须坚持无产阶级政党对军队这一国家政权的主要组成部分的绝对领导，我们的军队必须在思想、组织、行动上绝对听从党的指挥。只有这样，我们的军队才能够成为代表人民根本利益的真正的社会主义军队，才能够为国家的稳定、人民的幸福、中华民族伟大复兴的实现提供可靠的根本保证。

2. 加强和改进新时期的思想政治工作

江泽民同志高度重视军队的思想政治工作，不仅创造性地提出了"思想政治建设"这种新的概念，而且要求把思想政治建设摆在全军各项建设的首位。这是对毛泽东、邓小平的人民军队建军思想的继承和创造性发展，具有鲜明的时代性。

思想政治工作，不仅是我军革命化建设的核心，而且是军队全面建设的保证，决定着我军的性质和发展方向，决定着我军的凝聚力和战斗力的强弱。军队的思想政治建设，是搞好军事训练、后勤保障以至整个现代化建设的重要基础。

3. 坚持质量建军、科技强军

坚持质量建军、科技强军，是以江泽民为核心的党的第三代中央领导集体制定的在新形势下我军建设的重要指导方针。军队建设的质量决定军队的战斗力，是军队的生命，因而加强质量建设也是军队现代化的主要要求。

要坚持质量建军，就必须从我国的国情和我军的实际出发，走中国特色的精兵之路。一是要加强思想政治建设，注重思想政治工作的效果，真正提高全军官兵的思想道德素质，真正调动广大官兵献身于国防现代化事业的积极性。二是要按现代战争的要求优化部队的编制结构，用科学的编制实现精兵，提高效率，增强战斗力。三是突出重点来改善部队的武器装备，促进人与武器的有效结合。四是要加强军队的训练教育，强化管理。要从军队建设的战略高度来抓紧训练和管理这两个军队质量建设的关键环节，以培养我军从难、从实、从严的优良作风，在全军掀起科技练兵的热潮，真正地增强我军的战斗力。

三、学习江泽民国防和军队建设思想应把握的要点

（一）正确理解国防建设和经济建设协调发展及全民办国防的意义

如何处理国防建设和经济建设的关系，依靠谁来建设国防，这些问题看似简单，然而世界各国并不是都能够处理好的。例如，苏联没有处理好这个问题，这个问题成为其解体的一个重要原因；瑞士和瑞典处理得好，一个世纪以来没有发生过战争。为什么这个问题难以处理好呢？主要是各国的国情和军情不同，社会制度不同，战略需求不同，因而各国对国防发展模式的选择具有很大的差异性。

我们看到，世界各国都在搞国防建设，但各国的国防建设却没有一个统一的模式，都是根据自己的国情和需要来考虑和选择的。

例如，苏联是"抑民重军"的模式，即压缩国家经济建设和人民生活需要，大力发展国防。"抑民重军"的结果是军事力量强大了，国家也解体了。美国是"以军带民"模式。美国自第一次世界大战至今，始终大力发展军事工业，到处卖军火，发了不少战争财。其军火几乎把整个世界武装了起来。放眼当今世界，哪里有战争，哪里就有美国制造的飞机、舰船和枪炮弹药。美国一打仗，国内经济就振兴，别国一打仗，美国就赚钱，这已经成为令世人惊叹的一个奇怪现象。但美国在 21 世纪要建立以美国为主导的世界秩序，也日益感到力不从心。战略需求无限膨胀，与

国家实力毕竟有限是一对不可调和的矛盾。西欧是"军民兼顾"的模式。西欧国家长期处于美苏对峙的前沿，经济技术比较发达，但都是中小国家，单个国家力量有限，只能依靠美国和"北约"联盟的集体防务来维护国家安全。因此，西欧国家的国防建设模式，基本上是采取大力发展经济，在不影响经济发展的前提下，加强集体防务，发展自己有限的但质量一流的国防力量的策略。瑞士、瑞典采取的"寓军于民"的模式。这两个国家虽然长期处于和平的国际环境中，但依然存在潜在的威胁，经济虽然较发达，但国小人少，不可能建立庞大的常备军，只能保持有限的军事力量，因而着重发展国防潜力，寓军于民，实行全民防御。日本是"先富国后强兵"的模式。日本是第二次世界大战的战败国，发展军事力量受到限制，只能保持少量的自卫队。但日本在美国的庇护下搭了"安全便车"，可以长期全心全力地搞经济建设，因此一跃而成世界经济强国。

我国选择的国防发展模式是"军民结合、寓军于民、平战结合、寓战于平"。通俗地讲就是"水涨船高，协调发展"。我们不能走苏联那种"抑军于民"的道路，因为我们没有称霸的野心，不需要超越防卫作战的国防实力，但也不能走日本那种"先富国后强兵"的道路。因为我国没有"安全便车"可搭，我国的经济建设始终是在有外患的情况下进行的。我国经济建设是大局，中华民族要腾飞，发展是硬道理，经济搞不上去，一切都是空的。但经济发达了，不一定就能自然而然地获得强大的国防实力。科威特是世界上最富有的国家之一，但国防力量很差，在伊拉克的侵略面前没有还手之力。那种国家的经济建设搞好了，国防能力就提高了，或者认为国防建设可以"缓一缓、放一放"的认识都是非常错误和十分有害的。因此，我国的国防发展模式，只能是把经济建设和国防建设协调起来，一边搞经济建设，另一边搞国防建设，一手抓实力建设，另一手抓潜力建设，要军民结合、平战结合。我国国防实力的增长，不可能等到用时才建设、才投资，而是要在经济实力允许的前提下，逐步加大投入，要使国家经济增长与国防实力增长同步，国防实力要与经济发展水平相称。发展经济，做到国富民殷，是"强兵之急"；发展国防，提高打赢能力，是"强国之助"。

近年来，社会上有不少人认为，和平时期养那么多军队没有用，国防就是军队的事情，和自己没有关系。古人云："国家兴亡，匹夫有责。"与国家和民族安危相连的国防，历来都是全体公民和整个社会的事，国防是国家的国防，是全体人民的国防，而不仅仅是军队的国防。国防好比一棵大树，事实上，军队只是国防的骨干力量，是树干，民众则是树根和枝叶，是根本。军队本身也是民众的一部分，只不过是站在国防建设的最前沿罢了。人民的国防要由全体人民自己来建设，人民的江山要依靠全体人民用人民战争来保卫。所以，毛泽东、邓小平和江泽民军事思想都特别强调：在战争时期，要动员和依靠全体人民进行战争，同仇敌忾，众志成城，陷敌于人民战争的汪洋大海之中；在相对和平时期，要动员和依靠全体人民建设军队、建设国防，造成雄厚的物质基础，积蓄人民战争的强大力量。对于中华民族来说，最为重要的首先是在思想上树立"全民努力，共筑长城"的强烈意愿，也就是我们常说的要有牢固的国防观念。其次是全党全军都要关心和参加国防建设。古谚云："无敌国外患者国恒亡。"没有居安思危、常备不懈的国防观念，没有全国人民的关心与参与，国家就不可能有真正强大的国防。第二次世界大战时，号称"欧洲霸主"的法国和"金元帝国"的美国，由于全国上下到处都是和平主义盛行，结果法国几个星期就沦亡，美国仅因珍珠港一战就在战争初期陷入被动。苏联更是被苏德所谓的友好条约麻痹，对于德国发动战争的各种征兆熟视无睹，在战争初期也蒙受了惨重损失。

（二）准确理解新时期军事战略方针的科学内涵

1993 年 1 月，江泽民主持中央军委制定了新时期积极防御的军事战略方针。2004 年 6 月 22 日召开的军委扩大会议，对 1993 年制定的新时期军事战略方针进行了充实和完善。这两次军事战略方针的调整、充实和完善，进一步明确了我军在新世纪、新阶段的战略目标和任务、军事斗争准备的基点、战略指导思想和原则等，并明确提出必须把对台军事斗争准备推进到一个关键性问题，阐明了我军从机械化半机械化转到信息化的重要方针政策，为我军建设和军事斗争准备进一步明确了方向和目标。对新的军事战略方针的理解，我们要把握好以下几点：

第一，积极防御军事战略方针的确立，是由社会主义性质和我们所进行的战争的正义性决定的。

第二，新时期军事战略方针的制定，有着十分深远的战略思考：一是着眼于增加维护国家安全统一的军事战略能力，为建设中国特色社会主义提供可靠的安全保障；二是着眼于在新的起点上解决我军面临的主要矛盾，积极应对世界新军事变革的挑战，努力实现军队现代化建设的跨越式发展；三是着眼于应付最困难、最复杂的局面，按照打赢现代技术特别是高技术条件下局部战争的标准搞好军事斗争准备；四是着眼于遏制战争或延缓战争的发生，通过切实增强打赢的能力，达到维护和平、争取和平的目的。

第三，用新时期军事战略方针统揽全局。新时期军事战略方针具有十分丰富而深刻的内涵，是国家军事战略的总纲，是指导我军建设和国防建设的总纲。它规定了我国军事战略的基本性质、基本战略目标、实现途径，同时也规定了军队建设和国防建设的指导思想、战略指导以及军队建设与国家经济建设的关系，并且明确了我军军事斗争的任务、作战方向、作战样式、作战规模等。

另外，新时期军事战略方针客观地反映了军事科学与时俱进的理论品质。中央军委制定的新时期军事战略方针，是我国军事学说的创新，它客观地反映了新军事变革的发展趋势。

因此，要用新时期军事战略方针统揽全局，在处理国防建设以及军队建设与经济建设的关系时，要遵循国防建设和军队建设服务于国家经济建设大局的要求。同时，经济建设要考虑军队建设和国防建设的需要，做到逐步增加投入，协调发展；在处理军事工作的关系时，要把全军的各项建设和一切工作包括军事训练、政治工作、后勤保障、国防科研，在新时期军事战略方针的指导和统揽下，立足于打赢信息化战争，周密规划，全面部署和深入展开。

（三）切实增强积极推进中国特色军事变革的紧迫感和使命感

发端于 20 世纪六七十年代的世界范围内的新军事变革，是迄今为止人类历史上影响最广泛、最深刻的军事领域的一场革命。在 1991 年海湾战争时期，江泽民就敏锐地看到了海湾战争是高技术战争的雏形，提出了要研究高技术局部战争的特点规律、研究军事革命的问题。2003 年的伊拉克战争，则说明当代战争正在发生更加深刻地变革，即由机械化战争向信息化战争转型。所以，江泽民在 2004 年的军事战略方针调整中，及时做出了加速推进中国特色军事变革的重大战略决策。学习江泽民国防和军队建设思想，就必须切实增强以及推进中国特色军事变革的紧迫感和使命感。这既是江泽民国防和军队建设思想提出的重大历史使命，也是增强我国国防实力、提高我军打赢信息化战争的客观需要。同时，这也是中华民族的历史使命。

火药和火器是中国最先发明的，但火药化军事革命则是西方最先完成的，工业革命是西方最先完成的，机械化的军事革命也是由西方国家率先完成的。中华民族已经错过了火药化、军事革命和机械化军事革命，再也不能错过信息化军事革命的重大战略机遇了。当代世界新军事变革的加速发展，对国际战略形势有着重大而深远的影响，也为我国的发展也带来了重大的机遇和挑战。对我国来说，社会变革领域还没有完全实现机械化，社会信息化转型又扑面而来。在军事领域中，我军仍然处于机械化尚未完成、信息化军事变革的战鼓又咚咚敲响的时代。所以，江泽民在党的十六大报告中，第一次提出了重要战略机遇期的问题，因此，全国人民在学习贯彻"三个代表"重要思想、学习贯彻江泽民国防和军队建设思想的时候，一方面确实要真学，掌握其理论体系和精髓；另一方面，要真用，在实际工作中身体力行。我们国家在加速信息化转型的过程中，要切实为军队的信息化建设提供有利的条件和坚实的国家信息化基础设施，提供信息化人才支撑。作为军队来讲，就是要按江泽民国防和军队建设思想所提出的跨越式发展道路，以信息化带动机械化，加速完成我军机械化与信息化建设的双重历史任务。

第五节　胡锦涛关于国防和军队建设的一系列重要论述

到了 21 世纪，中国的发展跨入了一个重要的战略机遇期，胡锦涛以政治家和战略家的远见卓识与战略智慧，着眼时代特点，立足维护国家安全和发展利益大局，依据国际、国内环境的发展变化和新世纪、新阶段国防与军队建设的客观实际，提出了关于加强国防和军队建设的一系列重要论述。

一、胡锦涛国防和军队建设重要论述的科学含义

胡锦涛国防和军队建设重要论述，是新世纪、新阶段用科学发展观指导国防和军队现代化建设，打赢信息化战争的军事理论，是毛泽东、邓小平和江泽民国防与军队建设思想的丰富和发展，是科学发展观在国防和军事领域的拓展和延伸，是当代马克思主义的创新军事理论。

二、胡锦涛国防军队建设重要论述的主要内容

（一）加强军队思想政治建设，强化部队战斗精神

1. 军队要大力加强思想政治建设

（1）军队要始终坚持正确的政治方向。胡锦涛在视察部队时指出，思想政治建设是军队的根本性、基础性建设。要积极适应新的形势和任务，把部队思想政治建设抓得更加有力、更加扎实、更加富有成效。要坚持把思想政治建设摆在全军各项建设的首位，始终不渝地坚持党对军队绝对领导的根本原则和制度。要在全军大力开展"以热爱祖国为荣、以危害祖国为耻，以服务人民为荣、以背离人民为耻，以崇尚科学为荣、以愚昧无知为耻，以辛勤劳动为荣、以好逸恶劳为耻，以团结互助为荣、以损人利己为耻，以诚实守信为荣、以见利忘义为耻，以遵纪守法为荣、以违法乱纪为耻，以艰苦奋斗为荣、以骄奢淫逸为耻"的"八荣八耻"教育，引导官兵树立社会主义荣辱观，坚定理想、信念，树立正确的世界观、人生观和价值观，做到听党指挥、服务人民、英勇善战。

（2）增强思想政治工作的针对性和实效性。胡锦涛强调，要紧密联系部队建设的形势和新特点，切实加强和改进思想政治工作。这是确保党对军队绝对领导的必然要求，是确保部队"打得赢、不变质"的必然要求，也是确保广大官兵健康成长的必然要求。要着眼于时代发展和任务变化对思想政治工作提出的新要求，根据部队官兵的成分变化和思想实际，有的放矢地工作，增强思想政治工作的针对性、实

效性。

（3）积极创新和改进思想政治教育的内容、形式与手段。我军建设进入新世纪、新阶段之后，部队官兵的思想出现了很多新情况、新问题，思想教育的内容必须随之而变化。胡锦涛指出，要持久地开展以坚定信念和树立正确的世界观、人生观、价值观为核心的思想政治教育，使广大官兵始终保持政治上的坚定和思想道德上的纯洁，始终保持坚强的革命意志和旺盛的战斗精神。要深入扎实地搞好保持共产党员先进性教育活动，确保取得实实在在的成果，使其成为官兵满意工程。

2. 加强军队各级党委和部队党组织的先进性建设

（1）大力加强军队各级党组织的能力建设。胡锦涛强调，要大力加强军队各级党组织的能力建设，不断提高加强部队思想政治建设、把握部队建设正确方向的本领，不断提高领导军事斗争准备、带领部队完成信息化作战任务的本领，不断提高推进中国特色军事变革、推进部队机械化信息化建设本领，不断提高依法从严治军、加强部队正规化建设的本领。各级党组织的能力建设，体现在党的思想、组织、作风、制度建设各个方面，要充分发挥党委的核心领导作用、党支部的战斗堡垒作用和共产党员的先锋模范作用，确保部队在任何时候、任何情况下都能坚定听党的话，跟党走。

（2）重视提高军队领导干部的综合素质。军队领导干部特别是中高级干部是建军治军的中坚力量。突出抓好中高级干部的思想教育，使他们始终保持共产党的先进性。重视提高中高级干部的综合素质，进一步增强政治意识、大局意识和战略意识，积极探索信息化条件下和社会主义市场经济环境中治军带兵的特点规律，努力提高领导部队全面建设和驾驭信息化战争的能力。胡锦涛要求军队领导干部要坚持"三学"，即学习马克思主义理论特别是重大理论创新成果，学习现代科学技术知识和现代管理知识。提高"三个素质"，即政治素质、战略素质和科学文化素质。

3. 强化战斗精神，树立敢打必胜的信心

（1）强化战斗精神是对我军优良传统的继承和发扬。胡锦涛在 2004 年 12 月的一次重要会议上强调：要在全军深入进行强化战斗精神、提高打赢能力的教育，真正搞清楚为什么要准备打仗、准备打什么样的仗、怎样准备打仗这个重大问题，引导广大官兵牢固树立敢打必胜的坚定信心。

（2）强化战斗精神是以劣胜优的要求。目前，我军武器装备的现代化水平有了很大改善和提高，但与西方主要发达国家军队武器装备的发展水平相比还有很大差距。对我军来说，还是要优胜劣汰、以劣胜优，立足现有装备打仗。要充分发挥我军的优长，充分发挥人的主观能动性，把现有装备的潜力和效能最大限度地发挥出来。

（3）强化战斗精神是谋求战斗力优势的重要途径。人和武器是构成战斗力的两个基本要素，其中人是最活跃、具有决定意义的因素。人的思想觉悟、战斗意志、牺牲精神以及综合素质，直接决定着武器装备效能的发挥，影响着战争的胜负。

（二）认真履行使命，统筹军队全面建设，打赢信息化战争

1. 认真履行新世纪、新阶段军队的历史使命

一个国家、一个民族，要想在激烈的国际竞争中立于不败之地并有所作为，既要拥有强大的经济实力，也要拥有强大的军事实力。着眼于国家利益和军队建设与发展的战略全局，根据军队所处的国际国内环境发生的重大变化，2004 年年底，胡锦涛从维护国家的发展利益和安全利益出发，以战略家的远见卓识，确立了新世纪、新阶段军队的历史使命："军队要为党巩固执政地位提供重要的力量保证，为维护国家发展的重要战略机遇期提供坚强的安全保障，为维护国家利益提供有力战略支撑，为维护世界和平与促进共同发展发挥重要作用。"①

2. 坚持"五个统筹"，实现国防和军队建设可持续发展

胡锦涛指出，坚持在国防和军队建设中贯彻落实科学发展观，首要问题是坚持国防建设和军队建设全面协调可持续发展的方针，坚持"五个统筹"：即统筹中国特色军事变革与军事发展，统筹机械化建设与信息化建设，统筹诸军兵种作战能力建设，统筹当前建设与长远发展，统筹主要战略方向与其他战略方向。军队要进一步实施科技强军战略，着力推动军事创新，加快转变战斗力生成模式，充分发挥广大官兵的主体作用，推进军队革命化、现代化和正规化的整体发展与全面进步，实现国防和军队建设可持续发展。

（1）推进中国特色军事变革与做好军事斗争准备是新世纪、新阶段我军面临的两大战略任务。中国特色军事变革，就是适应世界新军事变革发展趋势，从我国的国情和军情出发，走以信息化带动机械化、以机械化促进信息化的跨越式发展道路。通过深化改革，实现军队建设的整体转型，建设一支能够打赢未来信息化战争的强大的现代化、正规化革命军队。军事斗争准备，是指为了赢得未来战争的胜利而在相对和平时期进行的组织、物质和精神各个方面的准备。军事斗争准备作为军事战略方针的一个重要内容，目标更加全面，任务也更加艰巨，客观上要求我们必须把军事斗争准备作为贯彻新时期军事战略方针的一项重要的战略任务来抓。

（2）国防和军队建设必须统筹机械化建设与信息化建设。机械化与信息化是两个不同的概念和不同的军事形态。从发展和建设的角度来看，机械化和信息化是军队现代化的两个不同的发展阶段。军队机械化，是指建立在工业技术基础之上的工业时代或工业社会军队的基本形态。军队信息化，是信息时代或信息社会军队的基本形态，是在机械化的基础上发展起来的。表现的主要特征有：一是大力发展以精确制导武器为代表的信息化武器装备、隐形武器装备和新概念武器装备；二是军队

---

① 中共中央文献研究室：《十六大以来重要文献选编》（下），中央文献出版社，2008，第 1107 页。

规模缩减，军种界限模糊，海空军比例扩大，部队编成向小型化、一体化、智能化方向发展，军队人员与武器装备系统的组合进一步优化；三是指挥体制"网络化"，指挥手段"自动化"；四是军事理论主要是信息化战争的作战理论，主要表现为以夺取制信息权为核心的信息战、非接触战以及"陆、海、空、天、电"一体化作战理论等。

（3）国防和军队建设必须统筹诸军兵种作战能力建设。在新世纪、新阶段，建设中国特色的作战力量，必须着眼于胡锦涛提出的建设信息化军队、打赢信息化战争的战略目标，全面贯彻落实科学发展观，调整我军作战力量建设思路，坚持以提高战斗力为核心，统筹诸军兵种作战能力建设。

为适应我军职能的"四个延伸"，陆军要大力加强质量建设，提高空地一体、远程机动、快速突击和特种作战能力。海军要重点提高第一岛链内近海综合作战能力，增强核、常威慑和反击能力，并逐步发展远航护卫作战能力。空军要由国土防空型加快向攻防兼备型转变，重点提高空中进攻、信息作战、防空反导、战略投送的能力。二炮部队要加快新一代武器换型建设，着重提高战略核导弹的突防能力、快速反应能力，常规导弹的远程精确打击、综合毁伤能力和部队生存防护能力。航天力量要适应未来太空防御作战的要求，提高发射、探测、预警、传输和防护能力，加快建设步伐。我军作战力量的编成、军兵种及其武器装备的结构等，总体上属于陆战型、近战型和本土纵深防御。这样的力量结构所形成的作战功能与信息化和一体化联合作战是不相适应的，必须把诸军兵种作战力量统筹整合起来，即把全军作为一个大系统，以诸军兵种为系统要素，按照结构决定功能的原理，对各要素进行优化编组，实现系统功能大于要素之和，在整体上形成作战能力的跃升。

（4）国防和军队建设必须统筹当前建设与长远发展。实现国防和军队建设的可持续发展，就是要把国防和军队建设作为一个承前启后的发展过程，统筹当前建设与长远发展，既注重当前建设和做好眼前工作，又要着眼未来，谋求长远发展，以确保国防和军队建设与发展的连续性和持久性。当前建设是指国防和军队建设应对近期可能面临的军事冲突和战争威胁而进行的，以军事斗争准备为主要内容的建设活动，具有明显的指向性、目标性和应急性。国防和军队建设的长远目标是通过完成阶段性任务来实现的。无论是当前建设还是长远发展，都是为了履行保卫国家主权、领土完整和安全，维护国家战略利益的神圣使命，两者紧密联系、相互影响，辩证统一于建设现代化军队的总任务、总目标中。

（5）国防和军队建设必须统筹主要战略方向与其他战略方向。主要战略方向是指对国家安全和战争全局具有决定意义的方向，是敌我双方矛盾斗争的焦点，是作战力量集中使用的重点和战略指导的关键点。从国家的战略指导上看，战略方向具有明确的指向性，是国防和军队建设及军事斗争准备的主要依据。正确判断周边安全环境，准确确定和统筹好主要战略方向与其他战略方向，对于保证我国的国家安全，全面建设小康社会，具有十分重要的意义。只有正确选定主要战略方向，才能围绕主要战略方向集中部署军事力量，构成有利于己而不利于敌的战略态势，包括围绕主要战略方向建设陆、海、空和战略导弹部队密切协同，正规军、预备役部队和民兵紧密配合的作战系统，形成整体作战能力，确保在主要战略方向、重要作战阶段能及时、有效地集中精兵利器，形成战略作战拳头，对作战目标实施全方位、全时空的整体打击。实施战略进攻，迅速打乱敌方战争计划和战略部署，给敌人以毁灭性打击。实施战略防御，可建立有重点的全方位大纵深立体防御体系，粉碎敌人的战略进攻。在和平时期，则能形成有效遏制战争、维护国家统一和领土完整的战略部署，为战时顺利地执行战略作战任务、实现预期的战略目的奠定基础。

3. 加强军队全面建设，提高信息化作战能力

随着信息时代的到来，世界各国都在加快建设信息化军队的步伐。随着形势的发展变化，特别是我军要加强全面建设、提高信息化作战能力、打赢信息化战争，胡锦涛强调，首先要解决的一个重要问题就是正确处理革命化、现代化和正规化的关系问题。

（1）革命化是军队信息化建设的根本方向。胡锦涛指出，要坚持不懈地用马克思列宁主义、毛泽东思想、邓小平理论和"三个代表"重要思想武装全军，保证军队建设的正确政治方向。思想政治建设是革命化建设的核心，革命化是军队信息化建设的根本方向。遵循胡锦涛的指示精神，要牢牢地把握住"讲政治"这根弦，坚持以党的旗帜为旗帜，以党的意志为意志；必须坚决维护党中央、中央军委的权威，听从指挥，在任何时候、任何情况下都听党的话、跟党走，确保政令、军令畅通。

（2）现代化是军队信息化建设的本质要求。现代化是军队建设的中心任务，是建设信息化军队的本质要求。军队现代化建设要从我国的国情出发，坚持以机械化为基础，以信息化为主导，推进机械化和信息化的复合发展，增强我军信息化条件下的威慑和实战能力，实现跨越式发展。

（3）正规化是军队信息化建设的重要保证。正规化是军队建设的重要基础，是军队信息化建设的重要保证。按照革命化、现代化和正规化相统一的原则加强军队信息化建设，紧紧围绕"打得赢、不变质"两大历史性课题，把革命化的根本方向、现代化本质要求和正规化的保证作用有机统一起来，全面加强和协调推进军队各项工作，不断开创军队信息化建设的新局面。

4. 加强军事训练，提高部队应对危机和处理突发事件的能力

（1）军事训练是重要的治军方式和管理方式。军事训练是军队和平时期最基本的实践活动，是战斗力生成的基本途径。加强军事训练，不仅是军事斗争准备的重要实践，也是重要的治军方式和管理方式。要充分认识加强军事训练的重要性，切

实把军事训练作为部队的经常性中心工作，集中精力，抓紧抓实。要坚持从难从严训练，从实战需要出发，坚持高标准、严要求，改进和创新训练的内容和方式方法。要把培养战斗精神贯穿于训练的全过程，发扬我军敢打必胜的光荣传统，养成英勇顽强的战斗作风和铁的纪律。

（2）提高部队应对危机和处理突发事件的能力。胡锦涛强调，"要紧贴部队的各项工作，全面提高部队应对危机和处理突发事件的能力"，为创造一个有利于全面建设小康社会，加快推进社会主义现代化建设的长期安全环境作出应有贡献。要坚决抵御外来侵略，确保我国领海、领空和边境不受侵犯。坚持反对和遏制分裂势力及其活动，严密防范和打击民族分裂主义势力，绝不让各种分裂势力和西方敌对势力分化我国、破坏我国主权和领土完整的图谋得逞。要严密防范和坚决打击恐怖主义活动。要密切关注社会形势，积极支持和配合地方党委、政府妥善处理各种社会矛盾和问题，做好维护社会稳定的工作。

5. 推进中国特色军事变革，加快军事创新

推进中国特色军事变革，关键在于军事领域的创新。创新是军队进步和发展的灵魂，军事创新是军队实现持续发展的动力之源和必要条件。我军目前正处于机械化尚未完成、信息化刚刚起步的特殊阶段，要完成机械化和信息化复合发展的历史重任，面临着前所未有的挑战。

（1）创新军事理论。军队的科学发展需要科学的军事理论做指导。军事理论要保持科学性，靠的就是创新，要随着时代的发展而创新。在信息社会里，军事理论扮演了战争"设计师"的角色。战争实践和战场成了军事理论创新的"实验场"，从一定意义上说，世界军事领域的竞争首先表现为军事理论创新能力的竞争，谁拥有卓越的军事理论创新能力，谁就能够把握军事斗争的主动权。

（2）创新军事组织体制。军事组织体制是影响军队整体效能发挥的关键因素，军队的科学发展需要通过创新军事组织体制来奠定基础。我军的军事组织体制与未来信息化战争的要求不相适应的矛盾还比较突出，必须进行军事组织体制创新，为履行好新的历史使命创造条件。创新军事组织体制，要着眼于以下几个方面：一是要着眼于信息传输与使用的快速性；二是要着眼于军队力量构成的整体性，结构决定功能，整体功能大于部分功能之和；三是要着眼于军队系统的精干和高效。在信息化战争中，军队进行精确作战、远程作战和非线式作战，主要依靠信息化武器装备的信息能力和火力能力，而作战能量的有效发挥，依赖于精干和高效运行的军事组织体制。创新军事组织体制，要围绕军队总体结构和重大体制展开。

（3）创新军事技术。技术决定战术，军队的发展需要创新的军事技术做支撑。科技创新是军事变革的源头，既迫切又艰巨，必须加快推进，并逐步扩展领域和提高水平。作为发展中的大国军队，军事领域的高新科技必须靠自主创新。在国防科

技及武器装备建设方面，应该集中力量发展那些对提高我军作战能力产生重大作用的关键技术和武器装备，研制出克敌制胜的"撒手锏"，形成我们独有的优势，切实提高我军的威慑能力和实战能力。

（4）创新军事管理。军事管理是形成战斗力的关键环节，军事管理创新是提高战斗力、提高国防和军队建设质量效益的重要途径。我们要着眼于新的时代特征，履行新的历史使命，加强军事管理思维、军事管理模式和军事管理理论的创新，为军队的科学发展提供可靠的管理保障。

（三）弘扬求真务实精神，坚持依法从严治军

1. 进一步增强求真务实的自觉性

2004年1月，胡锦涛指出："求真务实，是辩证唯物主义和历史唯物主义一以贯之的科学精神，是我们党的思想路线的核心内容，也是党的优良传统和共产党人应具备的政治品格。"① 求真，就是求部队建设规律之真；务实，就是务部队建设成效之实。

2. 坚持以人为本，把工作重心放在基层建设上

坚持以人为本，是科学发展观的本质和核心。胡锦涛指出，坚持以人为本，在军队建设中，必须充分尊重官兵的主体地位和创造精神，心系基层，情系官兵，切实维护官兵的权益，不断改善官兵的物质和文化生活条件。人是夺取战争胜利的决定性因素，军事人才是军队最重要的战略资源。军队贯彻落实科学发展观，最终要落实到推进基层建设和发展上。努力改善基层官兵的物质文化生活条件，充分调动广大官兵的积极性。

3. 依法从严治军

胡锦涛强调，要适应军队现代化发展的要求，加强依法治军、从严治军，严格按国家的法律法规和军队的条令条例治理军队、管理部队，确保部队的高度稳定和集中统一，建立正规的战备、训练、工作和生活秩序。坚持依法从严治军：一是逐步建立适应社会主义市场经济发展要求，符合现代军事发展规律，能够体现我军性质和优良传统的军事法规体系，把国防和军队建设事业纳入法制化的轨道，做到有法可依，有法必依，执法必严，违法必究。二是从制度和法律上保证党对军队的绝对领导，使"党指挥枪"的原则更加具有稳定性、权威性和规范性。三是把关于国防和军队建设的主张，通过法定程序上升为国家意志，实现领导与依法办事的统一。四是把治军的成功经验用法律的形式确定下来，促进我军的革命化、现代化和正规化建设。

---

① 中共中央文献研究室：《十六大以来重要文献选编》（上），中央文献出版社，2005，第724页。

（四）坚持国防建设与经济建设协调发展

1. 正确处理经济建设与国防建设的关系

胡锦涛强调，坚持在国防和军队建设中贯彻落实科学发展观，坚持国防建设与经济建设协调发展的方针。经济的持续发展，不断提高国家的经济实力，是提高我国国际竞争力、维护国家独立和主权的关键所在，是解决包括国防现代化在内的当代中国所有问题的基础。正确处理经济建设与国防建设的关系，始终是国家发展战略全局的一个重大问题，也是我国社会主义现代化建设的一条重要历史经验。

2. 要把国防建设融入现代化建设全局之中

改革开放和社会主义市场经济的发展，必然会给国防和军队现代化建设创造更多、更充分的有利条件。21 世纪头 20 年，既是国家经济社会加速发展的重要时机，也是国防和军队现代化建设加快发展的重要时机。统筹好国防建设与经济建设的关系，是贯彻科学发展观的必然要求。坚持国防建设与经济建设协调发展的方针，既是强国之策，也是强军之道。

3. 要建设一支同我国安全和发展利益相适应的军事力量

如果把 20 世纪视为"战争和对抗的世纪"，那么 21 世纪则是"竞争和淘汰的世纪"。为了防止被"边缘化"，世界各国特别是一些大国，无不把抓住战略机遇期，发展和壮大自己作为首要的战略选择。胡锦涛提出，要在国家经济发展的基础上，努力建设一支同我国安全和发展利益相适应的军事力量，但并不等于国防自然就强大；国防建设服从经济建设大局，并不意味着等经济搞上去再抓国防建设。国家经济发展与国防建设及军事力量发展是相辅相成的。一个巩固的国防，一支强大的军队，始终是国家安全与经济发展的基本保障。维护国家安全，保障国家发展利益，必须提高国家战略能力。这是胡锦涛提出的一个重要的战略思想。

第六节　习近平强军思想

习近平强军思想，是习近平新时代中国特色社会主义思想的"军事篇"。确立习近平强军思想在国防和军队建设中的指导地位，对于实现党在新时代的强军目标、建成世界一流军队，乃至对于全面建成社会主义现代化强国、实现中华民族伟大复兴，都具有重大而深远的意义。

习近平强军思想是强军实践经验的智慧结晶。习近平强军思想，深深植根于全党全军全国人民加强新时代国防和军队建设的丰厚土壤，是在引领国防和军队建设迈进新时代中体现出强大真理魅力和巨大实践威力的科学理论。在习近平强军思想的指导下，人民军队政治生态得到有效治理，组织架构和力量体系实现革命性重塑，军事斗争准备取得重大进展，在中国特色强军之路上迈出坚定步伐。习近平强军思想就是这一系列强军实践的理论结晶，是新时代人民军队最宝贵的精神财富。

习近平强军思想有着丰富而深刻的思想内涵。习近平强军思想，是一个主题鲜明、逻辑严密的科学军事理论体系。这一思想，精准回应了中华民族走近世界舞台中心的使命召唤，深刻回答了实现党在新时代的强军目标、把人民军队建设成为世界一流军队的重大问题，充分反映了全党全军和全体中华儿女强国强军的殷切期盼；它贯穿强军目标的思想魂魄和逻辑主线，与时俱进发展党的军事战略指导，创造性地把军事斗争准备的基点放在打赢信息化局部战争上，明确了统揽军事力量建设和运用的总纲；它将新发展理念运用于国防和军事领域，强调更加注重聚焦实战，更加注重创新驱动，更加注重体系建设，更加注重集约高效，更加注重军民融合，确立了军队建设发展的战略指导；它坚持统筹推进政治建军、改革强军、科技兴军和依法治军，强调聚焦备战打赢锻造精兵劲旅，明确了强军战略布局和军队的根本职能、军队建设的根本指向；它要求深入推进军民融合，构建一体化的国家战略体系和能力，坚实了强军兴军的战略依托。

一、习近平强军思想的创立，是时代的产物，是新时代马克思主义军事理论的壮丽日出

回望党的十八大以来国防和军队领域波澜壮阔的历程，我们党在实践上大踏步向前——中国特色强军之路越走越宽广，在理论上与时俱进——创立形成了习近平强军思想。作为新时代我们党建军治军创造的根本成就，习近平强军思想的创立形成，是时代的产物，是一个历史、理论和实践逻辑相统一的过程。加强对这一思想形成的时代条件、实践基础和理论渊源等进行深入研究，有助于深刻把握其科学内涵和精神实质。

（一）新时代呼唤党的军事指导理论创新，习近平强军思想凝结着时代精神的精华

一个民族的强大，总是和一支强大的军队相生相存。中华民族五千年来，强国梦总是与强军梦相融交织在一起。但是，历史发展到 19 世纪中叶，中国却因国力孱弱、军事落后而处处被动挨打。这种局面直到中国共产党成立，带领人民和人民军队经过艰苦卓绝的斗争，不可逆转地开启中华民族复兴图强的历史进程。

冷战结束以来，以经济全球化为深层动因，大国力量此消彼长，国际体系加速分化组合，当中国经过持续发展跃升为全球第二大经济体时，世界历史和中国历史都迎来了一个新的拐点，正孕育出一种新的时与势。这种时与势从国际上看，就是世界面临大变局，全球战略重心向亚太转移，国际治理体系发生深刻演变，国际格局迫切需要中国走近世界舞台中央、肩负大国责任；从国内来看，中国社会主要矛

盾发生转变，中华民族伟大复兴的车轮不可阻挡，我们正处在由大向强、从量变到质变关键一跃的紧要当口。这种时与势，从历史的纵横轴上清晰标定中国的历史方位，寓示中国特色社会主义已经进入新时代。

"每个原理都有其出现的世纪。"习近平新时代中国特色社会主义思想，紧紧把握浩浩荡荡的时代大势，自觉呼应复兴图强的时代主题，勇敢担起实现中国梦的时代使命，坚定地引领中华民族踏上新征程，成为新时代最鲜亮的精神旗帜。而作为其"军事篇"的习近平强军思想，科学回应强国必须强军的时代呼唤，牢牢把握以强军支撑强国的时代使命、以世界一流军队支撑走近世界舞台中央的时代考验，成为新时代在军事上的鲜明理论标志。

（二）强军实践孕育党的军事指导理论创新，习近平强军思想是新时代伟大军事实践的理论镜像

"通过实践而发现真理，又通过实践而证实真理和发展真理"，是真理形成的一般规律。当今世界，新军事革命浪潮汹涌，大国军事竞争尖锐激烈。以信息技术在军事领域广泛应用为肇始，人类战争从认知框架到作战方式、制胜机理都在发生革命性改变，战争形态从机械化战争向信息化战争加速演变，智能化战争初见端倪。经过90多年发展，我军已成为诸军兵种合成、具有一定现代化水平并加快向信息化迈进的强大军队，但是"两个差距还很大""两个能力不够"的问题仍然严峻，部队中的突出问题仍没得到根治。

问题是理论的起点，也是创新理论的动力源。我军建设面临的深层问题，无疑是一个需要科学理论而且能够产生科学理论的历史环境。习近平强军思想，就是运用马克思主义基本原理，观察分析当代中国军事问题，创造性揭示军事活动的本质与规律，并用于指导实践的科学理论。展开党的十八大以来强军兴军历史画卷，一幅幅砥砺奋进的场景，强烈地激荡人们心弦。人民军队重整行装再出发，强军事业取得历史性成就、发生历史性变革。这一宏阔历史进程既为习近平强军思想的产生奠定了坚实基础，又使其具备鲜明的实践性，成为历经实践、认识、再实践、再认识过程而逐步升华的规律性认识。习近平强军思想，正是来自实践并被实践所证明、主观符合客观的科学理论，是新时代我们最可珍贵的精神财富。

（三）文明传承滋养党的军事指导理论创新，习近平强军思想植根于马克思主义军事理论和中外优秀军事文化的思想沃土

在长期实践中，我们党坚持把马克思主义基本原理同中国革命战争和军队建设实践相结合，创造了具有中国特色的马克思主义军事理论成果，即毛泽东军事思想、邓小平新时期军队建设思想、江泽民国防和军队建设思想、胡锦涛国防和军队建设思想。习近平强军思想与这些理论成果一脉相承，坚持马克思主义关于战争问题的基本立场和基本观点，坚持我们党建军治军的指导思想和方针原则，坚持人民军队

的光荣传统和优良作风；同时又紧密结合新时代新实践新发展，在重要领域、重大判断和重大观点上取得突破创新，实现了党的军事指导理论又一次与时俱进。

习近平对中华优秀传统军事文化情有独钟、素养深厚，充分汲取蕴含其中的尚武思想、战略精神、兵法谋略、治军智慧和为将之道，经常引用古代兵书战策和军事家名言，精妙的典故信手拈来、广博的引用贯通古今。与中国传统文化相融合，是我们党理论创新的基本经验。习近平强军思想扎根中华优秀传统文化的丰厚滋养，注重从中华文明发展进程中理解强国复兴的历史使命，从近代以来中国人民的历史选择中把握强军兴军的时代担当，从中华民族优秀传统中提炼开拓进取的精神动力，从中华文化经史典籍撷取精辟的语言语汇，贯穿着深厚的历史底蕴、丰富的文化内涵、深邃的民族智慧，展现出鲜明的中国风格和中国气派。

同时，习近平对以美、俄为代表的大国军队重大改革举措、发展趋势了然于胸，研究深刻，并充分借鉴吸收到创新军事战略指导、深化军队改革等军事理论创新中。这些都使得习近平强军思想具备宽广的国际视野和历史眼光，充分吸纳中外军事理论最新成果，始终站在人类文明的最前沿。

（四）领袖统帅推动党的军事指导理论创新，习近平对于创立习近平强军思想发挥了决定性作用

军事活动在习近平治国理政实践中占据重要而突出的位置，对军事问题的理论阐发也成为新时代党的理论创造活动最精彩、最丰富的成果之一。历史从哪里开始，思想的进程也往往从哪里开始。2012 年 12 月 8 日，习近平担任军委主席后第一次离京到原广州战区视察，鲜明指出"强国梦，对于军队来讲，也是强军梦"，这一论断具有重大理论奠基意义。以此为思想发端和逻辑起点，习近平在领航人民军队进程中进行了艰辛理论探索和实践创造。从思考回答"军队的样子"，到提出党在新时代的强军目标，进而提出建成世界一流军队；从着眼与时俱进创新军事战略指导，到领导制定新形势下军事战略方针；从着眼革除问题积弊、解决党从思想上政治上建设军队的重大问题，到确立强国强军进程中政治建军大方略；从提出"三个能不能"的"胜战之问"，到明确军队的主责主业是备战打仗；从着眼设计和塑造军队未来，到发出全面实施改革强军战略、坚定不移走中国特色强军之路号召；从把依法治军纳入依法治国总体布局，到鲜明提出"建设法治军队"的重要思想；从推动军民融合发展上升为国家战略，到亲自担任中央军民融合发展委员会主任；从关注世界大势和国家安全、分析部队吃鸡蛋和投手榴弹等现象，到阐发战争与和平、建与战的辩证法，等等，陆续提出一系列重大战略思想和新思想新观点新论断。

伴随强军兴军征程，习近平以卓越的政治智慧、巨大的理论勇气和强烈的历史担当，全面、系统、深刻回答强军兴军一系列重大理论和实践问题，推动强军思想日益丰富完善，逐渐形成逻辑严密、体系完整的理论大厦。习近平强军思想的形成

发展过程，历经从重大论断到思想体系的升华，既是理论发展自然的历史的过程，更是理论创新自觉自为的过程。其中，习近平作为党的领袖和军队统帅，始终担任理论创造的"第一小提琴手"，回应强国强军对创新军事指导理论的时代呼唤，为发展马克思主义军事理论作出了原创性贡献。习近平强军思想的创立形成，是新时代马克思主义军事理论的壮丽日出，为新时代推进强军事业提供了科学指南和根本遵循。

二、习近平强军思想的主体内容

（一）牢牢把握党在新形势下的强军目标

建设强大的人民军队是我们党的不懈追求。在各个历史时期，我们党都提出明确的目标要求，引领我军建设不断向前发展。党的十八大以来，习近平提出党在新形势下的强军目标，就是建设一支听党指挥、能打胜仗、作风优良的人民军队，强调全军要准确把握这一强军目标，用以统领军队建设、改革和军事斗争准备，努力把国防和军队建设提高到一个新水平。

强军目标是在把握国防和军队建设历史方位与阶段性特点的基础上提出来的。当今世界正发生前所未有之大变局，国际战略格局、全球治理体系、全球地缘政治棋局、综合国力竞争发生重大变化。我国正处于由大向强发展的关键阶段，前所未有地走近世界舞台中心，发展前行中的阻力和压力也在增大。我国周边安全风险呈累积态势，特别是海上安全威胁日益突出，家门口生乱生战的可能性增大。中华民族的伟大复兴绝不是轻轻松松、顺顺当当就能实现的。没有一个巩固的国防，没有一支强大的军队，和平发展就没有保障。我国国防实力上了一个大台阶，但我军现代化水平与国家安全需求相比差距还很大，与世界先进军事水平相比差距还很大，必须以只争朝夕的精神抓起来、赶上去。

军队要像军队的样子。习近平指出："'军队的样子'就是要坚决听党指挥，要能打仗、打胜仗，要保持光荣传统和优良作风。听党指挥是灵魂，决定军队建设的政治方向；能打胜仗是核心，反映军队的根本职能和军队建设的根本指向；作风优良是保证，关系军队的性质、宗旨、本色。这三条决定着军队发展方向，也决定着军队生死存亡。建军治军抓住这三条，就抓住了要害，就能起到纲举目张的作用。"①

明确军队建设发展战略指导。要紧密结合军队面临的形势任务和工作实际，深入贯彻新发展理念，努力实现更高质量、更高效益、更可持续的发展。更加注重聚

---

① 中共中央宣传部：《习近平总书记系列重要讲话读本》，学习出版社、人民出版社，2014，第133页。

集实战，坚持战斗力这个唯一的根本的标准，强化作战需求牵引，提高军队建设实战水平，下大力气抓理论创新、抓科技创新、抓科学管理、抓人才集聚、抓实践创新，以重点突破带动和推进全面创新；更加注重体系建设，牢固确立信息主导、体系建设的思想，以对作战体系的贡献率为标准推进各项建设，统筹机械化、信息化建设，统筹各战区、各军兵种建设，统筹作战力量、支援保障力量建设，全面提高我军体系作战能力；更加注重集约高效，加快推进以效能为核心的军事管理革命，健全以精准为导向的管理体系，提高国防和军队发展精准度；更加注重军民融合，军地双方都要深化认识，打破利益壁垒，做到应融则融、能融尽融，加快把军队建设带入经济社会发展体系，把经济布局调整同国防布局完善有机结合起来。

（二）坚持以新形势下军事战略方针为统揽

强国强军，战略先行。军事战略是筹划和指导军事力量建设与运用的总方略，服从服务于国家战略目标。现在，党和国家的战略目标是实现"两个一百年"奋斗目标、实现中华民族伟大复兴的中国梦。要把战争问题放在这个大目标下来认识和筹划，从政治高度思考和处理军事问题，着眼国家利益全局筹划和指导军事行动，探索形成与时代发展同步伐、与国家安全需求相适应的军事战略指导。

履行新的历史时期军队使命任务。坚决维护中国共产党的领导和中国特色社会主义制度，坚决维护国家主权、安全、发展利益，坚决维护国家发展的重要战略机遇期，坚决维护地区与世界和平，为实现"两个一百年"奋斗目标、实现中华民族伟大复兴的中国梦提供坚强保障。必须担负以下战略任务：应对各种突发事件和军事威胁，有效维护国家领土、领空、领海主权和安全；坚决捍卫祖国统一；维护新型领域安全和利益；维护海外利益安全；保持战略威慑，组织核反击行动；参加地区和国际安全合作，维护地区和世界和平；加强反渗透、反分裂、反恐怖斗争，维护国家政治安全和社会稳定；担负抢险救灾、维护权益、安保警戒和支援国家经济社会建设等任务。

毫不动摇地坚持积极防御战略思想，同时不断丰富和发展这一思想的内涵。根据国家安全和发展战略，适应新的历史时期的形势、任务、要求，坚持实行积极防御军事战略方针，与时俱进地加强军事战略指导，进一步拓宽战略视野、更新战略思维、前移指导重心，整体运筹备战与止战、维权与维稳、威慑与实战、战争行动与和平时期军事力量运用，注重深远经略，塑造有利态势，综合管控危机，坚决遏制和打赢战争。

实行新形势下积极防御军事战略方针。根据战争形态演变和国家安全形势，将军事斗争准备基点放在打赢信息化局部战争上，突出海上军事斗争准备，有效控制重大危机，妥善应对连锁反应，坚决捍卫国家领土主权、统一和安全。根据各个方面的安全威胁和军队能力建设实际，创新基本作战思想，坚持灵活机动、自主作的原则，运用诸军兵种一体化作战力量，实施信息主导、精打要害、联合制胜的体系作战。根据我国地缘战略环境、面临的安全威胁和军队战略任务，优化军事战略布局，构建全局统筹、分区负责、相互策应、互为一体的战略部署和军事布势；应对太空、网络空间等新型安全领域威胁，维护共同安全；加强海外利益攸关的国际安全合作，维护海外利益安全。

习近平指出："军事战略方针是关于军事力量建设和运用的总方略"①，全军各项工作和建设都必须贯彻和体现新形势下军事战略方针的要求。适应战争准备基点的转变，拓展和深化军事斗争准备，加大军事创新力度，使全军各项建设和工作向实现建设信息化军队、打赢信息化战争的战略目标聚集，向实施信息化条件下联合作战的要求聚集，向形成基于信息系统的体系作战能力聚集。推动军事战略方针在各领域的细化和具体化，完善军事战略体系，修订完善作战方案计划，健全军事战略方针贯彻落实督导问责机制，把军事战略方针各项要求落到实处。

（三）贯彻新的历史条件下政治建军方略

政治建军是我军的立军之本。党对军队的绝对领导，是我军的军魂和命根子，永远不能变。要抓住坚持党对军队绝对领导这个根本不放松，从思想上、政治上、建设和掌握部队，按照"绝对"标准固根铸魂，坚持从政治上考察和使用干部，提高坚持党对军队绝对领导的政治自觉和实际能力，确保"党指挥枪"的原则落地生根。认真贯彻落实军委主席负责制，强化政治意识、大局意识、核心意识、看齐意识，经常、主动、坚决向党中央和中央军委看齐，始终在思想上、政治上同党中央和中央军委保持高度一致。大力加强意识形态工作，掌控网络意识形态主导权，增强思想工作和理论工作说理战斗性，批驳抵制"军队非党化、非政治化"和"军队国家化"等错误观点，维护以政权安全、制度安全为核心的国家政治安全。

下大气力解决问题积弊。一段时间以来，军队特别是领导干部在理想信念、党性原则、革命精神、组织纪律、思想作风等方面存在不少突出问题。这些问题不解决，拖下去、蔓延下去，军队就有变质变色的危险。要深入做好全军政治工作会议的"下篇文章"，整顿思想、整顿用人、整顿组织、整顿纪律，推动全军重整行装再出发。"树德务滋，除恶务本。"

（四）围绕能打仗、打胜仗拓展和深化军事斗争准备

习近平指出："能战方能止战，准备打才可能不必打，越不能打越可能挨打，这就是战争与和平的辩证法。"② 军事力量是维护国家安全的保底手段。必须紧握底

---

① 中共中央宣传部：《习近平总书记系列重要讲话读本》，学习出版社、人民出版社，2014，第140页。
② 中共中央宣传部：《习近平总书记系列重要讲话读本》，学习出版社、人民出版社，2014，第138～139页。

线思维，强化随时准备打仗思想，更加坚定自觉地抓备战、谋打赢，确保在军事上上得去、打得赢。

军事斗争准备是军队的基本实践活动，要牢牢抓住，须臾不能松懈。坚持把日常战备工作提高到战略高度，强化官兵当兵打仗、带兵打仗、练兵打仗思想，保持部队箭在弦上、引而待发的高度戒备态势。抓备战必须通盘考虑，统筹推进维护国家主权和安全、海上维权、边境维权维稳等各方向各领域军事斗争准备，不能顾此失彼。打仗在某种意义上讲就是打保障，要围绕实现全面建设现代后勤总体目标，努力建设保障打赢现代化战争的后勤、服务部队现代化建设的后勤和向信息化转型的后勤。武器装备是军队现代化的重要标志，必须坚持信息主导、体系建设，坚持自主创新、持续发展，坚持统筹兼顾、突出重点，加快构建适应信息化战争和履行使命要求的武器装备体系。

（五）全面实施改革强军战略

全面实施改革强军战略，要坚定不移走中国特色强军之路。深化国防和军队改革，是实现中国梦、强军梦的时代要求，是强军兴军的必由之路，也是决定军队未来的关键一招。坚持以强军目标为引领，贯彻新形势下军事战略方针，全面实施改革强军战略，着力解决制约国防和军队建设的体制性障碍、结构性矛盾、政策性问题，推进军队组织形态现代化，进一步解放和发展战斗力，进一步解放和增强军队活力，建设巩固国防和强大军队。

着眼于贯彻新形势下政治建军的要求，推进领导掌握部队和高效指挥部队有机统一，形成军委管总、战区主战、军种主建的格局。确立这一领导指挥体制改革的总原则，有利于在新形势下确保党对军队的绝对领导，确保军委高效指挥军队，确保军委科学谋划和加强部队建设管理。调整军委总部体制，由四总部改为15个职能部门，使军委机关成为军委的参谋机关、执行机关、服务机关。把七大军区调整划设为东部、南部、西部、北部和中部五大战区，组织战区联合作战指挥机构，健全军委联合作战指挥机构；组建陆军领导机构，成立火箭军，新建战略支援部队，着力构建军委—战区—部队的作战指挥体系和军委—军种—部队的领导管理体系。

（六）深入推进依法治军、从严治军

深入推进依法治军、从严治军，是全面推进依法治国总体布局的重要组成部分，是实现强军目标的必然要求。国家要依法治国，军队要依法治军。必须创新发展依法治军理论和实践，着力构建系统完备、严密高效的军事法规制度体系、军事法治实施体系、军事法治监督体系、军事法治保障体系，提高国防和军队建设法治化水平，为推进强军事业提供重要引领和保障。

强化法治信仰和法治思维，把法治教育训练纳入部队教育训练体系，把培育法

治精神作为强军文化建设的重要内容，将法治内化为政治信念和道德修养，外化为行为准则和自觉行动。依法治军的关键是依法治官、依法治权。领导干部要做依法治军带头人，自觉培养法治思维，尊法、学法、守法、用法，做到心有所畏、言有所戒、行有所止，按规则正确用权、谨慎用权、干净用权。

三、习近平强军思想体现的主要观点与方法

党的十九大报告指出，习近平新时代中国特色社会主义思想是全党全国人民的行动指南和思想武器，全军官兵必须牢固确立习近平新时代中国特色社会主义思想的根本指导地位，全面贯彻习近平强军思想，为实现新时代强军目标、建设世界一流军队努力奋斗。习近平强军思想是以习近平同志为核心的党中央，在指导建设强军事业伟大实践中孕育的科学思想体系，揭示了强军制胜的根本规律，闪耀着马克思主义思想方法的光辉，是指引强军事业发展进步的科学指南。用习近平强军思想武装头脑，根本的是要把蕴含其中的立场、观点、方法学到手，学会以正确思想方法观察分析处理重大问题，真正掌握实现新时代的强军目标、建设世界一流军队的思想武器。

（一）放眼世界，总体防御

中国的具体实际，任何时候都不是孤立于整个世界之外。实现中华民族伟大复兴的中国梦，关键是要把对国情的研究同对世界的研究密切结合起来，培养和树立一种世界眼光。习近平在领导国防和军队建设过程中，反复强调，要坚持从全局角度、以长远眼光看问题，放眼世界，放眼未来，也放眼当前，紧跟一切方面。强调当今世界正面临前所未有之大变局，我国正处于由大向强发展的关键阶段。我们越是发展壮大，遇到的阻力和压力就会越大，面临的外部风险就会越多。这是无法回避的挑战、绕不过的门槛。国家安全形势更趋复杂严峻，我国安全的综合性、联动性、复杂性、多变性更加突出，必须树立总体国家安全观，在国家总体战略中兼顾发展和安全。指出今天中国军队要成为真正的世界一流军队，就必须树立宏大历史视野，把握世界发展大势，聆听时代声音。强调各级指挥员要关注国际战略格局和我国周边安全形势的走向，跟踪现代战争演变趋势，把握现代战争指挥特点和规律。理解运用好放眼世界、总体防御的思想方法，我们就可以面对世界风云变幻，始终做到"不畏浮云遮望眼"。

（二）整体统筹，全面发展

习近平在领导国防和军队建设的过程中，总是善于从全局角度看问题，从整体上把握事物发展趋势和方向，形成了具有鲜明时代特点的整体统筹、全面发展的思想方法，体现了当代马克思主义者恢宏的战略思维。在目标引领上，鲜明提出"建

设一支听党指挥、能打胜仗、作风优良的人民军队"这一党在新时代的强军目标，明确了加强国防和军队建设的聚焦点和着力点，指明了建设巩固国防和强大军队的前进方向；在全面建设指导上，强调坚持政治建军、改革强军、科技兴军、依法治军，确立"五个更加注重"的军队建设发展战略指导，以实现更高质量更高效益更可持续的发展；在把握经济建设和国防建设关系上，强调经济建设是国防建设的基本依托，国防建设是我国现代化建设的战略任务，要努力推动国防实力与经济实力同步发展；在国防和军队改革问题上，强调要把军队改革纳入国家整体改革中统筹推进，要为今后20年、30年国防和军队建设打下基础；在军民融合问题上，强调军地双方都要站在党和国家事业发展全局的高度思考问题、推动工作，坚决防止"大利大干、小利小干、无利不干""愿意融别人、不愿意被别人融""我的地盘我做主"等不良问题和倾向。列宁说："要真正地认识事物，就必须把握、研究它的一切方面，一切联系和'中介'。我们绝不可能完全地做到这一点，但是，全面性的要求可以使我们防止错误和防止僵化。"贯彻落实整体统筹、全面发展的思想方法，主要是树立全面发展思维，在实现新时代强军目标、建设世界一流军队的伟大实践中，注重从事物的整体出发全面地分析和把握事物的全局及其发展过程。

（三）战略清醒，增强定力

有战略清醒，才能有清醒的战略决策；有战略定力，才能有坚定的战略实施。党的十八大以来，在习近平领导下，国防和军队建设取得长足进步和骄人成就。但与此同时，各种"威胁论""捧杀论"也甚嚣尘上，"乱花渐欲迷人眼"。习近平指出："越是在这样一个关键的发展阶段，我们越是要保持战略清醒，增强战略定力。"保持战略清醒，增强战略定力，既是思想原则也是科学的思想方法，是适应当今大变革时代不可或缺的一种软实力，要求我们面对错综复杂的国际国内形势始终保持战略清醒，始终毫不动摇地坚持党对军队的绝对领导这一不变军魂，始终保持制定军队发展规划时的冷静、谨慎与定力，始终保持应对复杂国际局势的平心静气与高瞻远瞩，始终注重在曲折发展中把握好变与不变的度。应清醒看到，目前我国军事实力还远远没有达到应有的水平，与维护国家安全的客观需求还有较大差距。我们必须始终保持清醒头脑，始终坚持稳扎稳打，确保军队改革和发展沿着正确的方向前进，确保军队维护国家安全的能力和水平不断提升。

（四）高度警惕，底线思维

底线思维是忧患意识在思想领域的集中体现，是对矛盾转化规律的科学认识，是基于积极主动进取的思辨方法和行动引领。习近平主席强调，要善于运用"底线思维"的方法，凡事从坏处准备，努力争取最好的结果，这样才能有备无患、遇事不慌，牢牢把握主动权。他强调，要高度警惕国家被侵略、被颠覆、被分裂的危险，高度警惕改革发展稳定大局被破坏的危险，高度警惕中国特色社会主义发展进程被打断的危险；强化忧患意识和底线思维，立足最复杂最困难情况。贯彻落实底线思维的思想方法，必须坚持问题导向，在深入分析已存和潜在不利因素中科学预判各种风险，防祸于未然；必须注重从"坏处"的外在联系看到争取"最好"结果的内在联系，系统做好军事斗争准备；必须明察"知底"，多措"托底"，确保底线遇到挑战时有决战决胜的手段"保底"。要把军事斗争准备牢牢抓在手上，须臾不可放松；努力构建能够打赢信息化战争、有效履行使命任务的中国特色现代军事力量体系，完善中国特色社会主义军事制度；建设与我国国际地位相称、与国家安全和发展利益相适应的巩固国防和强大军队。

（五）一分部署，九分落实

习近平在领导国防和军队建设过程中，既高度重视顶层设计和战略部署，又高度重视在实践中各个方面、各个环节的具体落实。从党的十八大到十八届三中、四中、五中、六中全会，我们党作出了包括国防和军队建设在内的一系列顶层设计和战略部署。在处理部署与落实的关系上，习近平率先垂范，狠抓落实，形成了"不受虚言，不听浮术，不采华名，不兴伪事"的治国理政风格。他强调"一分部署，九分落实"，要求各级领导干部以踏石留印、抓铁有痕的劲头，切实干出成效来；要求各级领导干部"发扬钉钉子的精神"，不折腾、不反复，切实把工作落到实处，作出经得起实践、人民、历史检验的实绩。

四、正确学习理解习近平强军思想应把握的要点

习近平关于强军目标的重要论述，是党的军事指导理论最新成果，为在新的历史起点上全面推进国防和军队建设提供了科学指南和基本遵循。学习贯彻习近平强军目标的重要论述，关键是要深刻领会贯穿其中的立场、观点、方法，特别是深刻把握蕴含的立党为公、执政为民的鲜明立场，辩证唯物主义和历史唯物主义的基本原理，实事求是、群众路线等思想方法和工作方法，学习领悟政治智慧、战略定力、进取品格、底线思维，真正把思想精髓学到手、学上心。

（一）始终贯穿强军兴军的历史担当精神

习近平反复强调要时刻以党和人民为念，以国家主权、安全、领土完整为念，以国防和军队建设为念，勇作为、敢担当，努力创造经得起实践、人民、历史检验的新业绩。面对国家安全遇到的严峻挑战，始终保持坚定的战略定力，坚决维护国家主权、安全和发展利益；面对深化改革的时代大考，敢于涉险滩、啃硬骨头，拥护我军这场整体性、革命性变革。习近平提出的重大战略思想、做出的重大决策部署、指挥的重大军事行动，都鲜明体现了当代共产党人的使命忧患和历史自觉，体

现了对党和人民的大忠大爱，体现了戮力复兴的责任担当。我们要勇敢承担起革命人的历史责任，以奋发有为的精神状态投身强国强军实践，跑好历史接力棒。

（二）善于从政治高度观察和处理军事问题

当今时代，军事和政治在战略层面的相关性和整体性日益增强，政治因素对战争的影响和制约愈发突出。习近平坚持运用马克思主义战争观，强调军事服从政治、战略服从政略，始终把军事问题放在实现中华民族伟大利益这个大目标下来认识和筹划；坚持总体国家安全观，适应国家安全战略需求变化，注重发挥军事手段在维护国家安全中的作用。在海上维权、边境维权维稳斗争中，习近平坚持从政治高度思考和谋划军事问题，坚持有理有据有节地开展斗争，坚持把军事斗争与政治、经济、外交斗争密切配合起来，有力捍卫了国家核心利益。我们必须强化政治意识、大局意识、号令意识，紧紧跟上党中央、中央军委的决策部署，时刻在大局下思考和行动。

（三）坚持以积极进取精神掌握战略主动权

战略能否赢得主动，关乎党和人民的事业成败。以习近平同志为核心的党中央领导制定新形势下军事战略方针，强调进一步前移指导重心，积极运筹各方向各领域军事斗争，加强海外利益攸关区国际安全合作，维护海外利益安全，更加注重营造有利战略态势；推进备战打仗，强调聚精会神钻研打仗，立足复杂困难情况，把各项准备工作往前赶、往实里抓，积极主动谋取未来战争的主动权；顺应世界新军事革命发展趋势，强调必须到中流击水，抓住机遇、奋发有为，不仅要赶上潮流、赶上时代，还要力争走在前列。我们要学习习近平主席深远经略、谋势造势的智慧胆识，积极进取、主动作为的意志品格，善于未雨绸缪，勇于担当任事，牢牢掌握工作主动权。

（四）强化求实务实的品格当好实干家

习近平主席反复强调，实干兴邦、实干兴军，干在实处、走在前列，践行"三严三实"要求，真抓实干、埋头苦干。习近平主席强军目标重要论述，通篇贯穿和体现着马克思主义的实践标准、党的实事求是思想路线、理论联系实际的科学精神和学风。习近平主席对国防和军队建设亲抓实抓，几年如一日、一环扣一环，推动各项建设和各项工作一步一个脚印、稳扎稳打向前走。这要求我们发扬钉子精神，在求实、务实、落实上下功夫，以抓落实的实际行动，不断推动各项工作向更高水平迈进。

❓ 思考题

1. 什么是军事思想？它有哪些基本特征？
2. 毛泽东军事思想的科学含义是什么？
3. 毛泽东军事思想从产生到发展经历了哪几个阶段？
4. 邓小平新时期军队建设思想包括哪些基本内容？
5. 江泽民对军队建设提出的五个基本要求是什么？
6. 新世纪、新阶段我军的历史使命是什么？

第四章 信息化战争

学 习 目 标

1.了解信息化战争的特点和特性。

2.明确信息化战争对国防建设的要求。

3.了解信息化技术在战争中的应用、演变和发展。

第一节　信息化战争概述

　　进入 21 世纪，高技术的迅猛发展和广泛应用，推动了武器装备的发展和作战方式的演变，促进了军事理论的创新和编制体制的变革，由此引发新的军事革命。在世界新军事变革浪潮的推动下，信息化战争作为一种新的战争形态开始登上人类战争的舞台。信息化战争最终将取代机械化战争，成为未来战争的基本形态。

　　信息化战争是信息时代的产物，是社会生产力发展到信息社会以后的必然产物。农业时代的战争，有信息但谈不上信息技术，信息的传递靠自然信道和人体信道，军队的指挥靠旗、鼓、锣、角和人的传信。工业时代的战争，出现了电报、电话、雷达等信息技术，可以用电磁波传递信息，为大空间、远距离作战开辟了道路。但这是机械化战争，并不是信息化战争。当战争中使用导弹这种信息化武器时，信息化战争就萌芽了；当导弹战与电子战结合运用的时候，信息化战争的威力已震慑世界军事领域；当战场信息基础设施已经完成，建立了 C^4ISR（即军队指挥自动化系统，指挥 command、控制 control、通信 communication、计算机 computer 和情报 Intelligence、监视 surveillance、侦察 reconnaissance 的简称）系统，建立了信息化部队（数字化部队），病毒、黑客这些数字化、程序化武器登上舞台并越来越发挥重要作用的时候，信息化战争也就形成了。

一、信息化战争的渊源

　　目前，对于战争形态发展的主要阶段有多种划分，有三形态、四形态、五形态、六形态、七形态等说法。

　　战争形态是指由主战兵器、军队编成、作战思想、作战方式等战争诸要素构成的战争整体。其中，主战兵器、军队编成、作战思想、作战方式等战争诸要素的变化决定了不同战争形态的特性。主战兵器决定着军队的编成、作战思想和作战方式的变化，并由此产生了不尽相同的战争形态。主战兵器是战争形态最显著和最重要的标志。按照这个定义，我们认为，战争形态可分为四种，即冷兵器战争、热兵器战争、机械化战争、信息化战争。

（一）冷兵器战争

　　冷兵器战争，主要指农业时代（公元前 21 世纪至公元 10 世纪），以青铜、钢铁等金属装备为主战兵器的战争。冷兵器杀伤作用的发挥依赖于人的体能，体能是冷兵器时代能量释放的基本形态。体能的大小决定了冷兵器作用力的大小。因此，在冷兵器时代，军队数量多，士兵的身体素质好就成了取得战争胜利的基本条件。由于冷兵器时代的武器是一种近体格斗的武器，同时又是通过人体施加的能量来发挥作用的，所以一支军队的人马多，纪律严明，那么在一般情况下这支军队释放的体能也就多，其战斗力就强。上述条件决定了冷兵器时代的战争形态是一种近体格斗的体能释放形态，其基本战术是集团冲杀、方阵队形、将对将、兵对兵，具有前后方界限分明、军队人数多等特点。

（二）热兵器战争

热兵器战争，主要是农业时代向工业时代过渡时期（公元 10 世纪至 19 世纪），以各种火器为主战兵器，集团火力攻防为主要作战方式的战争。热兵器时代是一种热能释放的形态，热能是一种化学能。这种能量的释放靠的是人与热兵器的结合。双方厮杀时，靠的是射击技术精湛，而不是体能的大小。军队在进攻或防御时，考虑的不是人的数量，而是计算进攻或防御的正面火力密度。这时取而代之的是散兵线、疏散队形和充分利用地形地物，讲究的是人与热兵器的最佳结合。

（三）机械化战争

机械化战争，主要是指工业时代（公元 19 世纪至公元 20 世纪末），以各种机械化武器装备为主战兵器，集团快速机动和火力攻防为主要作战方式的战争。机械化战争时代释放的是机械能和化学能。随着热兵器技术的发展，增加了新的军兵种，如空军、海军、炮兵、装甲兵等。新的军兵种的出现，必然带来诸军兵种联合作战的问题，于是协调一致、密切协同的原则和内容也极大地增加了，军队整体结构的优劣将直接影响能量释放的大小。

纵观人类社会至今出现的战争形态可以看出，战争形态随着人类社会的进步和科学的发展，其嬗变的速度越来越快，生成周期越来越短。在人类战争史的发展过程中，从冷兵器战争到热兵器战争经历了几千年，热兵器战争经历了几百年，机械化战争经历了 200 年，信息化战争的形成可能仅需要几十年。可以预见，信息化战争将成为 21 世纪的主要战争状态。

战争形态嬗变加快，对科学技术和军事上落后的国家来说，安全总趋势与以前相比将变得更加紧迫。西方发达资本主义国家十分重视主战武器的更新，企图以此作为战争先胜的条件。多年来，不惜投入大量人力和财力拼命研究先进武器装备，特别是先进的主战兵器，企图依据"武器时代差"作为威慑和先胜的条件。也正是这样，战场上主战兵器的飞速变化，使战争形态嬗变加速。反过来，由于"武器时代差"的出现，促使西方发达国家发动的局部战争呈频繁和激烈的趋势，有时甚至表现出令人难以置信的疯狂性和破坏性。作为与西方国家在政治、经济及意识形态上有根深蒂固的矛盾的发展中国家，安全形势变得比以前更加严峻。第三世界国家如果不加快改变落后状况，势必在武器装备上与西方发达国家扩大"武器时代差"，使自己在战略上长期处于被动地位。从北约打击南联盟军事行动的结局可以看出，第三世界国家如果不缩小"武器时代差"，其结果只能是避败，而难以谋胜。

对中国来说，当前中国人民解放军处在机械化任务尚未完成，同时又要努力向信息化过渡的特殊阶段。中央军委明确，军队现代化建设要完成机械化和信息化的双重历史任务，走跨越式发展的道路。要正确处理机械化和信息化的关系，以机械化为基础，以信息化为主导，以信息化带动机械化，以机械化促进信息化，推动军队信息化加速发展。《2006 年中国的国防》白皮书称，国防和军队现代化建设实行三步走的发展战略，在 2010 年前打下坚实基础，2020 年前后有一个较大的发展，到 21 世纪中叶基本实现建设信息化军队、打赢信息化战争的战略目标。

二、信息化战争的概念

信息化战争是一种全新的战争形态，不会改变战争的本质，但战争指导者必须考虑到战争的结局和后果，在战略指导上首先追求如何实现"不战而屈人之兵"的全胜战略，那种以大规模物理性破坏为代价的传统战争必将受到极大的约束和限制。

概 念 窗

　　信息化战争是指发生在信息时代，以信息为基础，并以信息化武器装备为主要战争工具和作战手段，以系统集成和信息控制为主导，在全维空间内通过精确打击、实时控制、信息攻防等方式进行的战争。它是以信息技术为核心，通过信息网络系统，综合运用作战保密、军事欺骗、电子战、心理战和实体摧毁等手段对敌方的信源、信道和信宿实施有效控制，继而瓦解或摧毁敌方战争意志、战争能力、战争潜力的军事活动。

信息化战争主要有以下五个方面基本特点：

一是时代性。在信息时代，有多种形态的战争，但信息化战争是最基本、最主要的战争形态。

二是交战双方至少一方是信息化军队，机械化军队或半信息化军队打不了信息化战争。自 20 世纪 90 年代以来发生的海湾战争、科索沃战争、阿富汗战争、伊拉克战争都不能称为信息化战争。

三是要使用信息化、智能化武器装备，各作战单元网络化、一体化。信息化武器装备体系包括杀伤性信息化装备、非杀伤性信息化装备、软杀伤性信息化装备、信息化作战平台和军事信息系统五大类。这五类武器装备将实现横向技术一体化。

四是要在陆、海、空、天、电等多维战略空间进行，特别是在航天空间、信息空间、认知空间和心理空间进行的战争要占相当比例。

五是在物质、能量、信息等构成作战力量的诸要素中，信息起主导作用，能严格调制在战争中表现为火力和机动力的物质和能量。在战争中，必要破坏和"流血暴力"依然存在，但附带破坏将降低到最低限度。

根据这五条标准判断，迄今为止发生的所有战争都还够不上信息化战争。要实现信息化战争，必须要实现信息化武器、信息化军队和信息化战场。

三、信息化战争的发展过程

信息化战争与人类其他社会活动一样，要经历一个从萌生、发展到成熟的过程。正确认识信息化战争的发展过程及其规律，有助于人们把握信息化战争的本质，从而确立军队的发展方向和建设重点，有针对性地推进战争理论的发展。

（一）信息化战争的萌芽期

时间为 20 世纪 60 年代至 80 年代，最具代表性的是 60 年代的越南战争、70 年代的第四次中东战争和 80 年代的马岛战争。

美军在 20 世纪 60 年代的越南战争中有以下突出的特点，一是投入了大批新式武器，如 F－105、F－111 和 B－52 轰炸机，运用了"百舌鸟""响尾蛇"新式导弹和激光制导炸弹等。激光制导炸弹在作战中首次使用就显示了神奇的威力，当时美军用普通炸弹轰炸越南清化大桥，出动近 600 架次飞机，投弹数千吨，也没有炸毁大桥。但在战争后期改用激光制导炸弹后，只用了 12 架次就将大桥炸毁。二是运用了电子战飞机与机载电子干扰设备，实施了广泛的电子干扰，为后来的大规模电子战勾画了基本轮廓。可以说从越南战争起，以后的战争几乎伴随着激烈的电子战。

第四次中东战争是埃及和叙利亚与以色列之间的一场战争，由于美、苏分别为作战双方提供了一些高技术武器装备，所以高技术特点比较明显。一是导弹战比较明显，由于采用了先进的制导技术，双方损失的 340 架飞机、300 多辆坦克大部分是被导弹击毁的，这预示着精确制导武器将主导战场。二是首次利用卫星进行战场侦察，使天战这一崭新的方式脱颖而出。美国发射了 18 颗侦察卫星，苏联发射了 10 颗，分别向以色列和埃及提供情报支援。卫星首次投入战场就发挥了重要作用。在战争初期以色列曾处于十分不利的地位，后来美国的"大鸟"侦察卫星侦察到在埃及的后方第 2、3 军团结合部之间有一段宽达 10 多公里的空隙，美国迅速将这一情报提供给以色列，以色列利用这一空隙切断了埃及的退路，从而摆脱了不利的境地，反败为胜。这说明卫星的空中支援已成为作战的一个重要内容。

1982 年 4 月爆发的英阿马岛战争，是一次高技术条件下的海空联合作战。突出的特点，一是在战争中第一次大规模地集中使用制导武器。交战双方共投入 17 种类型的战术导弹、制导鱼雷和制导炸弹进行对抗，由此改变了传统的"巨舰大炮"对抗的海战方式，在作战中制导武器发挥了重要作用。阿根廷有 73 架飞机被英军导弹摧毁在空中，占空中击毁总数的 84%，英军先进的"谢菲尔德号"驱逐舰和"大西洋运送者号"大型货船以及其他十几艘舰船都毁于阿根廷"飞鱼"导弹之手。二是指挥自动化系统发挥了巨大的作用。当美国侦察卫星发现阿根廷唯一的一艘万吨级巡洋舰"贝尔格拉诺将军"号正在马岛附近行驶，就及时将这一情报提供给英国特混舰队，该舰队立即制定了消灭巡洋舰的作战方案，并报送英国战时内阁。战时内阁批准了这一方案，特混舰队又把任务下达给靠近该舰海域的英国核动力潜艇"征服者"号。"征服者"号随即发射了两颗鱼雷，"贝尔格拉诺将军"号就此葬身海底。从这个例子可以看出，战争发生在海上，而情报却来自天上的侦察卫星。作战在南半球进行，而指挥命令却发自北半球。信息由空到地，由东到西，由南半球到北半球多次远程传递。这一切仅凭借感官是无法详察和控制的，必须依靠自动化的手段来实施指挥。

（二）信息化战争的雏形期

时间是 20 世纪 90 年代，以海湾战争为主要标志。海湾战争以机械化战争为主导，大规模机械化作战发展到极致，信息化作战初露端倪，信息化武器装备在战争中发挥了重大作用。海湾战争是机械化战争向信息化战争过渡的一个重要转折点。

海湾战争以精确制导武器为主实施了高强度的空中打击。这次战争一改过去以地面作战为主的方式，以空中打击为主，空战中使用精确制导弹药虽然仅占总投弹量的 9%，但却炸毁了 70%～80% 的目标，起到了战争的主角作用。空战中还有一个创举，那就是巡航导弹进入了空中打击的行列，多国部队共发射了 200 多枚战斧巡航导弹实施远程打击，在海湾战争中还进行了大规模的电子战。多国部队投入电子战部队人数达 5000 多人，电子战飞机和预警机 200 多架，从战前到结束进行了全方位的电子干扰。海湾战争中使用了先进的 C4I 作战指挥系统。多国部队投入战场的计算机就达 3000 多台，确保了快速、准确的信息传递。这次战争还使用了大规模的高性能侦察器材，共动用了 30 多颗卫星、130 多架侦察机以及大量的侦察器材，进行了地、空、天覆盖性侦察，保证了及时可靠的情报来源。它还使用了多种新型的夜视器材，使夜战的地位作用有了显著的提高，形成了连续作战的能力。

（三）信息化战争的成熟期

时间是 20 世纪末至今，最具代表性的是科索沃战争、阿富汗战争、伊拉克战争。1999 年 3 月，以美国为首的北约打着"人权高于主权"的旗号，对南联盟发动了科索沃战争。夺取信息优势、控制机动、精确打击成为战争的主导。一是在 C^4ISR 系统运用方面，实现了全球网络化、信息化、一体化，具备了跨军兵种、跨地域无缝连接和实时指挥控制能力。二是首次使用了电磁脉冲炸弹、计算机病毒、石墨炸弹等信息化武器装备。三是首次大批量使用了"JDAM"等精确制导弹药。通过科索沃战争，美军验证了信息战理论和联合作战理论，创新了全纵深精确打击作战理论、非对称作战理论、非接触作战理论等。

2001 年 10 月，美国以"反恐"为名发动了阿富汗战争。这场战争规模不是太大，强度也不是太高，但信息化程度和联合作战水平都很高。这次战争首次使用了侦察攻击型无人机、全球信息栅格，验证了网络中心战理论；首次使用了单兵数字通信系统、掌上电脑、光电侦察设备、地面传感器和 GPS 等系统，验证了信息化战争中的特种作战理论；首次使用了 GBU – 28 钻地炸弹、BLU – 118B 燃料空气炸弹等新型武器，验证了大规模毁伤性武器的可控性理论；首次实现了 C^4ISR 系统为主的全球一体化作战模式。

2003 年 3 月，美国发动了伊拉克战争。战争中，美国成功地验证了"先发制人"战略和"震慑"理论；创新了夺取信息优势、实施全频谱控制、联合对地攻击、精确闪击作战和快速决定性作战等作战理论；创新了地面作战中接触与非接触相结合、空中遮断及空中近距支援与地面快速推进相结合的战法。这为美军大规模信息化作战奠定了理论和实践基础。

经过这三场战争，美军的信息化战争理论得到了充分验证，加快了信息化军队建设的步伐。目前，美国陆军信息化装备已占 50%，海军、空军信息化装备已占 70%。美国的指挥自动化建设，一方面致力于全球信息栅格建设，另一方面还在研制 C^4ISR 系统中增加杀伤摧毁功能，使之成为 C^4KISR 系统。

第二节　信息化战争的特征

战争的时代特征决定于战争存在和发生的社会历史环境，战争的特点规律是战争时代特征的具体表现。尤其是当战争处在时代转换的过渡时期，只有抓住战争的时代特征，才能把握住认识战争特点规律的总方向。对信息化战争特点的研究，一直是世界各国军事学术研究的一个热点问题。在此归纳信息化战争的六大特点。

一、战争工具——信息主导

战争工具决定着战争形态，有什么样的战争工具，就会有什么样的战争形态。信息时代的战争工具主要是信息化武器装备，信息化武器装备的主要特征是实现了武器装备的信息化、智能化和一体化。

（一）能量结构

能量结构及能量释放方式是决定武器杀伤机理的基本要素。从能量构成要素来看，信息化战争中，战争能量从传统的体能、化学能、电能、电磁能、机械能、核能等物理能量转变为智能。智能是信息化战争中的主导能量，通过对其他物理能量的控制而产生效能。信息化战争中，机械时代的动力、平台、武器等仍具有重要作用，但能量释放结构产生了变化，电子信息装备由辅助性、保障性装备变为主导性装备，并通过系统方式渗透、融合到动力、平台、武器中去，对能量及能量释放的时机、方式、数量、比例等进行精确控制，从而达到投入最小、效益最高的目的。

（二）效能标准

机械化战争主要强调数量和规模的累加，信息化战争则强调质量对效能的控制。传统战争主要通过火力摧毁来达成杀伤破坏的目的。信息化战争中，信息技术除对多种不同能量和武器装备进行融合外，还可对能量释放效能进行有效控制，控制的结果更加精确，能够通过较少的能量释放获取极大的作战效果。因此，在战斗毁伤效能方面，不再强调装药量的多少，而是突出精确有效的原则。精确高效的度量指标是效费比。高效费比是指在战争中投入较少、效益较高，通常可达 1∶10 以上。要想达到这样的目的，必须提高武器的命中精度。

二、战争力量——整体凝聚

（一）系统集成

信息化战争中，作为主要武器装备的 C^{4}ISR 系统、信息战装备、精确制导武器和信息化作战平台，通过全球信息栅格进行无缝连接之后，将形成全维度、全天时、全天候的一体化、实时化作战体系。在这样的作战体系中，传统战争中那种贪大、求全和追高的观念将没有任何意义，因为品种、规模、性能不再是提高作战效能的关键性要素，系统集成和横向一体化成为最关键的要素。武器装备品种再多、规模再大、性能再好，如果不能并入系统，则不可能发挥作用，在战场上不仅不能形成战斗力，反而将成为被打的目标。信息化战场是一场系统对抗的战场，拥有完善的信息化作战体系的一方能够控制作战手段，灵活选择目标并控制战争进程和节奏；没有相应信息化作战体系的一方，则将群龙无首、一盘散沙，虽数量众多但没有灵魂，难以形成作战效能。

（二）信息控制

机械化战争中，战争力量主要表现为物质力量。信息化战争中，智能和知识处于力量凝聚的核心和主导位置，战争力量的凝聚主要依靠信息控制。从力量要素来看，信息化武器装备成为主导性要素，传统的机械化作战平台地位下降。力量的凝聚，必须是在掌握制权优势，尤其是在夺取并控制信息优势和空天优势的前提下进行的。只有这样，才能确保在准确的时间，把所需的力量准确地调整到准确的地点和方向，对目标进行精确打击。信息化战争中，指挥艺术和军事谋略仍非常重要，但重点偏向两个方面：一是战略层面交战双方的排兵布势、斗智斗勇和战略欺骗；二是战役战术层面的自动化指挥和控制。

三、战争时空——多维一体

（一）时间加速

在信息化战争中，弹道导弹速度达到 15 马赫，战术导弹速度达到 3~5 马赫。然而，比这个速度更快的是光速和电磁波速度，每秒钟 30 万公里，所见即所得。只要眼睛看见目标，就意味着这个目标会立即被击毁。

（二）空间融合

冷兵器战争和热兵器战争，都是在平面单维空间内进行的战争。机械化战争不断向空中、海洋、水下、太空和电磁空间拓展。信息化战争仍然需要分别制权，各军兵种仍可继续主宰各自传统的作战空间，所不同的是在时间、空间和力量诸要素之间，必须统一标准，实现互联、互通、互操作，最终形成一个相互融合的体系。这样一个横向一体化的网络体系建立起来之后，陆、海、空、天、电等相互分离的作战空间将成为一个全维一体的作战空间。在这个全维空间内，战场是流动的，信息是实时的，时间、空间和力量等诸要素是融合的，力量的运用将非常灵活而且可调、可控。

四、战争实施——精确打击

（一）全频谱控制

传统战争中，战争的实施主要依托作战指挥方式和作战手段的运用。信息化战争中，传统的战场概念将不复存在，依托于特定战场和特定军兵种而萌生的作战方式也将自然消亡。届时，精确控制将成为信息化战争的精髓。精确控制主要是全频谱控制战，侧重进行战略信息战和战场信息战，目的是对全维空间、全频谱信息、全部作战力量和战争资源进行有效控制。控制的结果有两个：对己方而言，通过系统集成使力量倍增，作战效能呈指数增加；对敌方而言，通过控制使之处于瘫痪，部队因失去指挥而成为乌合之众，兵力兵器因失去空间将无法机动，因失去时间只能坐失良机、被动挨打。

（二）精确打击

精确作战从量变到质变经历了半个多世纪，跨越了三个历史阶段。第一，从近距厮杀到火力毁伤。第二，从面杀伤到点摧毁。精确制导武器在战争中的使用比例从越南战争中的0.2%、海湾战争中的8%，提升到伊拉克战争中的70%。第三，从精确摧毁到实时打击。伊拉克战争中使用的精确制导武器，已经具备了三种能力：一是自主攻击能力。发射后不管地物背景多复杂，它都能自动寻找并摧毁目标。二是实时攻击能力。从发现目标到打击目标实现一体化，武器反应时间趋于实时。三是防区外发射能力。作战平台可远离威胁区使用武器，既能准确打击目标，又可实现自我防护。

五、战争保障——多维保障

（一）精确保障

从保障对象上看，冷兵器战争中，人是战争中保障的主要对象。热兵器和机械化战争中，作战平台和枪炮弹药等武器成为保障的主要对象。信息化战争中，侧重于智力、知识、信息、网络的综合保障，在此基础上加强对保障要素的融合与控制。由于信息化武器装备与机械化武器装备是相互融合的，所以机械化战争中保障的要素大部分将继续存在下去，但必须用信息化理念、网络和软件加以改造，使所有保障要素融入作战体系中去，从而达到有效控制和精确保障的目的。

（二）多维保障

传统战争中，战场建设和战争动员是战争力量的重要组成部分。在信息化战争全维保障的情况下，战场建设将更具备军民两用的特征，而且平时和战时必须实现快速转换。随着战争持续时间急剧缩短，传统的战争动员模式必须改变，在时间上强调快速动员，在内容上重视信息动员，在方法上突出预储预置，以满足战争对快速保障的需求。

（三）力量保障

信息化战争中，更加强调质量效能，质量表现为知识，效能表现为控制，数量、规模依然重要，但将是有知识、能控制的数量和规模。战争不再是军人的专利，以计算机和网络为核心的军事装备也不再是军队的专属，最先进的技术可能最先使用于民用装备。因此，保障力量表现为信息化保障，这种性质的保障难以区分军用还是民用。所以，军队专有保障开始向社会化保障发展，专业清晰、分工明确的机械化保障开始向专业模糊、系统集成的信息化保障推进，用来进行实际作战的兵力兵器越来越少、越来越精，而软件设计、网络控制、信息资源、装备维修等保障力量明显增加，"牙齿"越来越锋利，"尾巴"越来越粗壮。

六、战争制胜——人机融合

（一）人机一体

信息化战争中，人的智能与武器的性能融为一体，赋予武器以智慧和灵性。信息化武器不再是"傻大黑粗"的机器组件，而是具有人工智能、会思考、能判断，可以自动发现、识别和打击目标的机器人。"战斧"巡航导弹、JDAM 卫星制导炸弹等都是这样的机器人武器。人的高超智慧、指挥艺术等可先期融入武器系统中，也可在作战过程中通过对武器的实时控制来提高其作战效能。这样的智能化武器与机械化武器装备最大的不同，就是专属性增强。未来战争需要更高素质的人才，没有知识、没有文化的军队是愚蠢的军队，愚蠢的军队是无法打赢信息化战争的。

（二）自动控制

全球信息栅格建成之后，在战役战术层面将实现自动化实时指挥，人工干预、边想边干的指挥模式越来越少。指挥艺术和军事谋略在很大程度上表现在战前的作战运筹和战中的战略性交战，甚至被融入人机交互系统、专家知识库系统和武器智能制导系统中去。因此，指挥层次越来越少，指挥效能越来越高，呈现实时化、扁平化、一体化特征。战略指挥员直接指挥到单兵、单舰、单机的现象越来越普遍，战略性战斗将成为信息化战争中的主要作战样式。

第三节　信息化战争的发展趋势

目前，正处在一个从机械化向信息化的转型时期，这是一个非常重要的时期，只有努力探寻信息化战争的发展规律，从而把握发展趋势，制定战略决策，才能在信息化战争中立于不败之地。

1991 年的海湾战争，美国的未来学家阿尔文·托夫勒，将其称为"硅片对钢铁的战争"，这也是我们现在所说的信息化战争的雏形。通过近 20 年的研究，中外军事专家和未来学家共同认为，信息化战争的成熟期大约要到 21 世纪中叶才能到来。因此，现在要准确把握其发展趋势还比较困难，但从可预期的信息技术和军事理论的发展状况来看，其发展趋势主要体现在以下几个方面。

一、传统的战争内涵将得到极大的拓展

传统的战争主要是为了达到一定的政治、经济目的，使用武力进行的暴力斗争。

而信息化战争将在战争的目的、主体、层次、暴力性等方面发生重大变化,战争的内涵将得到极大拓展。

(一) 从战争目的来看

战争的起源最初是为了吃饱肚子,原始社会是为了获得更多的生产资料,随着时代进步,战争的目的就变为了土地、能源、矿产等有形资源,海湾战争、伊拉克战争的最终目的就是为了石油资源。在未来信息化战争中,信息、知识等无形资源将成为新的战争目的。美国科学家预测,"计算机中一盎司硅产生的效益将比一吨铀还大"。同时知识和信息等因素已成为经济全球化优化配置的主导因素,因而战争双方的目的将更加倾向于争夺无形资源。

(二) 从战争主体来看

信息化战争时代,除了以军队为主体进行传统意义上的战争之外,每个人、每台计算机都可能成为一个有效的作战单元,因此,其主体既可能是军队,也可能是社会团体,还可能是个人、恐怖组织、犯罪集团和宗教极端分子等。"9·11"事件之后,美国发动阿富汗战争,其战争的主体就是对付塔利班恐怖组织。

(三) 从战争的层次界限来看

信息化战争已将传统战争中的战略、战役、战斗这些层次趋同化,因为信息化武器装备系统的大量使用,小规模的作战行动和高效的信息进攻行动就能够达成一定有效的战略目的。科索沃战争中,战略性空中打击构成了最主要的战争行动,地面战争几乎没有发生过。

(四) 从战争的暴力性来看

"软杀伤"将更多替代暴力对抗。战争双方通过电磁、网络、心理等攻击手段,即可使对方的信息系统和公共基础设施陷入瘫痪,动摇军心和民心,也可能把自己的意志强加给对方。这也充分体现了孙子的"不战而屈人之兵"的思想。

二、国家战略能力将成为战争制胜的基础

战争历来都是综合实力的竞赛,信息化战争也不例外。要打赢信息化战争,不仅需要强大的军事能力,还需要政治、经济、科技、文化、外交等因素结合在一起的国家战略能力。

历史上凡是被打败的国家和民族都是缺乏国家战略能力的国家和民族,国家战略能力落后就要挨打。有人说,经济落后要挨打,但日本侵华战争就是在中国经济发展较快的时候发生的。还有人说,文明落后就要挨打,但大宋却被北方契丹部落取代,古罗马被北方蛮族部落取代。军事力量强就能不挨打?也不尽然。法国马其

诺防线，在法国人眼中固若金汤，而在德国人眼中却毫无国防意识。也有人说不民主就要挨打，古代民主的雅典却败在专制的斯巴达脚下。

所以国家战略能力，是一个国家要进行战争或应对突发事件时所能调动的各种力量的总和，包括由经济实力、国防实力、民族凝聚力构成的全部综合国力，以及使其能在较短时间内迅速聚合并发挥出来的国家战略组织力。

三、军队组织将高度小型化、一体化、智能化

军队是进行战争的主要力量，它的组织结构和编制体制是随着军事技术、武器装备和作战理论的发展而不断发展的。自从世界上出现战争以来，军队的组织结构和编制体制经历了一个从简单到复杂、从粗放到精密的发展过程，也就是从农业时代由步兵、车兵、骑兵和水兵发展到现在的陆、海、空三军合成化军队。在人类社会由工业时代向信息时代发展的过程中，伴随着信息技术发展和军事变革的步伐，军队将向小型化、一体化和智能化方向发展。

（一）军队的规模将加速小型化

在冷兵器战争和机械化战争中，由于受到武器装备和军队作战能力的限制，一般要经过长时间和大规模的作战，才能达成战争目的。在未来信息化战争中，信息化武器装备的广泛使用将极大地提高军队的作战能力，小规模的高度一体化和智能化的军队就能完成过去由数量庞大的军队才能完成的战略任务。所以，未来的信息化军队在组织体制上将向两个方面发展。一是体现在全球武装力量总体规模越来越精干化。二是体现在指挥体制日益偏平化。为了适应信息化战争对指挥控制的要求，发达国家的军队正在把指挥体制由以前的"树"状指挥体制向扁平型"网"状指挥体制转变。这种指挥体制的结构特征是：外形扁平、横向联通、纵横一体。其目的是减少指挥层次，提高命令效益。克劳塞维茨在《战争论》中说道：增强任何传达命令的新层次，都会削弱命令的效力。

（二）军队的编成将高度一体化

在农业时代，军队按照作战和运输工具编成步兵、车兵、骑兵和水兵，各兵种之间的协同非常简单。在工业时代，军队主要按照作战空间和作战职能进行编组，形成陆、海、空军三足鼎立的军种体制。由于兵种不断增多，内部组织结构和相互关系日趋复杂，各军种之间以及军种内部各兵种之间的协同变得非常复杂和困难，成为制约军队整体作战能力的瓶颈。进入信息时代，军队编成将根据系统集成的思想，建立"超联合"的一体化作战部队。也就是打破传统的军种体制，按照侦察监视、指挥控制、精确打击和支援保障四大作战职能，建成由探测预警子系统、指挥控制子系统、精确打击与作战子系统和支援保障子系统组成的一体化作战系统。按

照这个思路构建起来的信息化军队，将使各种作战力量真正实现相互融合，从而能够实施真正意义上"超联合"的一体化作战。

（三）军队的指挥和作战手段将高度智能化

在农业时代，军队的指挥手段十分简单，将帅根据从战场和敌后收集的情报做出决断，再通过传令官来传递命令；作战手段主要是使用冷兵器进行搏杀。在工业时代，随着军队组织结构的迅速发展和作战规模的不断扩大，军事指挥日益复杂，各级作战指挥机构应运而生，作战指挥工具和军事信息的获取、传递和处理工具从手工化发展到机械化和自动化；作战手段也从冷兵器搏杀发展到机械化武器装备的对抗。进入信息时代，由于信息技术在军事领域的全面渗透和应用，军事指挥和作战手段将实现高度智能化。一是指未来军队指挥控制手段的高度自动化和智能化，其标志是 C^4ISR 系统的高度成熟与发展。战争离不开指挥，一部战争史从某种意义上来说就是一部完整的指挥史。随着未来信息技术的不断进步，指挥、控制、通信、计算机与情报、侦察、监视等手段将更加成熟和完善。二是大量的智能化武器系统和平台将装备军队并投入作战。在未来信息化战争中，智能化弹药，无人驾驶的坦克、飞机将规模化投入战场，尤其是随着纳米技术的发展，微型或超微型机器人可能大量投放于战场，代替人在战场上执行各种作战任务。正如托夫勒所言："机器人，就和卫星、导弹、高科技的'精巧战'一样，不论我们是否有所准备，都会在未来的第三次浪潮文明的战争形式中拥有它自己的位置。"

四、软杀伤与硬摧毁有机结合将成为作战的普遍法则

在未来信息化战争中，软打击与硬杀伤组合运用将成为信息化作战的鲜明特征。这种有机结合，主要体现在三个方面。

（一）电子杀伤与物理摧毁并举

现代几场局部战争表明，暴风骤雨般的电子压制通常是战争开始的序幕，然后伴随强大的火力打击和硬杀伤。例如科索沃战争中，北约针对南联盟防空系统的电子压制铺天盖地，使南联盟的防空作战难以进行，制空权完全丧失。在进行电子软杀伤的同时，北约针对南联盟的军事指挥系统和重要的民用目标进行物理硬摧毁，造成南联盟交通瘫痪、电力和通信系统中断，直接影响了南联盟军队的作战指挥。可以预见，在未来信息化战争中，软硬一体化的电子对抗必将成为争夺战场主动权的关键。

（二）网络攻击与火力攻击并重

传统战争中，集中兵力与火力对敌实施硬打击是夺取胜利的基本方法。而在信

息化战争中，火力打击作为一种硬打击仍然发挥重要作用，但网络攻击等新的杀伤方法，将成为主要的制胜手段。通过计算机病毒、黑客攻击等手段，可以导致计算机系统和网络瘫痪，从而造成作战体系的瘫痪。对于没有网络和信息优势的一方，通过硬打击破坏敌方计算机系统和网络节点，可以削弱对方的优势，提高己方的作战效能。

（三）心理战与歼灭战结合

信息化战争中的心理战贯穿战争的始终，可以极大地震撼敌方军民的心理，甚至摧毁和剥夺敌方的抵抗意志，从而极大地提高战争效益。

五、网络中心战将成为信息化战争的新样式

网络中心战，是指利用网络信息系统，把地理上分散部署在陆、海、空、天广阔区域内的各种探测系统、指挥系统和武器系统，集成为一个一体化的作战体系，使各级作战人员能够利用该网络共享战场态势，交流作战信息，指挥与实施作战行动。网络中心战的核心是将力量从过去的以平台为中心转移到以网络为中心，强调以网络为基础的作战信息的获取及快速传输，使广泛分布而又紧密联系的传感器、指控中心和武器在各自的位置上做出迅速的反应，合理地决策和实时地采取行动，由此而增强部队的必胜信心和总体作战能力，并制约敌方获得先机的可能性。

从全球范围来看，只有少数发达国家的军队将来会有打网络中心战的能力，但是网络中心战作为未来信息化战争的一种崭新样式，无疑具有巨大的作战潜能和应用前景。美国是最早研究和提出网络战的国家，其在 2009 年就专门建立了网络战司令部，英国、日本、印度也先后建立了自己的网络战机构和部队。2011 年 3 月，美国国务卿希拉里在华盛顿大学提出了"网络自由"，这无疑给我们的思想带来了一次冲击。2015 年 4 月，美国情报高级研究计划局公开了 Memex 项目，该项目致力于开发下一代网络搜索技术，捕捉暗网中成千上万通常被商业搜索引擎忽略的隐藏网站，并最终绘制出"全景式"因特网地图。美陆军建立的网络靶场已于 2015 年夏末投入使用，可节省从制订训练计划到实际操作所需的时间和成本，为陆军人员提供真实的作战环境。但战争史也表明，有矛就有盾，网络中心战依托的庞大网络化系统，必然存在难以克服的技术弱点和易受攻击的死穴，在网络中心战逐步形成的同时，网络瘫痪战也在同步发展。未来信息化战争中，以网络为中心的较量将异常艰巨和激烈。

第四节　信息化战争对国防建设的要求

信息化战争，顾名思义是信息时代的战争，其作战工具、作战手段、作战样式、作战形式都发生了前所未有的变化，形成了有别于传统战争的新特点，显露出自身的特殊规律。为适应信息化战争的需要。本节主要从信息化战争对国防建设要求的实际出发，以新的"防御战略"指导思想为核心，在谋求理论创新、科技强军战略、实现跨越式发展、人才战略工程等方面作简要阐述。

一、以新的"防御战略"指导思想为核心

中央军委从国家利益出发，适时调整和完善了我军军事战略方针，根据我国的国情，必须坚持和发展"积极防御"战略指导思想，这是我国信息化战争的核心指导思想。"积极防御"这一战略方针在信息化战争条件下，被赋予了新内涵，我们要与时俱进，去研究新问题、新特点，迎接新挑战，树立新观念。

（一）严格服从政治的需要

由于信息化战争的手段能够针对战争全局，并迅速产生重大影响，战争的决策者必须站在国家利益的高度，准确判定战争威胁的性质、程度、方向等情况，根据政治、外交斗争的需要，决定国家在军事上的反应程度。因此，军事行动必须以国家政治斗争目的为依据。这就是说，战争要服从和服务于国家政治斗争的需要，确定信息化战争的军事目的、作战目标、作战方法、指导原则等，要在政策允许的范围之内筹划军事活动，确实做到慎重组织、严格控制，不打则已、一打必胜，速战速决，要使敌人屈服或让步，为政治解决创造有效的条件。

（二）周密谋划战争全局

信息化战争的战场上情况多变，战场空间广阔。各种武器装备既综合运用又各成系统，同时军事战争与政治、外交、经济的斗争手段融为一体，作战保障复杂，技术性强。所以战争决策者必须具备高超的指挥才能和精湛的谋略艺术，对信息化战争进行全面、周密的谋划，实施正确的战略指导。一要创造有利的作战环境。在战争力量的使用、作战手段的选择、各种斗争方式的配合，特别是地形和气候条件的利用方面要精心谋划，积极创造战机，形成有利的战略态势，赢得战争的胜利。二要充分预见各种复杂情况，针对可能出现的意外情况做好准备，才能从容应付，积极谋取和保持战略主动权，达到随机应变而取胜的目的。三要主动把握战争进程，

注重战争阶段的谋划，要有连贯性，以便给敌人连续不断地攻击，不给敌人喘息和还手之机，力争速战速决。

（三）注重综合整体的威力

信息化战争不只是诸军兵种作战能量的联合，而且是各种作战力量、各个作战空间、各种作战方法、各个斗争领域的大融合，目的是为了最大限度地集中和发挥国家的整体威力和综合效能。说明白了，就是人民战争思想在未来信息化战争中的运用。要打好一场信息化整体战，要掌握好两个突出的特点和要求：一是在技术上既要组织自己的信息化作战，又要对付敌人的信息化作战，更要注重发挥整个社会的技术优势，特别是信息优势，形成整体综合作战能力；二是在地域上，必须把国家的整体优势聚合在交战的主要地区，形成整体合力，构建陆、海、空、天、电一体的多维战场体系，最大限度地发挥整体威力，打赢信息化战争。

（四）加强信息化战争的准备

信息化战争具有爆发突然、进程短促、战场广大、体系对抗等特点，几乎没有双方态势优劣、力量强弱转换的时间和空间，战争之际就可能直接进入战略性的战役高潮。战争的胜负在很大程度上取决于战前的各种准备。自古以来，军事家们都很强调有备才能无患。孙子曰："无恃其不来，恃吾有以待也；无恃其不攻，恃吾有所不可攻也。"在信息化战争中，只要我们善于积极筹划备战，营造有利的战略态势，就能打赢高技术的信息化战争。信息化战争准备的内容十分广泛，对我国奉行的"防御政策"来说，主要是政治、经济、军事、高科技等方面的准备。

二、以谋求打赢信息化战争理论创新为前提

2016 年 12 月 3 日，习近平总书记在中央军委军队规模结构和力量编成改革工作会议上发表重要讲话。他强调，军队规模结构和力量编成改革的总体思路是，推动我军由数量规模型向质量效能型、由人力密集型向科技密集型转变，部队编成向充实、合成、多能、灵活方向发展，构建能够打赢信息化战争、有效履行使命任务的中国特色现代军事力量体系。

（一）改善军事理论创新的机制

信息时代是人类战争史上竞争空前激烈的时代，是一个孕育着人类创新的伟大时代，我们要适时抓住有利机遇，只争朝夕地创造一个宽松的环境和机制，做到：一要激励军事理论创新精神，形成人人爱科学、学科学、争当科技专家的良好氛围，用科学理论、科学方法、科学知识来发展我们的军事理论。二要改善军事理论创新条件，运用虚拟现实技术，建立作战实验室，把计算机自动推理与专家经验相结合，

为军事理论创新提供新的空间和新的方法。三要营造宽松的军事学术争鸣环境。"百花齐放，百家争鸣"的学术环境就是要造就敢于提出新思想、新概念、新理论的专家型、学者型、创新型的军事人才。四要建立健全竞争激励机制，使各种优秀人才和有价值的成果脱颖而出。不论学历、资历、年龄、职位，有创新成果的人才，就能得到奖励重用，这样就能形成人人创新、善于创新、敢于创新的新局面。

（二）积极探索适应新形势的理论体系

当前，国际形势正处在新的转折点上，在这个前所未有的大变局中，军事领域的发展变化广泛而深刻。这场军事领域的发展变化，以信息化为核心，以军事战略、军事技术、作战思想、作战力量、组织体制和军事管理创新为基本内容，以重塑军事体系为主要目标，正在推动新军事革命深入发展，其速度之快、范围之广、程度之深、影响之大，为第二次世界大战结束以来所罕见。

这场世界新军事革命是全方位、深层次的，覆盖了战争和军队建设全部领域，直接影响着国家的军事实力和综合国力，关乎战略主动权。我们必须努力建立起一整套适应信息化战争和履行使命要求的新的军事理论、体制编制、装备体系、战略战术、管理模式。

（三）扩展我军理论创新成果

当前，我军军事斗争准备进入关键发展时期，中国特色军事变革正在加速推进，对创新发展军事理论的需求日益迫切。因此，我们必须紧跟世界新军事潮流，着眼于我们面临的种种重大现实难题，突出针对性、前瞻性和实效性，关注如何为打赢信息化战争进行理论创新，如何按照信息技术发展建设信息化战争军队，然后健全信息化战争的国防动员机制等，切实拿出实在管用的理论指导成果，为我军官兵履行新的使命、驾驭信息化战争提供科学的思想武器。

三、以科技强军战略为条件

打什么样的战争，就要建什么样的军队，工业化时代的机械化战争需要建设的是以大炮、坦克、飞机、舰艇为基础的机械化军队。在未来信息化战争中，要坚定不移地执行科技强军战略，全面提高信息化水平，才能在新军事变革中抢占先机。

（一）以信息技术创新为动力

军队建设以突出信息化技术为核心，瞄准世界科技发展前沿，加快以信息技术为主的创新步伐，为我军现代化建设提供科技支撑力，促使机械化武器向信息化武器系统演进，由此催生信息化战争的新机理、新样式、新变革，提高以信息技术为核心的高新技术创新动力。

（二）提高军队信息技术含量

提高军队信息技术含量，就是要依靠信息技术建设军队，把军队现代化的着眼点放在提高军队信息技术含量上，充分发挥信息的作用，大刀阔斧地改变工业时代围绕"火力和机动力"军队建设的旧观念，确立信息化在军队建设中的中心地位。充分利用信息革命的成果武装军队，全面实现"看得见、传得快、打得到、打得准"的军队信息化作战能力，使我军成为能实时获取信息、实时传输信息、实时利用信息、实时准确攻击目标的信息技术含量较高的人民军队。

（三）建立信息化的装备体系

信息化装备体系是一个以信息为基础，以信息技术做支撑，以指挥控制系统为核心，以信息化、智能化为特征，集软杀伤和硬杀伤为一身的一体化武器装备体系。它由信息化武器系统、信息化指挥控制系统、信息化士兵系统、信息化保障系统四大部分组成，这是军队打赢信息化战争的物质基础，是军队现代化建设的核心内容。随着战争形态的发展变化，武器装备在战争中的制胜作用越来越大，未来的信息化战争就是交战双方武器装备体系的较量，谁缺少信息化装备配套，形成不了体系，谁就要吃大亏。我军必须在信息化装备建设中加大投入，构建研制信息化装备平台，控制和利用好信息资源，以信息流控制物质流，使研发的武器装备向更加精确、更加灵活、更加可靠、更加及时的方向发展，随时应付复杂的局部信息化战争。

（四）强化信息化作战训练

军队必须突出以信息化为主导，就要求在教育训练上突出信息化作战训练，加强培养信息化作战人才，提高军队信息化素质。这是我军现代化建设的重要内容，也是能否打赢未来信息化战争的关键。军队信息化水平高，表现在以下几个方面：一是信息意识强烈，具备获取信息的强烈愿望，善于运用多种方法、多种渠道采集信息；二是信息技术水平较高，熟悉敌我双方信息武器装备的技术性能，熟练操控与个人本职岗位密切相关的现代化指挥工具，特别是指挥自动化系统；三是熟练掌握处理信息的方法，善于在鱼龙混杂的信息海洋中，正确区别各种信息。在训练中特别注意采用先进信息技术，综合运用模拟仿真、网络对抗等信息化训练手段和方法，强化信息知识和信息技术的学习，加大信息作战训练内容，提高信息化作战的能力，达到打赢信息化战争的目的。

四、以实现武器装备跨越式发展为途径

在世界新军事变革浪潮的冲击下，世界各主要国家纷纷调整军事战略，加快军队信息化建设的步伐，迅速形成了以信息技术为主要标志的竞争新态势，因此，我军必须跳出传统的思维圈子，以新的理念走跨越式发展之路。

（一）以创新的思维确立跨越式观念

俗话说，"机不可失，时不再来"。我军的现代化建设要紧紧地抓住 21 世纪头 20 年这个重要战略机遇期，充分利用国际相对和平的环境，借鉴发达国家信息化技术的有益经验，坚持以机械化为基础，以信息化为主导，用信息化带动机械化，实现我军现代化建设的跨越式发展。

（二）高起点实现发展阶段的跨越

我军的现代化建设，起点要高，应尽量抛弃工业时代的机械化模式，努力追求信息时代需要的新型机械化，使新型机械化与信息化紧密结合，努力跨越新型机械化的某些发展阶段和信息化的某些发展阶段，真正进入与世界发达国家军队同步发展的轨迹，实现真正意义上的跨越。

（三）努力抢占新时代的制高点

人类经过了冷兵器战争、热兵器战争、热核兵器战争形态后，已进入"精确制导＋超级数据处理＋核威慑"下的高科技形态的战争阶段，我们要站在高处，预测信息化之后将出现什么样的"新兴技术形态化"战争。可以肯定，信息化战争不是人类军事形态发展的终结，紧跟其后必将有一种"新化"的诞生，因为人类全新的科学技术群体会呈现出革命性更强、突破性更大、周期更短、发展速度更快的趋势，全新的科技群体必将进一步改变人类社会生活的总体面貌，也必将全面改变人类战争的方式和样式。在这个过程中，"新兴技术形态化"可能提前到来，所以我们要高度关注后信息化军事形态和发展，在努力实现信息化技术武器装备跨越式发展的基础上，拼抢下个时代的军事制高点，以实现真正具有跨时代意义的超越式发展。

五、以实施人才战略工程为保障

驾驭信息化战争，人才是关键。高素质、复合型、创造力是对新型军事人才培养目标的科学定位。

（一）树立新型军事人才制胜的观念

《2004 年中国的国防》白皮书指出，实施人才战略工程的目标是"五支人才队伍的建设"，就是要培养大批具有良好的全面素质的指挥军官队伍、参谋队伍、科学家队伍、技术创新专家队伍和士官队伍，因为信息技术和知识已成为战斗力要素，作战要靠信息化人才来谋划。美国陆军上将沙利文指出："即使在信息时代，主导战争行动的仍然是人。"可见拥有先进武器装备的西方发达国家更加重视人的因素，强调人才制胜。我国在武器装备不如一些发达国家的情况下，既要加速发展信息化武器装备，更要注意提高人的素质和能力，充分激发人的谋略智慧和战斗精神，强调人才制胜的发展战略。

（二）确立新型军事人才素质指标要求

军事人才应当具备怎样的素质才能驾驭信息化作战部队和掌控综合集成的武器装备，是信息化战争发展趋势对当代军事人才提出的严峻问题。由此可见，信息化战争对人才的要求不同于以往任何形式的战争较量，要求更全面的高素质人才。因此，我们必须依据信息化战争的发展趋势来确立新型军事人才的素质标准。我们将其归纳为优秀的政治思想、深厚的军事理论、灵活的战略思想、先进的军事技术、高超的军事指挥这五种素质和深邃的洞察、准确的预测、果断的决策、灵活协调、及时应变、大胆创新这六种能力。总之，培养新型军事高素质人才必须善于运用新的科技成果、科技手段和先进国家的成功经验，追踪高技术前沿，执着追求、敢为人先、打破常规、突破定式、抓住机遇，迎接新挑战，找到新办法。

（三）改进新型军事人才的培养模式

众所周知，信息化战争具有智能化、一体化的特征。这就要求各级指挥员要具备雄厚的知识、高超的智慧、多种的能力。然而，目前我军各级领导干部，特别是中高级指挥干部仍然是经验型、管理型居多，熟悉高技术和军兵种知识、军工文兼通、指技合一的复合型人才比较欠缺，已经成为制约我军现代化的"瓶颈"。面对严峻的形势挑战，我们要采取超常的措施，创新培养模式，才能尽快使我军新型人才迅速成长。

第一，充分发挥院校的主渠道作用。走开拓国民教育培养军事人才的路子，实现教育资源从粗放型向集约型转变，走出一条投入少、产出多，以质量效益为核心的集约化培养模式；培养内容应以单一性向综合性转变，使新型军事人才知识结构，朝着军政兼容、指技合一、文理渗透的综合兼通型转变；实现培训方法由封闭型向开放型转变，打破专业限制，院校界限，实现教学力量、信息资源共享，借助地方院校科研和生产单位教育雄厚的优势，集中各方面优势共同培养特殊人才。

第二，充分发挥重大演习的实战平台作用。在没有战争硝烟的年代，单纯通过院校学习，难以培养适应战场需要的军事人才，而演习场则是考核、检验、评估指挥员素质的最佳平台。作为一名指挥员，要想在瞬息万变的信息化战争中应对自如，就必须在一次次演练中磨砺、摔打、培育、提高，让他们在实践中锻炼成长。

第三，尽力开拓多元化培养途径。在改革开放的大潮下，新型军事人才要充分利用国内外的教育资源，形成多种渠道并进的培养模式，特别是扩大与外军的军事交往，增派军事留学、考察技术人员数量，使他们百闻不如一见，增强"知彼知己"，使各种人才尤其是技术型人才增强综合素质，达到拥有众多军事技术新型人才的培养目的。

? 思考题

1. 什么叫信息化战争？
2. 信息化战争有哪些基本特征？应如何应对信息化战争？
3. 信息化战争的发展趋势是什么？
4. 我国国防建设应该如何适应信息化战争的新要求？
5. 信息化战争有哪些特点？简要论述我国该如何加强国防建设？

第五章　军事高技术

学 习 目 标

1.了解军事高技术的内涵、分类、发展趋势及其对现代战争的影响。

2.熟悉军事高技术在军事上的应用范围。

3.掌握高技术与新军事变革的关系。

4.激发学习科学技术的热情。

第一节　军事高技术概述

科学技术的发展，特别是军事高技术的发展正在军事领域引发一场深刻的变革。从 20 世纪 80 年代以来发生的几场局部战争中可以看出：现代战争已在很大程度上表现为高技术的较量，谁拥有军事高技术，谁就能够在战争中占据更大的主动权，现代战争已进入高技术时代。只有了解高技术的发展状况，熟悉高技术在军事上的应用，理解高技术武器装备对现代战争所带来的巨大影响，才可能在现代战争中掌握主动，立于不败之地。

一、军事高技术的概念与特点

（一）军事高技术的概念

高技术的概念来源于美国的建筑业。20 世纪 60 年代美国的建筑业处于蓬勃发展时期，每天都在变化，对于这样迅猛发展的新形势，两名美国女建筑师合写了一本书叫《高格调技术》。这个高格调技术就是我们今天所说的高技术的原型。20 世纪 70 年代以后，随着科学技术的不断发展，高技术在各个领域被人们所接受。随着生产实践的发展，人们又把那些增值效益好的产业叫作高技术产业，把这些产业生产的产品惯称为"高技术产品"。1981 年美国出版月刊《高技术》，1985 年美国商务部出台了《美国高技术贸易分析报告》，在这个报告里就对高技术概念进行了系统的分类、分述。这个报告使高技术在世界各国、各个领域里流传开来，我们国家的各个领域也都承认和引用了"高技术"这一概念。这个时候的高技术已不是当初的高技术了，其内涵已然非常丰富。各个领域所研究的内容不同，其高技术所代表的也不同。经济学家考虑的是高技术的发展对未来经济结构和效益有哪些影响；军人特别是军事专家考虑的是高技术的发展对未来武器装备和作战会产生哪些影响。于是高技术概念就纷繁复杂，提法众多，我们将各个方面加以归纳和总结，形成一个系统的高技术概念。

概念窗

　　高技术是指在最新科学技术成就的基础上综合开发的，并能在一定历史时期对提高生产力、促进社会文明、增强国防实力起先导作用的新技术群。它是一个群体的概念，而绝不是单个的概念。高技术包括信息技术、新材料技术、新能源技术、生物技术、海洋技术、航天技术这六大领域的内容。

　　军事高技术，通俗说就是指应用在军事领域的高技术。有时我们会把军事高技术和高技术当作一个概念来理解和领会。因为高技术大多产生于军事领域。据统计，目前85%的高技术来源于或者应用于具有潜在的军事用途的领域，所以我们往往把高技术和军事高技术当作一个概念来理解，二者其实是大概念和小概念的关系。

　　简言之，军事高技术就是应用于军事领域的高技术。具体地说，军事高技术就是指建立在现代化科学技术的基础上，处于当代科学技术前沿，以信息技术为核心，在军事领域发展和应用的，对国防科技和武器装备的发展起巨大推动作用的那部分高技术的总称。

（二）军事高技术的特点

军事高技术与一般技术相比有哪些特点呢？我们归纳出七个特点。

1. 高智力

高技术是知识密集型技术，它的发展必须依靠创造性的智力劳动，依靠富有创新意识、创新能力的高素质人才，体现了高智力的特性。比如半导体集成电路，从成本上讲，原料及能源仅占其总成本的2%，而其余98%是其智力含量。

2. 高投资

高技术的研究开发需要昂贵的设备和较长的研制周期，因而研制过程需要耗费巨额资金。目前，一般高技术企业用于研究开发的经费占其产品销售额的比例高达10%～30%，而科研成果产业化的投资又比研究开发投资高出5～20倍，形成高技术产业后的设备更新投资还会越来越大。比如制造集成电路的设备，十年之中关键设备就更新了三代，每更新一代，设备投资就要增加一个数量级。

3. 高竞争

高技术的时效性决定了谁先掌握技术、谁先开发出产品并抢先投放市场或用于战场，谁就能获得优势，占据主动。为此，世界军事强国和大国都制订了高技术发展计划，试图在世界高技术发展的竞争中占有一席之地。

4. 高风险

高技术竞争的失败，对企业而言，就意味着投资的失败；对国家而言，意味着国家利益将要受到损害。此外，高技术研究本身也蕴含着巨大的风险，甚至要以生命作为代价。以航天技术的发展为例，40多年来，航天技术取得了神话般的巨大成就，但其风险也高得惊人。1961年3月23日，苏联的邦达连科就成为为航天事业献身的第一人。另据英国《新科学家》杂志数据分析，正在组装的国际空间站，在组装过程中，发生至少一次重大失误的可能性为73.6%。

5. 高效益

高技术产品是高附加值产品，其形态是知识的物化形式，所以其价值远远超过所消耗的原材料和能源的价值。实践证明，高技术成果一旦转化为市场化的产品，就能获得巨大的经济收益，一旦得到实际应用，就能产生广泛的社会影响。比如航天技术，其投资效益比高达1∶14，充分体现了高效益的特点。

6. 高渗透

高技术本身具有极强的综合性和技术辐射性或渗透性，隐含着巨大的技术潜力，不仅可以用于新兴产业的创立，而且可以用于传统产业的改造，成为经济、国防、科学、技术、政治、外交和社会生活等各个领域发展变化的驱动力。

7. 高速度

高效益决定了高技术产业在一个国家经济中的地位。以美国为例，美国高技术产业的迅猛发展使美国的国内生产总值（GDP）从1990年占世界生产总值的24.2%，增长到2000年的30%，也就是2000年全世界劳动人民生产100元价值的物品，其中30元都是由美国创造的，到2002年年底已经达到50%。2011年中国GDP位列世界第二，但和第一的美国还有很大差距，我国的GDP只占美国GDP的约54%。这就是以信息技术为龙头的高技术产业为美国创造的巨大的经济效益和经济丰收。我国科技部原副部长徐冠华说，现在信息产业所带来的价值，在一个国家尤其是发达国家经济增长中所占比重已经达到了60%~70%。"9·11"事件后，美国经济出现低迷和下滑的现象，但是从2002年第一季度开始，美国经济又有重新复苏的迹象，因为美国高技术的发展确实领先，尤其是它的信息技术起到了带动其经济的作用。

二、军事高技术的分类

从军事高技术与武器装备的关系来看，军事高技术可分为两大类：一是支撑武器装备发展共性的基础技术；二是直接用于武器装备并使之具有某种特定功能的应用技术。

（一）军事高技术在基础技术领域的分类

1. 军事信息技术

信息技术主要指信息的获取、传递、处理等技术，它是高技术的先导。信息技术以微电子技术为基础，主要包括微电子、光电子、计算机、自动化、卫星通信和激光、光纤通信技术等。几乎所有的高技术武器装备系统都与信息技术有关。

2. 军用新材料技术

军用新材料技术是发展高技术武器装备的物质基础，也是当今世界军事领域的关键技术，主要包括信息材料、能源材料、新型结构材料和功能材料等。

3. 军用新能源技术

所谓"新能源"，是指以前未被人类大规模利用，有待于进一步研究试验和开发利用的能源。新能源技术，主要包括核能、太阳能、风能、地热能、海洋能和生物能技术等。新能源技术在军事上的应用使武器装备发生新的飞跃。如利用铀、钚等原子核的裂变链式反应原理，利用氘、氚等轻原子核的聚变反应原理而制成原子弹、氢弹等核武器；使用核反应堆作为舰艇的最佳动力源、使用氢燃料作为航天器的推进剂等。

4. 军用生物技术

生物技术主要包括基因工程（又称遗传工程）、细胞工程、酶工程和发酵工程技术等，它已成为 21 世纪的核心技术。军用生物技术除了人们已知的基因武器外，还包括生物电子装备、生物炸弹、军用仿生导航系统、军用生物传感器、军用生物能源、军用生物装具、军用生物医药、军用仿生动力、军用动物武器、神经网络计算机、军用生物材料等。

5. 军事海洋技术

海洋技术主要包括海洋及其周围环境（海洋大气、海岸、海底）的资源开发和空间利用等技术。现代科学技术的迅速发展，为军事海洋技术的研究开拓了新的途径。海洋卫星、遥测、遥感、激光、光纤、水下电视、旁侧声呐、深潜器、饱和潜水等新技术在海洋开发中的应用，将使人们对海洋现象的认识不断深化。未来军事海洋技术的研究将逐步趋于远洋、深海，并重点加强水声技术和海底军事利用等的研究。

6. 军事航天技术

军事航天技术即通过将航天器送入太空以完成侦察、摧毁、通信、导航、气象测报、军事指挥和武器研制等军事任务的综合性工程技术。军事航天技术主要包括航天发射运输技术、航天器技术和航天测控技术等。

7. 军事纳米技术

纳米技术是指研究电子、原子、分子在 0.1～100 纳米尺度空间内的内在运动规律、内在运动特性，并利用这些特性制造具有特定功能设备的高技术。目前各军事大国相继制订了军事纳米技术开发计划，诸如利用纳米技术研制新型导航与制导系统、新概念太阳能光电转换器件等，以加速武器装备小型化、信息化和一体化进程；研制性能独特的纳米隐身材料，促进隐身兵器的发展；开发专用集成微型仪器，制造尺寸缩小到最低限度的纳米卫星等。

（二）军事高技术在战场应用技术领域的分类

1. 精确制导技术

精确制导技术是采用导引和控制的方法，调整受控对象的运行轨迹，使其命中目标的概率超过50％的技术。精确制导技术主要应用于精确制导武器或无人驾驶的作战平台。

2. 隐身伪装技术

隐身技术即低可探测技术或目标特征控制技术，它通过改变目标的可探测信息特征使其难以被发现或被发现的距离缩短。主要应用于飞机、导弹、舰船、坦克等突击兵器。从广义上讲，伪装技术包含隐身技术，但涉及的面更为宽泛，可归纳为"隐真示假"四个字。

3. 侦察监视技术

侦察监视技术是使用探测器接受目标发射、反射的电磁波等目标特征信息，并通过对其处理进而发现、区分、识别、定位、监视和跟踪目标的技术。其技术设施可以使用在各种作战平台上。

4. 电子对抗技术

电子对抗技术，即指利用电子设备、武器、器材破坏敌方电子设备的效能，同时保护己方电子设备运行的综合性技术。可包括雷达对抗、无线电通信对抗、光电子对抗、水声对抗以及网络电子对抗等方面。

5. 指挥控制技术

指挥控制技术是一门以信息技术为基础、以提高战争运作效率为目的、以各主要军事技术的有机整合为内容的人—机系统工程技术，一般称为 C^4ISR。

另外还有如核生化武器技术、定向能武器技术、动能武器技术、次声武器技术、环境武器技术等和一些与传统的武器概念不同的新武器技术。

三、军事高技术的发展趋势

如何认识军事高技术的发展趋势，可谓仁者见仁、智者见智。有人认为是信息化、智能化、集约化；有人认为是太空化、微观化、多元化；有人则认为是社会化、模块化、多能化、网络化。总之，军事高技术归纳起来有以下六种趋势。

（一）军事信息技术将持续快速发展

当前，信息技术正以惊人的速度向着更广更深的领域推进，社会的信息化程度不断提升，信息技术已经成为现代高技术群的领衔技术。信息技术的核心地位和高速持续发展的趋势正在和必将继续全面影响军事高技术的发展，使军事信息技术的快速持续发展成为军事高技术发展的重要特点和趋势。而且，信息化战争在向新的更高层次演变的过程中，也对军事信息技术提出了越来越高的要求，从而也极大地推动了军事信息技术的发展。

另外，从近期军事信息技术的发展情况来看，也能明显地感觉到这种趋势。例如，军用微电子技术目前正向超微型、系统集成和边缘整合三个方向发展。一是所谓超微型，即是使电子器件的尺寸越来越小，以适应现代武器装备体积小、效能高的要求。有的发达国家正在努力研制尺寸极小甚至达到纳米级的军用电子器件。二是积极研制系统集成芯片，使各种物理的、化学的和生物的敏感器与执行器和信息处理系统结合在一起，从而更加有效地完成从信息获取、信息处理、信息存储、信息传输到信息执行的一系列系统功能。系统集成芯片被认为是微电子技术领域的一场重要革命，今后相当长的一段时间内将是系统集成芯片技术真正快速发展的时期。三是将微电子技术与其他技术结合，产生新的军事技术。比如微机电系统技术（MEMS）是微电子技术与机械技术、光学技术等相结合而产生的；生物芯片则是微电子技术与生物工程技术结合的产物。这些技术可能不久便会取得突破，并对军事活动产生重大的影响。

军用计算机也将向运算速度更快、形式多样化、高智能化的方向发展。目前美、日、英等国家还在大力研制智能计算机，这种计算机可模拟人的思维方式并进行较为复杂的推理。这些高性能计算机的发展，将使军事信息技术得到进一步发展，给信息化战争带来崭新的面貌。

（二）军事人工智能技术的地位将越来越高

人工智能技术在 20 世纪 70 年代以来被称为世界三大尖端技术之一（空间技术、能源技术、人工智能技术），也被认为是 21 世纪的三大尖端技术之一（基因工程、纳米科学、人工智能）。近 30 年来，人工智能技术获得了迅速发展，取得了一系列成果，对信息化社会的发展和人类的生产生活产生了很大的影响，其地位不断提升。而人工智能技术被应用于军事领域，所形成的军事人工智能技术同样得到飞速发展，在指挥控制系统、精确制导系统、侦察监视系统、战场机器人系统等方面得到广泛运用和取得巨大的战场效应，改变了战场的面貌，催生了新的作战方法，对信息化战争的发展作出了不可或缺的贡献。同时，军事人工智能技术的运用，不仅能提高作战效能，还有利于政治目的和军事战略的实现，这是许多国家的政治家、军事家所期望的。因此，军事人工智能技术的发展不可避免地得到重视。目前，各国都加大了对军事人工智能技术研究工作的投入，展开了激烈地竞争，新的计划和成果不断涌现。军事人工智能技术的高速发展和对现代战争的巨大影响已成为必然趋势。

战场指挥控制系统（C^4ISR，见图 5 - 1）中人工智能技术的作用日益重要。一些国家正在研制智能决策系统中使用的智能计算机，试图模拟人的大脑功能，替代人脑从事某些指挥、决策等工作。美国推出网络中心战模式作为未来作战系统，把 C^4ISR 系统与各种作战平台整合为一体，对战场情况进行自动化处置。美国、日本、欧洲等国家和地区，计划通过建立庞大的太空卫星系统，编织一张囊括全球的指挥控制网，以提高其战场反应的智能化水平。

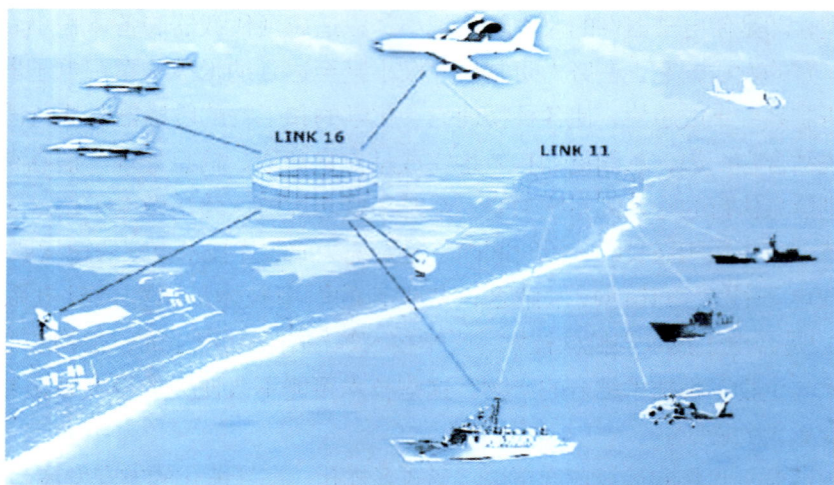

图 5 - 1 C^4ISR 系统示意图

人工智能技术在军事领域中越来越重要，这一趋势还表现在精确制导武器的智能化程度的不断提升。第一代精确制导武器，需要以手动操纵跟踪目标；第二代精确制导武器可以发射后不用管；第三代精确制导武器只需确定目标，弹药发射后能自动寻找、识别、击毁目标；第四代精确制导武器是目前最先进的一代，主要分为GPS 制导和智能反辐射导弹。GPS 制导意味着只要你把坐标输入按下发射按钮，导弹就自己飞去打击目标。今后的精确制导武器会具有一定的逻辑判断能力，在实施攻击时，不仅可以进行威胁判断、多目标选择和自适应抗干扰，还能自动选择最佳命中点，自动寻找目标最易损、最薄弱的部位，以获取最高作战效能。

战场机器人的不断涌现是人工智能技术发展趋势的重要标志。目前，许多国家投入巨资积极研发各种类别的军用机器人。无人侦察飞机和无人战斗机的品种和数量越来越多，无人战车和无人舰船等也已有面世。一些国家的空军已开始部署大型的无人作战飞机。美军试图在未来十年内组建由士兵和机器人组成的人机混合兵团，并打算在 2050 年后不再使用有人驾驶的飞机。一些国家还在积极研究昆虫机器人等其他各具特色的新型机器人。

（三）军事航天技术将成为又一个战略制高点

现代科技的迅猛发展把人类带进了越来越宽广的空间，人类的智慧之箭射向了遥远的太空。航天技术的发展给人类的物质、精神生活都带来了巨大的变化。人类还将在通往太空的征程中孜孜不倦、奋力拼搏。军事航天技术是近年来发展成果最多的军事高技术领域之一，它对军事通信、侦察、导航、指挥控制、网络等领域的发展作出了极大的贡献。从一定意义上说，信息化战争的发展必然以军事航天技术的发展为前提。对此，各国都有共同的认识，在制定社会发展战略时，都把发展航天技术尤其是军事航天技术作为夺取世界未来战略制高点的手段，因而投入巨资，激烈竞争。军事航天技术必将成为人类战争和社会发展进程中的又一个战略制高点。

目前，一些国家在不断改进航天器运载技术的同时，积极开展了军用卫星技术、空间站技术、太空载人技术、星球探测技术、反卫星技术和近太空高速投送技术的研究工作。美国准备在太空部署密集的微卫星群，用于对地面目标的即时攻击和太空战。美国的 GPS、中国的北斗、俄罗斯的格洛纳斯和欧洲的伽利略卫星导航系统共同被称为世界上的四大卫星导航系统。美国研制中的天空飞机，用于在大气层内外空间的高速运行，2～3 小时就能绕行地球一周。日本、印度等国近年来加快了航天技术发展的步伐。还有一个值得关注的方面是，航天技术与其他技术结合将孕育出新的武器系统。比如，当前军事科学家们正在研究将航天技术和激光技术、定向能技术相结合，以便能够研制出新的太空武器系统，用来攻击卫星、飞机、导弹、海洋中的舰艇、地面上的车辆等目标。

（四）军事纳米技术将取得重要突破

现代科技在关注宏观世界的同时，也将触角伸向微观世界。近年来，纳米技术发展迅速，已经对诸多领域产生了重要影响。许多国家加强了对纳米技术的研究。军事纳米技术将可能取得重要突破，从而对现代战争产生许多重大影响。

目前，军事纳米技术正向以下三个方面发展：一是微机电系统。即在非常微小的空间内构建微型系统，由在硅片上制造的微型电机、作动器和传感器组成，可用于分布式战场传感器网络、有毒化学战剂报警传感器、高性能敌我识别器和微型机器人电子失能系统等。二是专用微型集成仪器，特别是纳米卫星。这种仪器可用微电子工艺技术和微机电技术开发出来，不仅可替代现有航天器和运载火箭上的有关系统，还将促使研制出重量只有 100 克、可大量部署的军用纳米卫星。三是所谓的"微型军"装置。"微型军"装置是指能像士兵那样遂行各种军事任务的超微型智能装备，目前美、英、德、俄等国正在研制的"微型军"装置主要有"间谍草""袖珍遥控飞机""机械蚂蚁"和"机器虫"等。这些微型兵器可执行战场侦察和特种作战等任务。

（五）军事生物技术可能引起军事领域的又一次革命

有人预测，生物技术的发展和生命科学的研究，将是今后四五十年里最令人振奋的科技领域。美国科技前沿的科学家有三分之一在从事生命科学研究。生物技术和生命科学的发展有可能引发人类社会的又一场革命。许多国家对生物技术和生命科学的发展做出了长远的规划，并投入许多资源用于生命科学的研究和生物技术的开发。生命科学和生物技术的持续发展必将成为人类科学技术发展的重要趋势。在这个背景下，军事生物技术也已取得一些成果，并将以更快的速度持续发展。而军事生物技术的进步必然对军事领域产生巨大的影响，甚至可能是一场新的变革。

目前，军事生物技术主要涉及生物武器、基因武器等领域，可能向以下一些方面推进：（1）生物电子装备。利用生物技术设计生产的大分子系统能高速进行电子信息传递、存储和处理，而且不会受电磁干扰的影响。用这种电子元件制成的雷达，可在强烈电磁干扰下，全天候、全方位、远距离搜索、发现目标与识别敌我。即将问世的蛋白分子计算机将比现有计算机的运算速度和存储能力高出数亿倍，并具有人脑的分析、判断、联想、记忆等功能。生物电子装备将使军队指挥自动化、军事情报的获取、武器的精确制导等发生质的变化。（2）生物炸弹。利用生物技术制造炸药，生产过程简单，成本低，燃烧充分，爆炸力强，威力比常规炸药大 3～6 倍。用生物炸药制成的武器战斗力可使武器的战术、技术性能提高一个数量级。（3）军用仿生导航系统。科学家们已经发现，自然界中许多动物具有导航能力，比如鸟类的导航系统只有几毫克，但精确度极高，这带给军事科学家极大的启发。一些国家的军事科学工作者正在利用生物技术手段模拟制造动物的导航系统来代替传统的军事导航系统，以提高精度，缩小体积，减轻重量，降低成本，增强在复杂条件下的导航能力。

（六）新生的军事高技术必将层出不穷

近几十年科学技术发展的速度十分惊人，新的技术不断涌现。新技术不仅会对人类社会产生很大的影响，而且也必将渗透到军事领域，催生许多新的军事高技术，进而影响战争的发展。新生的军事高技术层出不穷，是军事高技术发展的趋势之一。

四、军事高技术对现代作战的影响

（一）极大地提升了人类在现代战争中的作战的能力

高技术尤其是信息技术的进步引发了武器装备领域和军队建设领域的一场革命。武器装备的性能得到明显改善甚至是质的飞跃，军队战斗力直线上升，从而使人类的作战能力得到极大的提高。主要表现在：

（1）战场感知能力的提升。由于电、光、声等传感器技术和卫星、飞机等侦察监视平台的发展，人类已经可以在距离目标数千上万公里的地方准确地发现、查明和跟踪目标，战场感知的范围比第二次世界大战时扩大了十倍以上。地球表面的任何一点都可能在对方侦察器材的监视之下。

（2）战场反应能力的提升。由于计算机技术、通信网络技术和指挥控制技术的发展，对战场目标做出反应的时间已比第二次世界大战时缩短了十倍以上。一个炮兵阵地完成射击准备的时间只需 60 秒，发射反应的时间仅仅几秒钟。

（3）战场到达能力的提升。由于航天航空技术、火箭技术、信息技术和新材料新能源技术的发展，人类已经能在 24 小时左右将兵力、火力投送到地球的任何地方，开辟出陆、海、空、天和电磁战场。

（4）战场突击能力的提升。精确制导技术、隐身技术和新能源技术的发展，使现代突击兵器的精确打击能力、突防能力和突击速度大大提高。突击兵器的命中概率达到 80% 以上。第二次世界大战中，摧毁敌方一个铁路枢纽时需要几千架次飞机投掷数千枚炸弹，而现在只需要投掷几枚精确制导弹药。

（二）改变了现代作战的直接目标

高技术尤其是信息技术给武器系统带来的最大变化就是其主导技术的变化。在高技术大量运用之前，战场武器系统的主导技术是机械类的，在战场上起重要作用的是飞机、坦克、军舰和相应的机械化军队，所以作战的直接目标即是消灭对方的以机械能、化学能支撑的有生力量。而高技术运用于战场后，信息技术主导了战场武器系统，几乎所有的武器都依赖于信息技术，信息化兵器、信息化军队和其他信息资源已经成为战场力量的主体。因此，现代作战的基本内容即是对信息资源的争夺，以夺取信息优势和消灭对方的信息力量为直接目标。

（三）催生了新的作战方法

高技术尤其是信息技术运用于战场后，信息战成为现代作战的基本内容。因此，过去的机械化战争时期的作战方法已经不能实现现代战争的作战目标了。这就催生了一系列围绕信息战而开展的新的作战方法。如美国军队在伊拉克战争中便采取了电子战、网络战、指挥系统瘫痪战、战略心理战、震慑战、舆论战等。

（四）推动了军队的转型

高技术尤其是信息技术的进步，对从机械化战争时期走来的军队提出了挑战。旧的军队编制、武器、训练、作战模式和思想理念，已经不能适应现代战争的需要了。这就推动了军队的转型。如美军自 20 世纪 90 年代开始就着手于军队的转型，提出了建设信息化军队的目标。

（五）孕育了新的作战理论

在高技术尤其是信息技术运用于战场后，旧的机械化战争的作战理论已经不能反映现代战争的规律，而以信息战理论为主线的新的作战理论体系则破土而出，不断发展。这些理论试图揭示现代战争的特殊规律，研究新的作战原则、作战手段和军队建设等课题。如一些国家提出了现代作战的信息优势原则、系统对抗原则、精确作战原则、实时行动原则、威慑制胜原则等。

（六）促进战争形态的演变和发展

高技术尤其是信息技术的发展，使人类由工业社会逐步进入信息社会。而信息化社会在战争中的表现形态便是信息化战争。因此，军事高技术对现代作战影响的最终表现是在促进机械化战争形态向信息化战争形态的演变和发展上。

第二节　侦察监视技术

一、现代侦察监视技术的基本概念

概念窗

现代侦察监视技术是指为发现、识别、监视、跟踪目标，并对目标进行定位所采用的一系列技术措施。在高技术条件下，现代侦察监视技术是获取对方信息的主要技术手段，可以为指挥人员的决策提供及时、全面、准确的情报信息，是实施正确指挥、夺取战争胜利的重要保障。

现代侦察监视系统完成各阶段任务，主要是使用高技术侦察器材。其工作过程一般为目标的特征信息直接或以波的形式通过介质向外传输，被侦察器材接收后，经过加工处理传送显示记录设备，经分析、判读来获取情报。

现代侦察监视技术有多种分类方法。按照各种运载侦察监视技术装备平台的活动区域，可分为地面侦察、海上侦察、航空侦察、航天侦察；按照侦察任务范围，可分为战略侦察、战役侦察和战术侦察；按照侦察活动方式，可分为武装侦察、谍报侦察和技术侦察；按照不同兵种的任务范围，可分为陆军侦察、海军侦察、空军侦察和战略导弹部队侦察；按照侦察监视所采取的手段，可分为观察、窃听、搜索、捕俘、火力侦察、照相侦察、雷达侦察、无线电侦察、调查询问、搜集文件资料等；按照实现探测和识别的技术原理，可分为光学侦察、电子侦察、声学侦察。目标的特征信息、地形地物、气象条件是影响侦察监视技术的基本因素。

二、现代侦察监视技术的原理与手段

现代侦察监视技术的基本原理是：利用多种媒介传感器，探测目标的红外线、光波、声波、应力（振动）波、无线电波等物理特征信息，从而发现目标并监视其

行动。各种侦察监视器材装备搭载不同的作战平台，就形成了对战场侦察监视的不同手段。

（一）电子侦察技术

电子侦察技术是利用己方的电子侦察装备去搜索、截获敌方电子设备的电磁信号，经过分析、识别和定位，以掌握敌方电子设备的有关技术参数、威胁程度、部署情况和行动企图等情报的一种侦察手段。

根据任务和用途的不同，电子侦察技术通常分为预先侦察和现场侦察两类。电子侦察技术的主要手段有设立地面电子侦听站，使用电子侦察飞机、电子侦察船、电子侦察卫星和投放式侦察设备等。

（二）光电侦察技术

光电侦察技术是利用光源在目标和背景上的反射，或目标、背景本身辐射电磁波的差异，来探测与识别目标并对它们进行跟踪、瞄准的一种侦察手段。它与电子、雷达、声、磁等侦察装备相辅相成，互为补充，各有特点，共同组成一个完整的战略、战术侦察体系，为各级指挥员迅速、准确、全面地掌握敌情、运筹帷幄、克敌制胜提供前提条件。

现代光电侦察装备包括可见光、微光、红外、激光和光电综合侦察仪器。它们是以激光、红外线、微光、光纤、半导体、微电子、计算机、精密机械等现代技术为基础构成的光电器材。光电侦察装备获得的地域和目标图像、数据，可直接用于观察和记录，也可显示在荧光屏上供间接观察，还可记录在胶片或录像带上供事后分析，或通过数据传输系统传至千里以外的信息中心。

现代光电侦察装备在军事上可用于战场侦察、战役侦察和战略侦察，如用来探测和跟踪洲际导弹的发射，探测洲际导弹发射井和机动洲际导弹的位置，监视空中、地面和地下核武器爆炸试验，探测和跟踪水面舰艇和潜艇的活动，探测地面和地下埋设的地雷，探测化学战剂的使用，探测和跟踪战术导弹和飞机的来袭，探测和监视敌方部队和单兵的活动，对战场进行监视以及侦察对敌打击效果等。

由于现代光电侦察装备在收集战略和战术情报中的重要作用，各国在卫星、无人驾驶侦察机、固定翼飞机、直升机、地面机动车辆和固定侦察阵地广泛采用各种光电侦察器材。光电侦察器材与雷达、电子等侦察器材配套使用，相辅相成、取长补短，共同完成部队的侦察任务。

（三）雷达侦察技术

雷达侦察技术是利用物体对无线电波的反射特性来发现目标和探测目标状态（距离、高度、方位角和运动速度）的一种侦察。它具有探测距离远、测定目标速度快、精度高、全天候使用等特点，应用十分广泛，成为现代战争的一种重要侦察手段。雷达侦察主要探测敌方飞机、导弹、卫星、舰艇、车辆、兵器，同时还可探测工厂、桥梁、居民点、云雨等。

雷达的工作方式通常分为两大类：一类发射的电波是连续的，称为连续波雷达；另一类发射的电波是间歇的，称为脉冲雷达。广泛应用的是脉冲雷达。脉冲雷达主要由发射机、天线、接收机、收发转换开关、显示器、定时器、天线控制器和电源等部分组成。

雷达作为武器系统的重要装备，根据其用途可分为远程预警雷达、警戒雷达、导航雷达、炮瞄雷达、导弹制导雷达、机载截击雷达、火控雷达、侦察雷达等；根据其技术特征可分为波束扫描雷达、单脉冲雷达、相控阵雷达、连续波雷达、脉冲多普勒雷达、电控相扫雷达、超视距雷达、二坐标雷达、三坐标雷达、测高雷达、测速雷达、多基地雷达、被动式多基地雷达等。

常规侦察雷达主要有以下几种：

1. 战场侦察雷达

侦察雷达是陆军使用的地面活动目标侦察雷达，用于侦察和监视敌方地面兵器、车辆、人员和低空飞行器的活动情况。这种雷达能够从地面各种固定回波中发现活动目标。

这种雷达按照作用距离可分为远程、中程、近程三种。远程战场侦察雷达安装在车辆上，可以探测 20～30 公里范围的敌方部队调动、车辆和火炮等的活动情况和 7 公里距离内单兵活动情况；中程战场侦察雷达可以探测 8～10 公里范围的坦克、车辆活动情况和 5 公里以内活动的人员；近程战场侦察雷达可以探测0.5～3 公里范围的敌方活动情况，质量在 2.5 千克以内，可安装在三脚架上工作，携带方便。

2. 警戒雷达

警戒雷达配置在沿海、边界线以及国土纵深地区，用于探测远距离的敌方飞机、导弹、舰艇。其特点是探测距离远，但探测精度不高。按探测距离可分为近程警戒雷达，探测距离 200～300 公里；中程警戒雷达，探测距离 300～500 公里；远程警戒雷达，探测距离 500～4000 公里；超远程警戒雷达，探测距离 4000 公里以上。

3. 超视距雷达

超视距雷达是根据短波波段电磁波不能穿透电离层而反射回地面产生跳跃式传播的特点，开发的不受地球曲率限制、探测不能直视目标的装备。超视距雷达能够发现刚从地面发射的弹道导弹、轨道轰炸武器，提供更长的预警时间，但情报的准确度有待提高。

4. 侧视雷达

侧视雷达是从空中侦察地面目标并绘制图像的、具有高分辨率的装备，天线安装在飞行器下方，波束很窄，覆盖两侧几十公里地带目标，因此获得"侧视"之名。侧视雷达用于测绘战场地形图是非常方便快捷的。

5. 相控阵雷达

相控阵雷达利用计算机控制发射和接收信号的相位，增强发射功率、天线增益和接收机灵敏度，集远程警戒雷达、引导雷达、多目标跟踪雷达、制导雷达于一身，效率非常高。这是计算机技术与现代雷达技术相结合的成果，天线面阵不必转动，可实现360度全方位探测。解决雷达信号远距离相控的问题，便有可能把雷达的天线面阵分散布设到全国，形成一个巨大的，具有国土预警、跟踪、对抗等综合功能的电子雷达网。

（四）传感器侦察技术

1. 地面传感器侦察

地面传感器是一种能够对地面目标引起的战场环境的物理场变化进行探测的小型侦察设备。我们知道，任何一个地面目标在运动时总会引起其周围环境磁场、声音、震动、温度等方面的变化，这些变化都是可以被探测到的。地面传感器正是利用自身的探测器去获取目标引起的这些物理变化，产生信号，然后用天线发射出去，从而完成侦察任务。

一般来讲，地面传感器可以分为以下五类。

（1）震动传感器。震动传感器是利用敌方目标发出的地面震动，形成目标信号。通常能探测到30米以内活动的人员和300米以内活动的车辆。但其探测距离受地面土质变化影响较大。土质硬，探测距离远；土质软，探测距离近。它的识别能力可区分人为震动与自然扰动，能区分人员和车辆。但它无法分清是徒手人员还是武装人员，是履带车还是轮式车。

（2）声响传感器。声响传感器的探测器实际上就是常见的"话筒"，用来获取目标发出的声音。声响传感器能鉴别目标的性质，探测范围也比较大，一般对人员间的正常谈话，探测距离可以达到40米，对活动车辆可以达到100米。

（3）磁性传感器。磁性传感器可以探测到目标运动时对周围静磁场的干扰。因为体积、重量受限，传感器的能源不可能太大，这使得它的探测距离较近。对人员的探测距离为3~4米，对车辆的探测距离为25米左右，但它有一个很大的优点，即鉴别目标、性质的能力较强，能区别徒手人员、武装人员和各种车辆。同时，对目标探测的响应速度快，通常为25秒，能探测快速运动的目标。

（4）红外传感器。红外传感器一般需人工布设、固定在某物体上，在视角的扇面内可探测20~50米范围内的目标。红外传感器的主要优点是体积小，无源探测，隐蔽性好；反应速度快，能探测快速运动的目标，并能测定目标方位。不足之处是必须人工布设，探测范围有限，只限于正对探测器的扇形地区，无辨别目标性质的能力。

（5）应变电缆传感器。应变电缆传感器又称压力传感器。探测器为电阻丝，埋设在浅土层下，当上面有敌方行动带来的压力时，电阻发生变化，电流也随之发生变化，从而实现对目标的探测。这种传感器只能人工埋设，故在野战使用上有一定的局限性，但在边海防、公安、特殊设施的预警上使用方便、可靠性高，能辨别人员和车辆。

地面传感器有着其他侦察器材无法替代的优点。它结构简单，便于携带和布设，能够适应各种环境，可全天候、昼夜、被动地侦察敌人地面目标活动，也可用于己方要地的警戒。为了发挥各类地面传感器的优点，尽可能克服它们的缺点，通常把可以互补的几种传感器和磁性传感器联合在一起，就可以先利用振动传感器远距离地探测目标的震动，再由磁性传感器近距离感应目标的铁磁性，进一步确定目标的性质。但是因为受能源的限制，地面传感器的信号发射距离较近。当要进行远距离战场侦察与监视时，还需要在中间加设地面或空中中继器，负责转发信号与指令。

2. 水下传感器侦察

水下传感器主要是声呐。声呐是利用水声传播特性对水中目标进行传感探测的技术设备。主要用于对水下或水面目标的搜索、测定、识别和跟踪，也可以用于水声对抗、水下通信、导航和对水下武器（鱼雷、水雷等）的制导或控制。

声呐的基本工作原理是捕捉、接收水声信息，将水声信号转换成电信号，经过放大处理后，由显示控制台显示定位。按工作方式可分为被动式声呐和主动式声呐。

被动式声呐又称噪声声呐，本身不发射声波信号，靠捕捉水面和水下目标（如水面舰艇、潜艇、鱼雷等）在航行和工作时所产生的噪声，来搜索目标并确定其方位、距离和速度。主动式声呐又称回声声呐，它自身发射声波信号，靠目标反射的回波信号来搜索、测定目标。

声呐的类型根据使用对象不同，分水面舰艇声呐、潜艇声呐、航空声呐和海岸声呐等。

（五）其他侦察监视技术

1. 战场窃听侦察

战场窃听侦察是以偷听敌方语音来获取情报的一种手段。其基本样式可分为声音窃听、电话窃听和激光窃听。

2. 战场电视侦察

战场电视侦察是利用电视技术获取图像情报的一种技术。其特点是音像共存，形象直观；情报传递速度快，传播面广，时效性强；可搭载各种平台，实现立体侦察；有全时辰侦察能力。

3. 炮位声测侦察

火炮发射时，巨大的声响是火炮无法隐蔽的征兆。声测侦察就是利用声音探测装置发现敌方正在发射的炮兵阵地，确定其位置以引导己方炮兵或火箭兵以火力进行压制或摧毁。

人耳之所以能够辨别出声音传来的方向，是因为声波传到两耳的时间不同，这种人为感受声波时间差来辨认声源方向的现象，在物理学中称为"双耳效应"。"双耳效应"构成了炮兵声测侦察的理论基础。

声测设备是一组（至少有两个）分开配置的听音器，假设火炮发出的声音以已知速度均匀地向外传播，到达各听音器时就会出现时间差，根据每两个听音器之间的距离（声测基线）和听到声音的时间差，就可以确定火炮位置。

三、现代侦察监视技术在军事上的应用

现代侦察监视技术在军事上的应用，按照各种运载侦察监视技术装备平台的活动区域，可分为航天侦察、航空侦察、地面侦察和海上侦察。

（一）航天侦察

航天侦察就是利用航天器上的光电遥感器和无线电接收机等侦察设备获取侦察情报的技术，具有速度快、范围广、限制少的优点而得到广泛应用。按使用的航天器是否载人可分为卫星侦察和载人航天侦察，其中卫星侦察是航天侦察的主要方式。用于侦察的卫星有：

1. 照相侦察卫星

照相侦察卫星是各种军事侦察卫星中发展最早、最快，技术最成熟的一种。它具有分辨率高、察微知著、一览无余、了如指掌的优点。目前，比较先进的照相侦察卫星主要有美国的"锁眼"KH－11光学成像侦察卫星和"长曲棍球"雷达成像卫星。

2. 电子侦察卫星

电子侦察卫星实际上是一种在轨道上运行的无线电"窃听器"，如果说照相侦察卫星起着"目"的作用，电子侦察卫星便产生"耳"的效果。目前比较先进的电子侦察卫星是美国的"大酒瓶"和"折叠椅"，它是美国21世纪初期空间电子侦察的主力。

3. 导弹预警卫星

导弹预警卫星是专门监视导弹发射情况的太空侦察卫星。美国的"国防支援计划"和"天基红外系统"是先进的预警卫星。它能在早期发现敌方发射的导弹或其他飞行器，并及时发出警报。

4. 海洋监视卫星

海洋监视卫星主要用来探测和跟踪海上的舰艇、潜艇和飞机的活动情况，有时

也可提供舰艇之间、舰岸之间的通信。美国海洋监视卫星主要是"白云"号电子型卫星，由母子卫星组成，每组4颗，母星入轨后弹出3个子星，形成一个星座。

5. 核爆炸探测卫星

核爆炸探测卫星能对核爆炸所产生的冲击波、光辐射、核辐射和电磁脉冲等效应进行探测和监视。

（二）航空侦察

与航天侦察相比，航空侦察具有灵活、机动、准确和针对性强的特点，是获取战术情报和战略情报的重要手段。现代航空侦察设备主要有：有人驾驶侦察机、无人驾驶侦察机、侦察直升机和预警机。

1. 有人驾驶侦察机

有人驾驶侦察机反应灵活，机动性好，能及时、准确地完成对战场情况的侦察，能为各级指挥员提供作战指挥所需的大面积、远纵深的情报，并能直接引导突击兵力摧毁目标。比较著名的有人驾驶侦察机有美国的 U－2R、SR－71、RF－4C 和俄罗斯的米格－25 战术侦察机。

2. 无人驾驶侦察机

无人驾驶侦察机具有体积小、机动灵活、造价低、无人员伤亡等优点，通常被部署在战斗前沿，可飞临敌方防御最严密的地区进行侦察和监视，如美国"全球鹰"（见图5－2）无人侦察机。

图5－2 美国"全球鹰"高空无人侦察机

3. 侦察直升机

用直升机进行战场侦察有其独特的优势，它能在狭小的场地上起降：能在距地面 10～15 米、距海面 1 米的高度上实施侦察；能够悬停于空中，便于在己方区域上空对敌方战术纵深的活动目标进行跟踪侦察。典型的侦察直升机有美国的 OH58A 直升机、RAH－66 型"科曼奇"武装侦察直升机等。

4. 预警机

预警机主要用于搜索、监视空中或海上目标，并能指挥引导遂行作战任务的飞机。目前主要有美国的 E – 3 "望楼" 预警机、俄罗斯的图 – 126 和伊尔 76 预警机等。

（三）地面侦察

地面侦察是指在陆地上使用技术设备和技术手段进行的侦察，可分为便携式侦察、固定侦察和机动侦察等，可执行战略、战役、战术侦察任务。

1. 无线电侦察和无线电技术侦察

无线电侦察又称通信侦察，以监视敌方无线电台和电话系统获取情报为目的。无线电技术侦察是以截收敌方非通信电子信号（如雷达、电台与武器控制和制导系统发射的电子信号）来获取情报为目的。

2. 战场侦察雷达侦察

战场侦察雷达又称地面活动目标雷达，是一种主动式电子器材，具有探测距离远、测量精度高、可全天候工作等特点，是夜间和恶劣条件下侦察敌地面活动人员、车辆、水面舰艇和低空飞机的重要侦察器材，可完成区域侦察、地点监视和海岸监视等任务。

3. 自动地面传感器侦察

自动地面传感器是一种辅助性战术侦察器材，可用飞机空投或火炮发射，也可人工埋设到交通线上和敌方可能入侵的地段，用来执行预警、目标搜索、目标监视等任务。常用的自动地面传感器有音响传感器、地震传感器、磁传感器、红外传感器、压力传感器和扰动传感器等基本类型。

4. 无人地面侦察车侦察

无人地面侦察车，是一种用于侦察的军用机器人，多以微型车辆做底盘。

（四）海上侦察

1. 水面舰艇侦察

水面舰艇侦察的主要目的是查明海面目标情况。它一般使用舰载雷达实施侦察，不仅要对付海上的目标，还要面临来自高空、中空、低空和水下的威胁。

2. 潜艇侦察

潜艇侦察主要是利用声呐技术来探测和捕捉目标。潜艇的声呐按照工作方式可分为主动式和被动式两种。

3. 两栖侦察

两栖侦察是现代登陆作战的一种重要侦察方式，可分为先期侦察和临战侦察两种。

四、现代侦察监视技术的发展趋势

（一）空间上立体化

由于现代武器的射程急剧增加，部队的机动能力迅速提高，现代战争必须是大纵深的立体战争。为了适应这种特点，侦察与监视体制必须是由空间、空中、地（水）面、水下组成的"四合一"系统。

（二）速度上实时化

现代战争快速多变，要求侦察与监视所用的时间尽量短。因此，信息处理和传输速度是关键。随着遥感技术和计算机技术的发展，必须借助以计算机为核心的遥感图像自动分类和识别技术，提高处理速度。

（三）手段上综合化

随着侦察技术的不断改进，各种反侦察设备和伪装干扰技术也得到了发展。为了识别伪装，提高侦察效果，要加速研制新的红外线、激光、微波遥感器，使用多种遥感器，同时观测同一地区，这样既能获得多种信息，又能增加侦察监视效果。

（四）侦察监视与攻击一体化

侦察、监视与攻击系统一体化就是将部队的侦察监视系统与武器装备有机地结合起来，构成一个合理的整体，以便及时发现和摧毁目标。如有的遥控飞行器携带有侦察、跟踪、瞄准装置和弹药，侦察发现目标后，能很快将目标摧毁。

（五）提高侦察监视系统生命力

各种反侦察武器特别是精确制导武器的出现，对侦察监视系统构成了严重的威胁。侦察监视系统本身的生存能力，成为完成任务的重要因素。因此，提高整个侦察监视系统自身的生存能力，又成了迫切需要解决的新课题。

第三节　伪装与隐身技术

一、伪装技术

伪装自古就为兵家所重视。《孙子兵法》中就指出："兵者，诡道也。故能而示之不能，用而示之不用，近而示之远，远而示之近。"这是关于在战争中如何运用伪装的最早论述。现代探测技术的迅猛发展，必然刺激与之相抗衡的相关技术的发展。军事伪装技术作为对付侦察的重要手段，必然发生巨大的变化。现代军事伪装在采用大量传统伪装技术的同时，正在越来越多地采用高新技术措施。其中，崭新的隐身技术的出现是传统伪装技术向高技术领域扩展和延伸的结果。现代战争中，隐身技术已成为进攻性武器装备突防的重要手段，而伪装仍然是对付探测的有效方法之一。

（一）伪装技术的基本概念

概念窗

　　伪装就是利用各种技术措施隐真示假，提高目标的生存能力，最大限度地发挥兵力、兵器的作战效能。伪装的基本原理是减小目标与背景的特性差别，隐蔽目标或降低目标的可探测特征，从而减小目标被敌方探测的概率。

目标的可探测特征主要是：形状、尺寸、位置、（在阳光或月光下）阴影、声音、活动痕迹、电磁辐射、热辐射（红外特征）等。伪装就是利用电磁的、电子的、光学的、热学的、声学的技术手段，改变目标本身原有的特征信息，实现目标对周围背景的模拟复制，降低目标的可探测特征，或者模拟目标的可探测特征，仿制假目标，实现隐真示假。

（二）现代伪装的分类

伪装有各种不同的分类，其中最基本的有两种：一种是按其在作战中的运用范围，可分为战略伪装、战役伪装和战术伪装三类，分别由最高统帅部、战役军团司令部和战术兵团或部队司令部组织实施；另一种是按所对付的探测器材，可分为雷达波段伪装、可见光和红外波段伪装及防声测伪装三类。

（三）伪装的技术措施

1. 天然伪装技术

主要利用地形、地物、夜暗、不良气象等条件来隐蔽目标或降低目标的可探测性。主要用于对付目视和可见光探测（光学侦察）器材。

2. 迷彩伪装技术

利用涂料、染料等材料改变目标、遮障和背景的颜色及斑点图案，以消除目标的光泽，降低目标的显著性和改变目标外形。它可有效地防可见光探测，也具有防紫外线、近红外线探测的性能。

3. 植物伪装技术

利用种植植物、采集植物和改变植物颜色等方法对目标实施伪装的技术，称为植物伪装技术。现代战争中，植物伪装仍是较为简单易行、经常使用和有效的伪装技术手段。

4. 人工遮障伪装技术

利用各种器材、材料设置遮蔽目标的屏障，称为人工遮障伪装技术。目前广泛使用的是各种伪装网、变形遮障和伪装覆盖层。它们有防红外侦察、防雷达侦察和防多频谱侦察等类型。

5. 烟雾伪装技术

利用施放烟雾遮蔽目标，迷惑敌人，既可防止被探测，又可降低精确制导武器的命中概率。传统的烟雾能有效地干扰可见光探测，但对红外热像仪无干扰效果。

6. 假目标伪装技术

假目标主要是指仿造的兵器、人员、工事、桥梁等形体假目标。它们能迷惑敌人，吸引敌人的注意力和火力，有效地保护真目标。20 世纪 70 年代以来，热红外特征模拟器、微波特征假目标、通信假目标及闪光、噪声、烟尘模拟器等相继出现，使各种假目标能够全面模拟真目标的光学、热红外、雷达、音响、闪光、通信等暴露特征，吸引或转移敌方的探测注意力，降低己方真目标被发现的概率。

7. 灯火和音响伪装技术

主要是通过消除、降低或模拟目标的灯火与音响暴露征候，以隐蔽目标或迷惑敌人。

（四）伪装技术的发展趋势

未来军事伪装技术的发展趋势主要表现在两个方面：一是发展新的伪装技术。预计未来在继续使用、改进和完善现有伪装技术的基础上，将集中发展一系列性能更优异的新型伪装技术，如伪装技术与武器装备一体化、高技术迷彩、高技术涂料、新型多功能伪装遮障、新型气溶胶发生剂、超级植物毯、智能蒙皮等。二是研制新型伪装器材。在新型伪装技术发展的基础上，未来还将研制和装备一系列标准的新型伪装器材或系统，如标准组件式重型伪装网系统、标准组件式轻型伪装网系统、多功能单兵伪装器材、自动烟幕和假目标系统、新型伪装作业机械等。

二、隐身技术

（一）隐身技术的基本概念

概念窗

隐身技术，又称隐形技术，或低可探测技术，是通过降低武器装备等目标的信号特征，使其难以被发现、识别、跟踪和攻击的技术。它综合了诸如流体动力学、材料学、电子学、光学、声学等众多学科领域的技术，是传统伪装技术走向高技术化的发展和延伸，是第二次世界大战以后军事技术的重大突破之一，被称为"王牌技术"。

由于现代战场上的侦察探测系统主要有雷达、红外探测器、电子探测器、可见光探测器、声波探测器等多种主动或被动探测系统，因此也就产生了与这些探测手段相对抗的隐身技术，如雷达隐身技术、红外隐身技术、电子隐身技术、可见光隐身技术、声波隐身技术等。目前，雷达和红外隐身技术最受重视，并取得了突破性进展，已应用于研制隐身飞机、隐身巡航导弹等武器装备，并获得成功。

（二）隐身技术的分类

1. 雷达隐身技术

雷达隐身技术是指能显著吸收雷达波，令其转变为热能，从而减少雷达回波能量，达到目标隐身的技术。现代战争中雷达仍然是探测目标最可靠的手段，因此，国内外重点研究的隐身技术大多是在雷达探测下的"隐身"。

为了降低雷达回波的信号强度以缩短雷达探测距离，做到减小目标的雷达反射截面，目前，主要采取以下技术：

（1）改进外形设计。电磁波的反射与目标的几何形状密切相关，90%的目标特征信号是由其形状决定的。因此，合理的外形是减小雷达反射截面的重要措施。

（2）采用吸波材料。使用结构型、涂料型隐身材料，可使雷达波被吸收或透过，从而减小雷达回波的强度。

（3）自适应阻抗加载。以不影响飞行器气动外形为前提，可在其金属表面设置缝隙、洞或腔体，分别接以分散或集中参数的阻容元件。这种设备在雷达波照射下，会改变表面的电流分布，产生与雷达回波频率、极化、幅值相等但相位相反的附加辐射波，会在雷达接收天线上抵消目标的雷达回波，从而减小雷达回波信号的强度。

（4）微波传播指示。大气层的温湿度变化会使雷达波束的传播发生畸变，使其覆盖范围产生"空隙"，并产生波瓣延伸。同时，雷达波在大气层传播时会形成"传播波道"，其能量集中于"波道"内。因此，利用计算机预测出雷达波在大气中的传播情况，就可以使飞行器在雷达波覆盖区的"空隙""盲区"或"波道"外飞行，避开敌方雷达进行突防。

2. 红外隐身技术

许多军事目标，特别是飞机、导弹、坦克等在飞行或行进中会产生强大的红外辐射，红外探测器通过利用其红外辐射信号特征发现目标，并引导导弹等制导武器跟踪、接近和摧毁目标等的行为就是红外探测和制导技术。红外隐身技术就是用来对抗红外探测，防止目标被发现的一项技术。它是利用屏蔽、低发射率涂料、热抑制等措施，降低或改变目标的红外线辐射特征，即降低目标的红外线辐射的强度与特性，从而实现目标的低可探测性。可通过改进结构设计和应用红外物理原理来减弱、吸收目标的红外线辐射能量，使红外探测设备难以探测到目标。目标的红外隐身技术应包括三个方面的内容：一是改变目标的红外线辐射特性，即改变目标表面各处的辐射率分布；二是降低目标的红外线辐射强度，即通常所说的热抑制技术；

三是调节红外线辐射的传播途径（包括光谱转换技术）。

3. 电子隐身技术

电子隐身主要是抑制目标的电磁信号特征。武器装备的电磁辐射源包括平台及其载荷的各种电子设备，如雷达等电子探测系统、通信系统、控制系统、电子对抗系统等。主要采用以下抑制措施：

（1）减少无线电设备。如采用无源雷达等电子探测系统，用红外探头代替多普勒雷达，采用低截获概率技术改进电子设备。

（2）减少部件的电磁辐射。如尽量缩短电子设备间的距离，把天线做成不用时收回体内的嵌入式结构。

4. 可见光隐身技术

可见光的伪装与色度有关，由于可见光侦察发现目标的主要因素就是识别目标与背景的色度差异，差别越大，越容易被发现。可见光侦察设备主要通过目标与背景间的亮度对比以及颜色对比来识别目标。为此，可见光隐身技术，就是降低装备本身的目标特征，使对方的可见光探测系统及光学探测、跟踪、瞄准设备难以发现目标的可见光信号。反可见光探测隐身技术的目的，就是通过减少目标与背景之间的亮度、色度和运动的对比特征，达到对目标视觉信号的控制，以降低可见光探测系统发现目标的概率。

5. 声波隐身技术

飞机、坦克、舰艇等运动目标都会向周围介质（如空气、大地和海水）辐射高能级的噪声声波，极易被敌方的声传感器、声呐等声探测系统捕获。噪声源主要是发动机等机械部件的工作噪声、运动部件和排气对周围介质的扰动噪声、目标体及其构件的振动噪声等。声波隐身就是控制目标的声波辐射，以降低声波探测系统的探测效果。采取的主要措施有：

（1）改进发动机和辅助机械的设计以降低噪声。

（2）采用橡皮、塑料等非结构性吸声、阻尼声材料，既可以衰减机械振动，又可以缩小雷达反射截面。

（3）采用减振和隔声装置，如双弹性支承基座、橡胶和软塑料坐垫及履带等。

（4）减小对周围介质的扰动噪声，如增加桨叶数并降低转速、舰艇采用主动气幕降噪法等。

（5）优化目标的整体设计，避免目标体结构发生共振。

（三）隐身武器介绍

20世纪80年代以来，由于各种隐身技术的研究取得了突破性进展，加之战场对武器装备的隐身要求，使得隐身武器装备异军突起，武器装备的隐身化成为军事高技术发展的一种重要趋势。目前，一些发达国家已经装备或正在研制的隐身武器装备主要有隐身飞机、隐身导弹、隐身舰艇、隐身坦克和其他隐身技术装备等。

1. 隐身飞机

隐身飞机是研制最早、发展最快、隐身技术含量最高的隐身兵器。它的发展经历了利用单一技术对飞机进行局部隐身和运用综合技术对飞机进行全面隐身两个阶段。美国在推出F-117之后，先后于20世纪90年代和21世纪初推出了F-22和F-35两型隐形战斗机，以及B-2隐形轰炸机（见图5-3）。

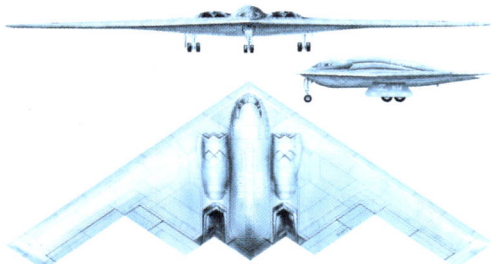

图5-3　美国B-2隐形轰炸机

2. 隐身导弹

隐身导弹是伴随隐身飞机发展起来的，目的是减小被拦截概率，增强突防、攻击能力。

3. 隐身舰艇。随着各种侦察探测系统以及高精度雷达、红外线的反舰导弹、新一代鱼雷和声、磁水雷的迅速发展，为了使舰艇具有低可探测概率和高生存力，近年来舰艇隐身技术有了较快的发展，一些导弹巡洋舰、导弹驱逐舰、潜艇等作战舰艇均采取隐身措施。隐身舰艇采用的隐形措施主要有：为减少雷达反射截面，改进舰体及上层建筑形状，使用吸波、透波材料，采用尾流隐蔽技术，千方百计地降低噪音辐射，抑制红外辐射，控制电磁特征。近年来，研制比较成熟的有英国的23型护卫舰，美国的"阿利·伯克"级导弹驱逐舰等。

4. 隐身坦克

由于现代反坦克武器的发展，在战场上坦克一旦被发现就很容易被击毁。因此，提高坦克的隐身能力是提高其生存能力的关键措施。未来战争的主战坦克基本上将尽可能地采用隐身技术（见图5-4）。这些技术包括：采用复合材料制造坦克车体或炮塔外壳；采用隔热发动机，并在燃油中加入添加剂，同时改进冷却和通风系统，在排气管附加挡板等，以减少坦克的红外线辐射；给坦克涂敷迷彩或挂伪装网，采用三色或四色迷彩隐身后，用微光仪器探测概率由75%下降到33%；用低噪声发动机，坦克结构引进隔音及消音材料等。

图5-4　中国05式隐身主战坦克

（四）隐身技术发展趋势

鉴于隐身技术对作战的重大影响，世界许多国家十分重视发展隐身技术。特别是美国已把隐身技术作为其竞争战略中优先发展的高技术，投入上千亿美元发展隐身技术和隐身武器装备。军事需求、各国的重视，以及反隐身技术的发展，必将促使隐身技术在现有的基础上进一步向前发展。未来隐身技术的发展趋势主要表现在四个方面。

1. 扩展隐身波段

随着雷达技术的发展，防空预警系统的工作波段正在向毫米波、亚毫米波、红外线、激光等方向扩展。因此，隐身波段必须进行相应的扩展。

2. 综合运用各种隐身技术

试验结果证明，采用隐身外形设计可使飞行器的雷达截面积缩小至原来的 $1/6 \sim 1/3$，利用吸波材料可缩小至原来的 $1/10 \sim 1/5$，其他措施（阻抗加载、电子对抗、天线隐身等）可降低至原来的 $1/4 \sim 2/5$。综合起来，隐身飞行器的雷达截面积总共可缩小至原来的 $1/100$ 左右。

3. 进一步提高雷达截面积测量精度

今后的主要目标是建立真实作战环境下的雷达截面积测试场，提高对雷达截面积的测量精度，并且以测量宽频带情况下的目标雷达截面积为重点，深入研究宽频带波形的目标响应。

4. 发展新的隐身技术

未来战斗机将可能以主动射频隐身技术取代当前的减少雷达特征信号技术，这将完全不需要牺牲飞机的气动性能。战斗机还将采用新一代被动红外隐身技术，配备"一体化欺骗装备"，这将大大降低敌方对飞机的威胁程度。

第四节　精确制导技术

精确制导武器最早诞生于第二次世界大战，当时德国先后研制了 V－1 和 V－2 导弹，用于轰炸伦敦，虽然精度不高，但已经初步显示了导弹的威力。第二次世界大战结束后，导弹技术迅速发展起来，20 世纪 50 年代，已经出现了防空导弹、空空导弹等，但没有在战争中大规模使用。直到 20 世纪 60 年代的越南战争，美国在越南大量使用了电视制导和激光制导的炸弹，炸毁了 80% 以上的被袭击目标，精确制导武器才真正崭露头角。与普通炸弹相比，这种炸弹的作战效能提高了几十倍，被称为"长了眼睛的炸弹"，也有人称它为"smart bomb"，即灵巧炸弹。1973 年第四次中东战争期间，双方使用了 20 多种导弹，均取得了惊人的战果。到了 1974 年，西方军界把这些命中概率很高的导弹、制导炸弹统称为"精确制导武器"。在今天，精确制导装备的拥有程度和运用能力已经成为衡量一个国家军事现代化程度的重要标志。

一、精确制导技术的基本概念

概念窗

精确制导技术是以高性能光电探测器为基础，采用先进的信息处理与目标识别等方法，控制和导引武器准确地命中目标的技术。由这类技术构成的制导系统即为精确制导系统。

第二次世界大战末期出现的由纳粹德国制造的 V－1、V－2 导弹，创造了武器系统采用制导技术的先例。当时采用了惯性制导和辅助程序控制技术，成功地解决了常规弹头不能远程作战和不能在飞行中自动修正弹道的缺陷。而精确制导技术是在以前制导技术基础上的延伸和发展，并且在中段制导的配合下，特别注意提高武器末段制导的可靠性和精确度。

二、精确制导技术的种类

精确制导技术按照制导方式可以分为寻的制导、遥控制导、自主式制导和复合制导等。

（一）寻的制导

寻的制导是由弹上的目标跟踪器感受来自目标的辐射或反射能量，自动跟踪目标并形成制导指令，控制制导武器飞向目标的技术。它是精确制导武器的主要制导方式，包括毫米波制导、激光制导、红外成像制导和电视制导（可见光制导）等。它们都是由探测器、信号处理器和控制系统三部分组成，只是所采用的探测器和信息处理方法不同。共性之处都要求寻的器具有"角跟踪"能力，即寻的器的瞄准线能随时跟踪目标的视线。

寻的制导的工作方式有主动式、半主动式和被动式三种。

主动式寻的制导是通过导弹上的导引头发射电磁并接受目标反射回来的电磁波，并以此来探测和跟踪目标，如法国的亚音速近程掠海飞行的"飞鱼"反舰导弹；半主动式寻的制导是由地面或飞机上的电磁波照射器发射电磁波对目标进行照射，导弹上的导引头接受目标反射的电磁波，并以此来探测和跟踪目标，如我国自行研制的红旗系列中 HQ－61 中、低空地空导弹；被动式寻的制导的导弹上的导引头不发射信号。通过接受目标辐射的电磁波信号来探测和跟踪目标，如美国的"响尾蛇"

系列空空导弹。

被动式精确制导和主动式精确制导是主要的发展方向，两者有突出的优点，即"发射后不管"的自主制导能力，但这两种制导方式使弹上设备变得复杂化，从而增加了制导武器的成本。而半主动制导使弹上设备变得简单，但需要另外的照射装置。如空对空或空对地半主动雷达制导导弹在应用时，携带电磁波照射器的载机不能立即逃离战场，容易受到敌方地面或空中火力的反击。

寻的制导的优点是精度非常高，多用于末段制导，适合打击运动目标。但其缺点是作用距离短。

（二）遥控制导

遥控制导是导引系统的全部或部分设备安装在弹外制导站，由制导站执行全部或部分的测量武器与目标的相对运动参量并形成制导指令的任务，再通过弹上控制系统导引制导武器飞向目标的技术。按指令传输方式和手段，遥控制导可分为指令制导和波束制导两类。指令制导又分为有线指令制导和无线指令制导。有线指令制导是通过连接制导站和导弹的专用导线传输制导指令的一种遥控制导，这种制导导弹的射程有限，多用于反坦克导弹，如法德联合研制的"霍特"反坦克导弹等。无线指令制导是将制导指令经由发射天线以无线电波的形式发送到弹上的一种遥控制导，如英国的"海猫"舰空导弹。指令制导的优点是弹上设备简单、成本低，如使用相控阵雷达，还可同时对付多个目标。波束制导是利用雷达波束或激光波束导引导弹飞向目标的遥控制导技术，也称驾束制导。如美国的"黄铜骑士"、英国的"海蛇"舰空导弹等。

遥控制导的优点是弹上设备简单，在较短射程范围内可获得较高制导精度，缺点是受到制导站跟踪探测系统作用距离的限制，精度随射程增加而降低。

（三）自主式制导

自主式制导是根据导弹内部或外部固定参考基准，引导和控制导弹飞向目标的技术。这种制导技术，有关目标特征信息是在制导开始以前就确定好的，制导过程中不需要提供目标的直接信息，也不需要导弹以外的设备配合。自主式制导主要有地形匹配制导、景象匹配制导、惯性制导、星光制导等。

1. 地形匹配制导

所谓地形匹配制导，是把导弹发射前预先输入计算机内的基准地形数据与导弹发射后在巡航飞行过程中实时测量的地形数据进行比较（即匹配）进行制导的技术。地形匹配制导系统由弹上的制导计算机、雷达高度表（或无线电高度表）和气压高度表组成。雷达高度表用来测量导弹到地面的垂直高度，气压高度表用来测量导弹相对于海平面的基准高度，两者之差是同一地点的地形实际平均高度。

地形匹配制导，在平原地区和大面积水域上空很难发挥作用，因为没有明显的地形特征。另外，由于导弹发射前要把大量的地形景物数据输入导弹上的存储器，所以发射准备时间一般比较长。更为重要的是，这种制导技术需要发达的卫星遥感和测量技术，需要事先测量好目标地区的各种地形数据。

2. 景象匹配制导

景象匹配制导是一种利用地面景物进行定位的制导技术，用于末段制导。它的基本原理类似于地形匹配制导，只是用景物的数字图像代替地形圈而已。当导弹飞临目标区上空时，弹上的电视摄像机开始工作，实拍地面上匹配区的景物图像，经过实时数字化处理后形成数字式景象灰度地图，与弹上预存的数字图像进行比较，确定导弹是否偏离航线。如有偏离，制导系统发出控制指令，修改导弹航迹。

景象匹配制导精度较高，其制导精度小于 10 米，但由于采用电视摄像技术而使效果不佳。

3. 惯性制导

惯性制导是各类巡航导弹最基本的制导方式。惯性制导系统是一种利用装在弹上的惯性仪表（如加速度仪表）测量导弹运动的速度和坐标而形成指令信息来导引导弹飞行的系统。这种制导方式属自主制导，即导弹在飞行过程中不必依靠外部提供信息，具有能独立进行工作、不受气象条件影响、抗干扰能力强和隐蔽性好等优点。导弹的基准飞行弹道是在发射前由制导软件程序规定了的，发射后不具有再修改程序的能力，所以它的飞行方向、规避弹道、目标选择、巡航高度等均为事先所确定。主要缺点是因陀螺漂移，使得制导精度随导弹飞行时间的延长而降低。因此，在导弹中，这种制导方式不单独使用，必须有其他制导方式辅助，从而构成复合制导。

4. 星光制导

星光制导又称星光－惯性复合制导，是利用恒星作为固定参考点，飞行中用星跟踪器观测星体方位来校正惯性基准随时间的漂移，以提高导弹命中精度的制导方式。星光－惯性制导比纯惯性制导精确，原因在于在惯性空间里从地球到恒星的方位基本保持不变，所以使用星光－惯性制导可以克服惯性基准漂移带来的误差。这是该制导系统的主要优点之一。对机动发射或水下发射的弹道导弹来说，星光－惯性制导的优点更为突出。因为它们的作战条件使其发射前不会有充足的时间进行初始定位瞄准，也难以确切知道发射点的位置。这些因素给制导系统带来的突出问题是发射前建立的参考基准有较大的误差。这种误差称为初始条件误差，包括初始定位误差、初始调子误差、初始瞄准误差等。如在弹上采用星光－惯性制导系统，则可允许在发射前粗略地对准、调平，飞行中依靠星光跟踪器进行修正，若再与发射时间联系起来，就能定出发射点的经纬度。由于这些突出的优点，加上系统的自主性和隐蔽性，使这种制导方式对机动和水下发射弹道导弹特别有吸引力。

（四）复合制导

复合制导又称组合制导。采用两种以上制导方式的制导，可综合利用几种制导方式的优点，弥补缺点，提高制导精度。通常只适用于中程以上导弹。复合制导可以按飞行过程三个阶段（初始段、中段和末段）的不同特点，分别采用不同的制导方式，也可以中段和末段共同采用一种制导方式。复合制导可以增大制导系统的作用距离，提高制导精度。有的导弹还可以在一个飞行阶段同时或交替采用两种制导方式以提高制导精度、抗干扰能力和全天候使用能力。如美国的"先进巡航导弹"，在飞行的前半段，采用惯性导航加地形匹配制导，在飞行末段采用主动雷达寻的制导，就是一种典型的复合制导。

三、精确制导武器

现代战争是"无导不成战"，特别是近年来爆发的几次局部战争，精确制导武器更是频频亮相，战绩辉煌，成为战争中耀眼的"明星"。精确制导武器，就是指采用精确制导技术，直接命中概率在50%以上的武器。从这个定义中，我们可以看出精确制导武器有两大基本特征：一是采用了精确制导技术。所谓制导技术，就是控制和导引技术。二是直接命中概率高。所谓直接命中，并不是说弹头命中目标时一毫米都不能差，而是指误差非常小，用一个术语来讲就是圆形公算误差要小于弹头的有效杀伤半径。总体上讲，精确制导武器可分为两大类：第一大类是导弹；第二大类是精确制导的炮弹、炸弹，也可以统称为精确制导弹药。

（一）导弹

1. 导弹的概念

导弹是依靠自身动力装置推进，由制导系统导引、控制其飞行路线并导向目标的武器或武器系统。

2. 导弹的组成

导弹由战斗部、动力装置、制导装置、弹体等部分组成。

3. 导弹的分类

导弹的种类很多，名称各异，分类方法通常有以下几种：

按发射点与目标位置的关系，可分为从地面发射攻击地面目标的地地导弹、从地面发射攻击空中目标的地空导弹、从岸上发射攻击水面舰艇的岸舰导弹、从空中发射攻击地面目标的空地导弹、从空中发射攻击水面目标的空舰导弹、从空中发射攻击空中目标的空空导弹、从水下潜艇发射攻击地面目标的潜地导弹、从水面舰艇发射攻击空中目标的舰空导弹、从水面舰艇发射攻击水面舰艇的舰舰导弹、从空中发射攻击水下潜艇的空潜导弹、从水面舰艇发射攻击水下潜艇的舰潜导弹、从水下潜艇发射攻击水下潜艇的潜潜导弹等；按攻击活动目标的类型，可分为反坦克导弹、反舰导弹、反潜导弹、反飞机导弹、反弹道导弹、反卫星导弹等；按飞行弹道，可分为主动段按预定弹道飞行、发动机关机后按自由抛物体轨迹飞行、在末段仍按自由抛物体轨迹飞行或机动飞行的弹道导弹，主要以巡航状态在大气层内飞行的巡航导弹等；按作战使用，可分为打击战略目标的战略导弹和打击战役战术目标的战术导弹。

巡航导弹和弹道导弹是精确制导技术在军事上的典型应用。

（1）巡航导弹。巡航导弹是依靠喷气发动机的推力和弹翼的气动升力，主要以巡航速度在大气层内飞行的飞航式导弹（有翼导弹）。所谓巡航速度指飞行器燃料消耗量最小的飞行速度，通常为 0.7~0.9 马赫。巡航导弹按照发射地点可以分为空射型巡航导弹、海射型巡航导弹和陆射型巡航导弹，按照作战使命，可以分为战略巡航导弹和战术巡航导弹。

巡航导弹的特点是可以实现全程控制，即从发射到命中目标的全过程中，始终在发动机推力的作用下和制导系统的控制下飞行。除了在很短的发射段和接近目标的攻击段外，中间飞行段均处在等高度（包括分段等高度）的飞行状态。巡航导弹的制导是以惯性制导为主的复合制导，具体含有：惯性＋地形匹配、惯性＋地形匹配＋景象匹配、惯性＋GPS 定位＋雷达图像制导、惯性＋主动雷达寻的制导等。

"战斧"巡航导弹（见图 5-5）的外形尺寸、重量、助推器、发射平台都基本相同。不同之处主要是弹头、发动机和制导系统。其最大时速 891 公里，最大射程 2500 公里，巡航高度陆上平坦地区为 60 米以下，山地为 150 米，具有很强的低空突防能力。弹头命中精确度 30 米。因发射的母体不同，发射方式也有所区别。

图 5-5 战斧式巡航导弹

（2）弹道导弹。弹道导弹是由火箭发动机推送到一定高度和取得一定速度及弹道倾角后，发动机关闭，弹头沿着预定弹道飞向目标的导弹。导弹的弹道（即飞行轨迹）分为三段：主动段（从发射到发动机停止工作，也叫助推段，有的还包括末助推段）、中段（自由飞行阶段，在大气层以外，也叫自由段）、末段（从再入大气层到攻击目标，也叫再入段）。中段和末段合称为被动段。弹道导弹飞行轨迹大部分在中段，为自由抛物体轨迹。

弹道导弹是实施远程精确打击的进攻性武器，根据射程可以分为近程、中程、远程以及洲际导弹。近程导弹的射程小于 1000 公里，中程导弹的射程为 1000~

3000 公里，远程导弹的射程为 3000～8000 公里，洲际导弹的射程大于 8000 公里。弹道导弹一般采用惯性制导加匹配制导，有的为了提高命中精度，在导弹飞行的末段也实施制导。

图 5－6　中国东风－41 洲际弹道导弹

东风－41（DF－41，北约代号：CSS－X－10）是中国最先进的战略核导弹系统之一（见图 5－6）。东风－41 弹长 16.5 米，弹径 2.78 米，整体重量达到 63.5 吨，采用三级固体运载火箭作为动力，最大射程可达约 14000 公里，其载车能在公路进行机动。而且，该型导弹采用电脑控制的惯性制导系统，使得导弹的命中精度得到大幅提高。

东风－41 是 8000 公里射程的 DF－31 ICBM 的进一步发展改型。东风－41 最大射程可达约 14000 公里，使它几乎可以打击地球上的任何点。东风－41 采用多弹头独立重返大气层载具（MIRV）技术。该技术并非简单地在一枚导弹上装载多枚分弹头，而是让每个分弹头都有独立的飞行弹道，可调整轨迹攻击不同目标。这样每枚反导拦截导弹最多只能摧毁一个分弹头，让反导系统的效能大为降低。东风－41 可携带 6～10 枚分导式核弹头，这将严重动摇各国反导系统的可靠性。

（二）精确制导弹药

精确制导弹药与导弹的主要区别是它自身无动力装置，其弹道的初始段、中段须借助火炮、飞机投掷。主要有制导炸弹、制导炮弹、制导地雷、制导鱼雷等。

1. 制导炸弹

制导炸弹是指投放后能对其弹道进行控制并导向目标的航空炸弹，是在普通航空炸弹的基础上增加制导装置而成的。制导炸弹与导弹不同，导弹本身有动力装置，可以做远距离飞行；而绝大多数制导炸弹本身没有动力装置，只能靠飞机投弹时所赋予的初速度做滑翔飞行，在炸弹本身制导设备的作用下，自动修正飞行偏差，控制炸弹准确命中目标。少数带小动力推进系统的制导炸弹则由于其自带动力系统的推进作用，飞行距离以及在空中逗留的时间有所增加。制导炸弹与空地导弹相比，射程较近，机动能力有限，但结构简单，造价较低。它主要用于炸毁防空兵器、火炮、坦克、装甲车和仓库，破坏机场跑道、桥梁、堤坝、隧道，特别是坚固的建筑设施，以及炸沉水上目标等。在各种类型的精确制导武器中，制导炸弹占有比较重要的地位。目前制导炸弹主要有电视制导炸弹和激光制导炸弹。

（1）电视制导炸弹。电视制导炸弹是装有电视导引头，能自动导向目标的航空炸弹。其工作原理是：飞行员发现目标后，使电视导引头的摄像机对准并"锁住"目标，在载机飞到距目标一定距离时投下炸弹，电视导引头便自动跟踪目标，连续测定弹道偏差，并形成控制指令。控制系统根据指令操纵舵面修正偏差，引导炸弹飞向目标。电视制导炸弹的命中精度较高，但受天气的影响较大，只能在能见度良好的白天使用。

（2）激光制导炸弹。激光制导炸弹是装有激光制导导引头，能自动导向目标的航空炸弹。在普通航空炸弹上安装一个激光寻的器就成了激光制导炸弹。在载机投弹前先用地面或飞机上的激光照射器照射目标，当机上的激光搜索跟踪器捕捉到激光反射回波后，即可进行投弹。炸弹投下后，由激光导引头控制舵面，修正偏差，自动跟踪被照射的目标。这种炸弹的优点是成本较低，由于可用普通航空炸弹改装，因而成本比电视制导炸弹还要低；命中精度高，其命中精度的理论误差不超过1米，比电视制导炸弹精度更高。但受气象条件影响较大，遇有雨、雾、灰尘、水汽、烟幕时，命中精度会大大下降。

2. 制导炮弹

制导炮弹是指弹丸上装有末段制导系统和空气动力装置，发射后能自动捕获目标并自动导向攻击目标的炮弹。它是一种长"眼睛"的炮弹，像导弹那样自动跟踪目标，却没有导弹那样的动力装置；像普通炮弹那样用火炮来发射，但又比普通炮弹多一种特殊本领——自动导向目标。所以，它又叫末端制导炮弹。在末段弹道上，弹丸接受和处理来自目标的信息，形成控制指令，驱动空气动力装置实施制导，使弹丸命中目标。制导炮弹是普通炮弹和制导技术的结合体，主要用于打击远距离的坦克、装甲车和舰艇等点状活动目标。目前炮射制导炮弹主要有激光制导炮弹、毫米波制导炮弹和红外寻的制导炮弹。

（1）激光制导炮弹。激光制导炮弹主要有美国"铜斑蛇"激光制导炮弹。这种炮弹用155毫米口径榴弹炮发射，射程为3～20公里，采用激光半主动寻的制导系统。

（2）毫米波制导炮弹。毫米波制导炮弹主要有美国的"萨达姆"毫米波制导炮弹。这种炮弹被人们称为"灵巧的智能型炮弹"。它用155毫米或203毫米大口径榴弹炮发射，每发炮弹装有3个子弹头，子弹头用35千兆赫（GHz）辐射计做被动寻的制导。炮弹发射后，由延时引信控制母弹在目标区上空500米高处将子弹头抛出。子弹头被抛出后，随即打开降落伞，以10米／秒的速度下降。当下降到距地面150米左右时，子弹头内的毫米波探测器开始工作。由于子弹头挂有涡旋环形降落伞，所以它能自动旋转扫描搜索目标、识别装甲车辆的信号特征，一旦锁定目标，便引爆"爆炸成形弹丸战斗部",贯穿坦克的顶部装甲,毁伤目标。

（3）红外寻的制导炮弹。红外寻的制导炮弹主要有瑞典的"斯特勒克斯"制导炮弹。这种炮弹用 120 毫米口径的迫击炮发射。在已知目标方位的情况下,可在距目标 8000 米时发射炮弹。当炮弹飞过弹道最高点后,红外导引头就开始搜索目标,当感应到目标所产生的红外线后,导引头自动锁定,在制导与控制系统的作用下飞向目标。

3. 制导鱼雷

制导鱼雷是进攻性水中兵器,通常由潜艇或水面舰艇发射,执行反潜和反舰任务。自反舰导弹问世以来,在远距离的反舰战斗中,导弹的威力已超过鱼雷,但在水下作战领域,尤其是深水作战领域,鱼雷仍占有头等重要的地位,特别在潜艇威胁日益严重的今天,各国海军对制导鱼雷的发展更加重视,都把制导鱼雷作为当今重点发展的水中兵器之一。

制导鱼雷出现于第二次世界大战末期,战后几十年来,随着科学技术的发展,制导鱼雷的战斗性能又有了新的提高,即在原有被动声制导、有线制导的基础上,又研制了主动声制导、主被动声复合制导等制导鱼雷。目前,主动声制导系统的作用距离可达 1700 米,被动声制导系统的作用距离可达 2500 米。20 世纪 70 年代以来,制导鱼雷的制导系统大多采用多频制,并采用编码和时空分析技术,从而使制导鱼雷能在干扰条件与复杂的海洋环境中检测出真假目标信号,具有很强的抗干扰能力。制导形式除了利用声制导以外,还可利用尾流制导。

4. 制导地雷

制导地雷是指具有自动辨认目标的能力,能主动攻击一定范围内活动装甲目标的新型地雷。它是集自锻破片技术、遥感技术和微处理技术等高技术于一身的智能武器,包括反坦克制导地雷和反直升机制导地雷。

四、精确制导技术的发展趋势

现代战争已经充分证明,"非接触作战"在敌防区外的远程攻击是克敌制胜的重要手段,因而减少制导系统的体积和重量、增大制导武器的作用距离显得十分必要。未来的战场环境日益复杂,精确制导武器要在很短的时间内完成目标的发现和摧毁,就必须实现智能化,即能够自主搜索、发现、识别、攻击高价值目标,能够区分不同目标及其型号,筛选、判断和首先攻击对己方威胁最大的目标,并有选择地攻击敌方目标的薄弱部位和易损部位,以保证获得最大的摧毁效果。针对精确制导武器的隐形化、远程化和模块化的发展趋势,其相应的精确制导技术也向成像寻的和复合制导的方向发展。

第五节　军事航天技术

一、航天技术概述

（一）航天技术基本概念

1. 航天

航天是指人类及人造天体在地球大气层外宇宙空间的飞行活动，其目的是为了探索宇宙空间、增加科学知识、开发利用空间资源。

2. 航天技术

又称空间技术，是将载人或不载人航天器送入外层空间并利用航天器对外层空间和地球以外天体进行探索、开发和利用的综合性工程技术。航天技术是一个国家现代技术综合发展水平的重要标志。

3. 军事航天技术

军事航天技术是把航天技术应用于军事领域，以军事为目的进入太空并开发、利用太空的一门综合性工程技术。军事航天技术是航天技术的一个组成部分。

（二）航天技术的组成

航天技术由运载器技术、航天器技术和地面测控技术三大部分组成。

1. 运载器技术

运载器技术是航天技术的基础。要想把地球上的物体运送到外层空间去，必须克服地球引力和空气阻力。运载器技术的发展，为各种航天器提供了强大的动力装置。

（1）航天基本条件。主要有速度条件和高度条件。地球上的物体必须具有足够的速度，才能挣脱地球引力的束缚，进入外层空间航行。科学实践告诉我们，这个速度至少为 7.9 公里/秒，这是航天器在地面附近沿圆周轨道绕地球运行而不掉回地面必须具有的速度，叫第一宇宙速度，或叫环绕速度。当大于环绕速度时，航天器将沿椭圆轨道运行，且速度越大，椭圆轨道的形状就被拉得越长、越扁。当速度达到 11.2 公里/秒时，航天器就会挣脱地球的引力，成为一颗绕太阳运行的人造行星，这时的速度称为第二宇宙速度，或叫脱离速度。当速度达到 16.7 公里/秒时，航天器将脱离太阳系，进入茫茫宇宙深处，这时的速度称为第三宇宙速度，也叫逃逸速度。

　　航天不仅要有上述的速度条件，还要有一定的高度条件。因为地球周围被严密的大气层包围，而且越靠近地球表面，大气密度越高。如果航天器飞行的高度太低，它与空气剧烈摩擦产生的高温会将航天器烧毁。即使不被烧毁，大气阻力的作用也会使航天器因速度下降而掉回地面。因此，为了保证航天器的正常运行，必须把轨道选在稠密的大气层以外，一般在离地面 120 公里以上的空间飞行，大气的影响就很小了，这样就有利于延长航天器的寿命和运行时间，这是航天所需要的又一条件。

　　（2）运载器。运载器是使航天器达到足够速度冲出大气层，并具有一定高度，提供大能量的动力装置。这是发展航天技术的先导。目前，运载器有运载火箭和航天飞机两种。

　　运载火箭是指将航天器推入绕地球运行轨道或加速到脱离地球引力的火箭系统。

图 5 － 7　天宫一号发射升空

运载火箭是迄今各国发射卫星的主要运载工具，它自身携带燃料和氧化剂，可以在大气层外工作，利用向后喷出气体产生强大推力，给予人造地球卫星等各种航天器所需要的速度和高度。一般用二级或三级火箭发射低轨道人造地球卫星，用三级或四级火箭发射高轨道人造卫星或地球同步卫星等（见图 5 －7）。

　　航天飞机是一种可重复使用的载人的航天运输工具，有比火箭、卫星、飞船更多的优点和灵活性。它既能像火箭一样垂直起飞，像航天器一样在轨道上运行，又能像普通飞机一样滑翔着陆。航天飞机不仅可以作为一种运载工具，在空间发射和布放各种卫星，还具有其他重要的军事用途，如维修和回收卫星、攻击或捕获敌方的卫星、实施空间救生和支援、进行空间作战指挥和发射轨道武器等。因此，它不但是一种空间运输工具，更重要的还是一种载人航天兵器。

　　2. 航天器技术

　　航天器技术又称空间飞行器技术，是航天技术的主导部分。

　　（1）航天器的类别。航天器是到空间完成特定任务的有效载荷。按其运行轨道可划分为两大类：一类是环绕地球运行的近地空间航天器，包括人造地球卫星、卫星式载人飞船、航天站、航天飞机等；第二类是脱离地球引力，飞往月球或其他行星，或在星际空间运行的深空间航天器，一般统称为空间探测器。军用航天器基本上属于第一类航天器，即人造地球卫星或环绕地球运行的载人航天器，但其体系中大部分是人造地球卫星。

（2）轨道参数。航天器在空间轨道运行，决定轨道形状、大小、空间方位以及特定时刻。它所处位置的基本量就是轨道参数。通常采用的轨道参数有以下三个：一是运行周期。航天器绕地球一周的时间叫周期，一般以分钟计算。二是航天器高度，航天器到地球表面的垂直距离称为航天器的高度，一般以公里为单位。沿圆形轨道绕地球运行的航天器，在各处的高度是不变的。沿椭圆形轨道运行的航天器，到地球的距离是个变量，时近时远，离地球最近的一点称为近地点，反之称为远地点，其高度分别称为近地点高度和远地点高度。三是轨道倾角。人造地球卫星运行的轨道平角与地球赤道平角的夹角叫轨道倾角。根据倾角大小，航天器运行轨道可分三种：一是倾角为0°，轨道平面与赤道平面相重合，航天器始终在赤道上空运行，这种轨道称为赤道轨道；二是倾角为90°，轨道平面与赤道平面垂直，航天器飞越南、北极上空，叫作极地轨道；三是倾角介于上述两者之间，统称为倾斜轨道。其中倾角大于0°而小于90°时，人造地球卫星的方向与地球自转方向相同，称为顺行轨道；倾角大于90°而小于180°时，人造地球卫星与地球自转方向相反，称为逆行轨道。轨道倾角的大小，决定着航天器观测范围的大小。倾角越大，观测范围越大；反之，观测范围越小。

（3）地球同步轨道和太阳同步轨道。航天器的用途不同，对轨道的选择也不一样，在军事上通常采用两种特殊轨道。

一种是地球同步轨道，它是航天器沿赤道轨道自西向东顺着地球的自转方向运行的轨道，高度为35800公里，且运行周期正好等于地球自转一周的时间（即23小时56分4秒）。此时从地球上任何一点观察航天器，好像航天器在天上是静止不动的。这种轨道又称为对地球静止轨道。

另一种是太阳同步轨道，是逆行轨道的一种，其特点是航天器轨道平面与太阳光夹角保持不变。航天器在此轨道上运行，每一次从同一地面目标上空经过时，基本保持同一地方、同一方向，即在同样条件下重复观测地球。

（4）航天器的组成。航天器是由通用系统和专用系统两部分组成的。通用系统是指各类航天器都必须具有的系统，如结构系统、温控系统、姿控系统、测控系统、计算机系统、能源系统和天线系统等。专用系统是根据航天器担负的任务需要而设置的系统，也是区别航天器用途的主要标志。例如，通信卫星的转发器、载人航天器的生命保障系统以及返回系统等。

3. 地面测控技术

地面测控网是完成航天任务必不可少的组成部分。如果没有地面测控网保证在太空中运行的航天器和地面之间的联系，航天器就不可能很好地工作。地面测控网配备有各种精密跟踪设备，遥测遥控设备，电子计算机及数据存储、显示、记录设

备，数传机，通信设备等，其主要任务是跟踪、定位、遥测、遥控和通信联络，保证航天器正常运行。

二、航天技术在军事上的应用

航天技术在军事上主要用于侦察、监视、预警、通信、导航、定位、测地、气象、部署空间武器和勤务保障等任务。军用航天器大致可分为军用卫星、空间武器类航天器、载人航天器三类。

（一）军用卫星

1. 侦察卫星

侦察卫星是用于获取军事情报的人造地球卫星。它具有照相侦察、电子侦察、红外线侦察（导弹预警）和核爆炸探测等功能，是现代军事的"千里眼"和"顺风耳"。它与飞机等其他侦察手段相比，具有轨道高、视野大、侦察范围广、速度快、获取情报及时、限制少和寿命长等优点。卫星在太空遨游，无侵犯领空之争议，有飞越国境之自由，风雨无阻，昼夜不停。所以，侦察卫星在战略侦察中具有独特的作用。侦察卫星大致可分为五类，即照相侦察卫星、电子侦察卫星、导弹预警卫星、海洋监视卫星、核爆炸探测卫星。

（1）照相侦察卫星。照相侦察卫星是采用光学成像的空间遥感设备进行侦察的航天器。按其所担负的任务不同，分为普查型和详查型两种。按情报获取形式不同，分为胶卷回收型和数字传输型两种。普查型卫星装有全景扫描相机，视角大，适用于大面积拍照，其底片通常在卫星上自动冲洗，并将底片信息转换成电信号，用磁带记录下来。当卫星飞经己方地面上空时发回地面站，经处理还原成目标图像，也可直接回收。详查型卫星装有画幅式相机，视角窄，覆盖面积小，地面分辨率高，拍摄的胶卷舱直接送回地球，在地面冲洗判读。有的照相侦察卫星则兼有详查和普查两种功能，例如美国的第四代"大鸟"照相侦察卫星，具有多种侦察手段和轨道机动飞行能力，既能普查，又可详查。在160公里高的轨道上拍照，地面分辨率可达0.3米，不仅能够准确地测出洲际导弹地下井的位置及其尺寸，而且能够识别飞机、坦克乃至汽车的类型。新一代照相侦察卫星在卫星上装备红外照相机和多光谱照相机，具有夜间侦察和识别伪装的能力。

（2）电子侦察卫星。电子侦察卫星被称作"太空中的耳朵"，能截获别国各种军用无线电设备发出的电磁信号，实施电子侦察，获取敌方预警、防空的反导雷达信号特征及其位置数据，为战略轰炸机、弹道式导弹的突防和实施有效的电子干扰提供数据。

电子侦察卫星的轨道一般选在300~1000公里，工作寿命为数月至几年不等。

有时为了连续监视某一地区，往往采取多颗卫星组网的办法，以弥补侦察空白。但是这种侦察卫星有三个弱点：一是当地面雷达、电台过多，电子信号过密过杂时，难以筛选出有用的信号；二是易受假信号的欺骗和干扰；三是只有地面雷达和电台开机工作时，才能收到信号。

（3）导弹预警卫星。导弹预警卫星可被比作现代的烽火台，主要用来监视和发现敌方弹道式导弹发射并发出警报。它往往兼有探测核爆炸的任务。导弹预警卫星通常在地球同步轨道上运行，也有在 12 小时周期的大椭圆轨道上运行的卫星。

导弹预警卫星上装有红外传感器和可见光相机，能在导弹发射后 90 秒内捕捉到导弹尾焰并确定其位置，从而获得 15～25 分钟的预警时间。先进的导弹预警卫星上还有一种由许多光敏元件和微电子线路组成电荷耦合器件的探测装置。这种导弹预警卫星不仅能监视洲际弹道导弹，还能发现像飞机和飞航式导弹那样的小目标。

（4）海洋监视卫星。海洋监视卫星是用来监视海上舰船和潜艇活动、侦察舰艇雷达和无线电通信的侦察卫星。它能有效探测和鉴别海上舰船并准确地确定其位置、航向和航速。

目前投入使用的海洋监视卫星有两种类型：一种是雷达型，即把雷达安装在卫星上，利用雷达向海面发射无线电波并接收反射波，根据海面与舰艇反射波的差异来区分目标，以监视海面舰艇的活动。另一种是电子侦察型，即利用电子侦察设备来截获敌方舰艇的通信情报，进而确定其规模和位置。

（5）核爆炸探测卫星。核爆炸探测卫星通过卫星上的各种探测器，可探测核爆炸的时间、高度、方位和当量，从而获得他国发展核技术的情报。这个任务现已由导弹预警卫星承担了。

2. 通信卫星

通信卫星实际上是一个置于空间的微波中继站。卫星上装备通信天线、转发器和工作电源等。转发器是中继站转发地面信息的核心设备，一般由收发机、变频器、放大器组成。每颗卫星带有几组转发器。两个以上地面通信站通过卫星进行通信联络，称为卫星通信。通信卫星和地面通信站、中央监测控制站一并被称为卫星通信系统。它的工作原理是，将在某一地面站接收到的电话、电视及图像数据等信号加以变频和放大，然后发射到另一地面站，从而实现两地之间的远距离通信。

卫星通信与远距离的电离层通信、微波接力通信、对流层散射通信、同轴电缆通信等手段相比，具有覆盖面积大、通信距离远、通信容量大、传输质量高、机动性能好、生存能力强和费用低等特点。在军事应用上，它还具有抗干扰能力强、保密性好等优点，因而成为军事通信中不可缺少的关键性通信手段。

3. 导航卫星

导航卫星是为地面、海洋、空中和空间用户导航定位的卫星。导航卫星上装有指令接收机、多普勒发射机、相位调制编码器和原子钟等。它与地面控制站和用户的接收导航设备共同组成卫星导航系统。其作用是以固定的频率按规定的时间间隔向地面发送导航信号，告诉地面用户它此时在天上的位置和发信时刻。地面用户用相应的无线电接收设备和计时器接收这些数据，并经自动化处理后，就能确定自己的准确位置。它克服了天文导航对气象条件的依赖和无线电导航在中远距离范围内误差较大的缺点，为用户提供了全天候的精确导航数据。

4. 测地卫星

测地卫星是用来测定地球重力场的分布、地球形状和地面目标精确地理位置的卫星。与常规测量方法相比，它具有周期短、精度高的特点，是对大地进行测量的一种有效手段。测地卫星上装备有光学观测系统、无线电测距系统、雷达测高仪等设备，不仅能测量绘制地图，还能提供地球引力场分布的有关数据，避免了常规测量误差大、地图上标示位置与实地位置不符的弊病，有助于提高战略武器的命中精度，从而增强战略武器的效能。

5. 气象卫星

气象卫星是专门用于对地球和大气层进行气象观测的人造地球卫星。它的出现彻底改变了以往气象观测（地面定点观测、气象火箭、探空气球及雷达观测等）只能获得区域性气象资料的局限性，能及时获得全球气象资料的整体情况，使之在宏观上掌握大气环流风云变幻的规律。气象卫星的运用成为现代条件下最理想的气象观测手段。气象卫星上装有各种扫描辐射仪，可见光、红外电视摄影机，温度、湿度探测器以及自动图像传输设备。这些设备将收集到的各种气象数据，通过计算机处理后变成感光图像或转换成电信号记录在磁带上，然后发回地面。地面气象人员把通过卫星获得的气象资料同其他方式获得的气象资料一起进行综合分析后，就可以准确地预报天气。

（二）空间武器类航天器

空间武器类航天器，又称航天兵器，是指载有战斗武器系统攻击对方目标的航天器，包括拦截卫星和空间武器平台。

1. 拦截卫星

拦截卫星是对敌方卫星实施击毁、破坏或使其失效的人造地球卫星。这种卫星上装有跟踪识别装置、杀伤武器和俘获机构，并具有一定的机动变轨能力，通过识别、接近并摧毁或"俘获"敌方卫星。卫星拦截方式，是通过机动变轨（近地点接近、同轨道接近、远地点接近、急升接近）飞行，跟踪接近目标后以自爆或撞击方式来摧毁敌方卫星，或利用卫星上的装置摧毁、"俘获"敌方卫星等。

2. 空间武器平台（亦称天基武器平台）

主要用于攻击对方洲际弹道导弹以及其他空间目标的卫星平台。作为空间平台形式，也可以搭载定向能武器、动能武器、射频武器等。同时，亦可搭载放射镜与地基激光武器，组成一个完整的反导弹系统，用以击毁敌方的空间目标。

（三）载人航天器

载人航天器是指往返地球表面和太空之间，可运送人员和有效载荷、提供宇航员居住和工作环境的航天器。载人航天器按功能的不同可分为载人飞船、空间站、航天飞机三类。它不仅实现了人类登天的梦想，而且在军事应用上有独特的价值。

军用航天器的发展，使军事侦察、通信、测绘、导航、定位、预警、监视和气象预报等能力空前提高。军事航天技术的应用，主要包括航天监视、航天支援、航天作战以及航天勤务保障四个方面。航天监视通过航天器上的各种侦察探测设备对目标进行监视，具有监视范围大、不受国界和地理条件限制、可定期重复监视某个地区、可以较快地获得其他手段难以得到的情报等优势。航天支援是指利用军事航天技术，支援地面和空中军事活动以增强军事力量的效能，包括军事通信、军事气象观测、军事导航和测地等。以上两个方面均已得到广泛应用，并且随着微电子技术、计算机技术、传感器技术等的发展，军事航天技术能力在不断提高。航天作战是指利用航天器载激光、粒子束、微波束等定向能武器或动能武器，攻击、摧毁对方的航天器及弹道导弹等目标，或者由载人航天器的机械臂、太空机器人或航天员，直接破坏或擒获敌方的军用航天器。这一方面的技术尚处于初期研究和试验阶段，已能做到利用截击卫星接近对方卫星，采取自爆或撞击方式达到攻击、摧毁对方卫星的目的。航天勤务保障是指在太空利用航天器实施检测、维修，加注推进剂，更换仪器设备、备用件以及其他消耗器材，组装、建造军用航天器等的活动。这一方面的技术目前尚处于探索阶段。

太空已经成为杀机四伏的战场。"谁能控制太空，谁就能控制地球。"美国前总统肯尼迪半个多世纪前的预言，恰如其分地描述了美国追求太空霸权的目的所在。太空资源、技术和能力均占优势的美国，却屡屡以"受到威胁"作为"被迫"发展太空战力量的借口，其太空霸权思维一览无余。

美国是唯一具备反卫星实战能力的国家，2008 年美军利用"标准－3"导弹在实战条件下击毁了一颗失控卫星。此外，美军还掌握了卫星信号干扰和欺骗、微卫星攻击、激光瘫毁等多种反卫星技术。2011 年以来，美军对"全球即时打击"计划保持高额投资，陆续试射了"猎鹰"HTV－2、"先进高超音速武器"等武器装备系统。一旦该计划成为现实，美军将能够在 1 小时内打击包括地面卫星指控中心在内的任何目标。

2015 年 4 月 13 日，美国军方御用航天公司公布了新一代军用运载火箭部分设计详情，以替代"宇宙神 - 5"运载火箭。2015 年 12 月，美国企业太空探索技术公司（SpaceX）的升级版"猎鹰 9 号"运载火箭搭载 11 颗通信卫星，从佛罗里达州卡纳维拉尔角空军基地发射升空。更具意义的是，其在发射 10 分钟后一级火箭成功着陆地面平台，首次实现安全回收。火箭成功自主回收，对于航空探索设立新的标准，具有划时代意义。

三、航天技术的发展趋势

航天技术随着科学技术的不断发展而发展。目前，大多数航天器绕地球轨道飞行，也有极少数在太阳系以内进行科学考察。航天技术在军事上的应用仍是重点发展项目，在军事领域的竞争将会更为激烈。

（一）建造大规模的空间站

建造大规模的空间站，是载人航天技术向纵深层次发展的另一个应用手段。建造这种空间站，不仅可以装备各种侦察、通信、指挥、控制系统，以作为空间指挥所使用，还能为航天飞机、宇宙飞船等提供补给的场站和供作战使用的武器平台。为建造这种太空活动基地，到目前为止，世界上已发射了天空实验室、系列轨道站和空间实验室三种类型的航天试验站。

（二）积极发展航天飞机，研制空天飞机

世界上有许多国家陆续进行过航天飞机的开发，但只有美国、苏联以及我国实际成功发射并回收过这种交通工具。美国已有多架航天飞机在实际使用和执行任务，并计划将继续建造多功能的向两极发展的大型和小型航天飞机。

在发展航天飞机的同时，各国正在着手研制空天飞机。空天飞机是既能航空又能航天的新型飞行器。它像普通飞机一样起飞，以高超音速在大气层内飞行，在 30 ~ 100 公里高空的飞行速度为 12 ~ 25 倍音速，并直接加速进入地球轨道，成为航天飞行器，返回大气层后，像飞机一样在机场着陆。在此之前，航空和航天是两个不同的技术领域，由飞机和航天飞行器分别在大气层内外活动。航空运输系统是重复使用的，而航天运载系统一般是不能重复使用的。而空天飞机能够达到完全重复使用和大幅度降低航天运输费用的目的。

总之，航天技术的前景是广阔的。随着人类对宇宙空间开发的日益深入，人类必将在宇宙空间创造出科技的无穷奇迹，并使之更有效地服务于人类。

第六节　电子战技术

一、电子战技术的定义与分类

概念窗

　　电子战技术是研究利用电子装备或器材进行电磁斗争的技术，涉及雷达对抗、通信对抗、C3I 对抗、敌我识别与导航对抗等领域。电子技术的飞速发展，使电子战由作战保障一跃成为重要的作战形式，并正在开启信息战的大门。

　　电子战技术宏观上包括电子对抗技术与电子反对抗技术。从具体的对抗方式来看，主要有侦察与反侦察、干扰与反干扰、欺骗与反欺骗、隐身与反隐身、摧毁与反摧毁、制导与反制导等。

　　由于未来的高技术战场是系统对系统、体系对体系的斗争，任何单一的电子战装备或多种电子战装备的简单组合，都不能对付敌方综合化的电子兵器。只有形成综合电子战系统，才能形成强大的电子战力量。根据电子战装备侦察型、自卫型、支援型三种类型，电子战系统可分为电子侦察系统、电子进攻系统和电子防卫系统。

二、电子战的主要手段及原理

（一）雷达电子战

　　随着雷达在军事上的应用，雷达电子战于 1942 年 9 月首次在美国海军战役中应用。雷达电子战是利用专门的无线电电子设备或器材对敌方的雷达设备进行斗争，以阻止敌雷达获得电磁信息，减弱和破坏敌武器系统的效能与威力，同时保护自己的雷达等电子设备及武器系统在敌干扰条件下仍能正常发挥效能和威力。

　　雷达是发射探测脉冲并接收被照射目标的回波来发现目标，测定目标的空间位置并可对目标进行跟踪的设备。根据这一原理，针对雷达的电子进攻装备可以破坏雷达对目标信息的获取。针对雷达的电子进攻装备中的侦察接收机通过对雷达高功率探测脉冲的截获，可在远距离上发现雷达的照射，并根据对雷达信号的分析确定雷达的属性和威胁的程度，发射与雷达频率相同、波形相似的各种干扰信号，进入雷达接收机压制雷达对目标回波的接收，通过在雷达显示器上遮盖目标回波或制造假目标回波进行欺骗。进入雷达接收机的干扰信号还可以按其特有的调制规律，破坏雷达对目标的跟踪。

对雷达的电子进攻和雷达本身的电子防御，构成了雷达电子战领域。近年来发展的光电电子战和水声电子战都是雷达电子战的一个新技术分支，是雷达电子战的延伸。雷达对抗的主要技术分类有雷达侦察、雷达干扰和反辐射摧毁。雷达电子战可在空间、空中、地面、海上和水下进行，构成了一个立体的作战网络。

（二）通信电子战

通信电子战是指通信领域的电子对抗。无线电通信对抗战，是敌对双方利用普通的无线电通信设备及专门的通信对抗设备，在无线电通信领域内进行的电磁斗争，其目的在于截获敌方无线电通信情报，阻碍或削弱敌方的无线电通信，保障己方无线电通信设备能正常工作。通信电子战是在"二战"中兴起的，主要有通信侦察和通信干扰两大类型。

（三）光电电子战

光电电子战是利用光电设备或器材，通过光波传输的作用，截获、识别敌方正在工作的光电辐射源信息，并采取各种手段削弱以至破坏其光电设备的效能，同时保证己方光电设备正常发挥效能的技术措施和其他措施。

光电电子战包括光电侦察与反侦察、光电干扰与反干扰、光电制导与反制导、光电隐身与反隐身、光电摧毁与反摧毁几个方面。光电威胁是全方位、全天候的威胁。世界上光电制导的导弹、炸弹、炮弹已有 100 多种，美国正在研制的红外制导导弹有 30 多种，红外成像制导导弹有 20 多种，激光制导武器 20 多种。

三、电子战对现代战争的影响

在高技术局部战争日益发展、日趋成熟的情况下，夺取制电磁权的斗争已成为赢得作战胜利的必由之路，成为未来战场上双方争夺的新的"制高点"。作为一种新型的作战方式，电子战已经并将继续对现代战争产生重大的影响。

（一）反侦察难度进一步加大

传统的反侦察伪装主要是外形的实体伪装和无源假目标欺骗伪装，但在电子侦察技术大量运用的高技术战场上，这些伪装方式将形同虚设。现代战场上的各类电子侦察系统充满了从陆地到水下、从水上到空中以及宇宙空间的所有领域。这些电子侦察系统不但远离交战线，而且具有全纵深、全立体的侦察、探测能力，对方要想实施隐蔽地打击，难度是前所未有的。

（二）作战手段得到了全面创新

电子战突破了无线电通信、雷达的范畴，扩展到指挥、控制、制导以及光电、水声等方面，由单一手段的运用发展为多手段的综合运用，从纯粹的作战保障措施上升为更直接的作战手段。众所周知，电子战的重点目标是 C^4ISR 系统。运用电子战手段，可以保护己方的 C^4ISR 系统，干扰敌方的 C^4ISR 系统。电子战这种巨大的攻防作战能力，使它已由早期的作战保障措施上升为现代战争中不可缺少的重要作战手段。

（三）整体作战能力得到了质的提高

多次现代高技术局部战争表明，强大的电子作战能力已成为胜利的重要前提和必要保障，从以色列在贝卡谷地的取胜到美军空袭利比亚的成功，再到海湾战争，无不证明了这一点。现代化军队使用的火炮、坦克、飞机、军舰、导弹等各种武器都不同程度地装备了电子设备，指挥现代化军队作战的 C^4ISR 系统更离不开电子设备。正是由于电子设备在现代化军队中担任着重要角色，使得电子战能力已成为衡量现代化军队作战能力高低的重要标志。

（四）作战样式出现了质的飞跃

电子战装备的出现，使战场从陆地、海上、空中扩展到电磁领域，出现了陆、海、空、天、电磁"五维"战场，敌对双方的电子对抗，使传统的作战样式出现了质的飞跃。现代作战的基本模式应是电子战—空袭与防空—地面进攻与防御，电子战在现代战争中所处的独立作战阶段是不容置疑的。而且，电子战广泛渗透、贯穿于现代战争的各个阶段和各类作战行动中，成为不可缺少的合成作战力量。

第七节　现代新概念武器介绍

新概念武器是相对于传统武器而言的，是指尚处于研制或探索阶段之中的一类高技术武器。与传统武器相比，它在基本原理、杀伤破坏机理和作战方式上都有显著的不同，投入使用后往往能大幅提高作战效能与效费比。

概念窗

新概念武器是指近年来出现的一种采用高新技术的武器，其特点是应用新原理、使用新能源，在技术上有重大突破与创新，在作战方式和作战效能上与传统武器有明显不同，对未来战争将产生革命性的影响。

目前，正在探索和发展中的典型新概念武器，主要有定向能武器、动能武器、高超声速武器、气象武器、基因武器、计算机网络攻防武器、微型无人作战平台和非致命武器等。

一、定向能武器

定向能武器是定向传输能量来打击目标的武器。它发出的能束，可对目标的结构或材料以及电子设备进行硬杀伤，也可以通过调节功率的大小，对目标进行软杀伤。目前，定向能武器主要包括激光武器、高功率微波武器和粒子束武器等。

（一）激光武器

激光武器又称辐射武器或死光武器，是直接利用激光的巨大能量，在瞬间危害和摧毁目标的一种武器。

激光武器分为三类：一是致盲型。利用低能激光束干扰和破坏人眼和武器中的光电传感器。二是近距离战术型，可用来击落导弹和飞机。三是远距离战略型。这类激光武器的研制困难最大，但一旦成功，作用也最大，可以反卫星、反洲际弹道导弹，成为最先进的防御武器。

激光作为武器，首先可以用光速飞行，每秒 30 万公里，任何武器都没有这么快的速度。一旦瞄准几乎不要什么时间就立刻击中目标，用不着考虑提前量。另外，可以在极小的面积上、在极短的时间里集中超过核武器 100 万倍的能量，还能很灵活地改变方向，没有任何发射性污染。

鉴于激光武器的重要作用和地位，美国、俄罗斯、以色列和其他一些发达国家都投入了巨额资金，制订了宏大计划，组织了庞大的科技队伍，开发激光武器。至 20 世纪 90 年代初，仅美国政府对激光武器的研究投入就达 90 亿美元。20 世纪 80 年代中后期，苏联和英国的军舰或陆上已有试验性战术激光武器装备，美、法、德等国也做了大量试验，战略激光武器研究费用高，技术难度大，其前景还有待观察。

激光武器的效费比是比较高的。在防空武器方面，当前主体是导弹，激光武器与之相比消耗费用要便宜得多。例如，一枚"爱国者"导弹要 60 万 ~ 70 万美元，一枚短程"毒刺"式导弹要 2 万美元，而激光发射一次仅需数千美元，今后随着技术的发展，激光发射一次的费用可降至数百美元。

经过 40 余年的研究，美国目前已先后研制出了多种类型的动能武器系统，其中最为成熟的是动能拦截弹。2015 年，美国海军加紧研制一种被称为"星球大战"武器的新型动能武器系统，用来代替现有的舰炮系统。美国海军于 2016 年在海军试验舰上安装新的动能轨道炮武器系统，未来预计动能武器的攻击速度可以达到 5 至 7 倍音速，射程可以超过 100 公里，不仅可以用于舰对舰海战，更可以用于空天防御系统。美陆军计划 2020 年前研制出功率达几十千瓦的光纤激光器。

（二）高功率微波武器

高功率微波可摧毁敌方电子装备或使其暂时失效，也可以杀伤人员。通常由初级能源、能量转换装置、脉冲调制装置、高功率微波源和发射天线等部分组成，主要分为单脉冲式微波弹和多脉冲重复发射装置两种类型。这种武器的辐射频率一般在 1～30 吉赫，功率在 1 吉瓦以上，通过毁坏敌方的电子元件、干扰敌方的电子设备来瓦解敌方武器的作战能力，破坏敌方的通信、指挥与控制系统，并能造成人员的伤亡。

目前，美国发展高功率微波武器的主要目的是用于飞机自卫、反舰导弹防御、反弹药、压制敌防空武器以及指挥控制战和信息战。在微波源器件方面，已研制出了频率 117 吉赫、功率 7.5 吉瓦的虚阴极振荡器，以及频率 40 吉赫、功率超过 1 吉瓦、效率为 30% 的自由电子激光器等。1994 年，美国陆军还进行了高功率微波弹药关键技术试验。高功率微波反传感器武器目前已进入实用开发阶段。

（三）粒子束武器

粒子束武器是利用加速器把电子、质子和中子等基本粒子加速到数万至 20 万 km/s 的高速，并通过电极或磁集束形成非常细的粒子束流发射出去，用于轰击目标。按粒子是否带电可分为带电粒子束武器和中性粒子束武器。粒子束武器在太空可以破坏数十公里以外的目标，在大气中只能攻击数公里以外的目标。

粒子束武器的速度接近光速，所以具有激光武器的优点，可以随时射击目标，也能灵活调整射击方向，又可同时拦截多批多个目标。只要能源供应充足，能连续战斗。此外，粒子束武器不受气象条件的限制，未来战争中，它既是称职的卫士，又是超级杀手。

粒子束武器的研制难度比激光武器大，但作为天基武器比激光武器更有前途。其主要优点是：

（1）不用光学器件（如反射镜）；

（2）产生粒子束的加速器非常坚固，而且加速器和磁铁不受强辐射的影响；

（3）粒子束在单位立体角内向目标传输的能量比激光大，而且能贯穿目标深处。

二、动能武器

动能武器，又称超高速射弹武器，或超高速动能导弹。动能武器能发射超高速飞行的具有较高动能的弹头，利用弹头的动能直接撞毁目标，可用于战略反导、反卫星和反航天器，也可用于战术防空、反坦克和战术反导作战。动能武器代表了反战术弹道导弹的一个重要发展方向，并很快将成为弹道导弹、卫星、飞机等高速飞行目标的有力杀手。动能武器主要由超高速发射装置、探测系统、制导系统和射弹等部分组成。

超高速发射装置提供射弹达到高速所需的动力，可以是火炮、火箭、电场或磁场加速装置；探测系统用于探测、识别和跟踪目标，是动能武器的"眼睛"；传感器是探测系统的灵魂；制导系统是动能武器的"大脑"。根据推进系统的推进原理，动能武器可以分为火箭型、电磁型和电热型三类。

目前，火箭型超高速动能弹已率先达到了工程实用阶段。而电磁型动能武器，尤其是电磁炮的产生，将给常规火炮带来一场革命。它既可以用作反装甲武器、舰艇防空和反导武器、机载武器等战术武器，也可用在发射航天飞行器等战略方面。电热型动能武器，又称电热化学炮，性能十分优异，正处于研制阶段。

根据作战范围的不同，动能武器可以分为战略、战区和战术应用几类。根据攻击对象的不同，又可以分为反装甲动能武器、反飞机动能武器、反导弹动能武器、反卫星动能武器等。根据武器平台的不同，还可分为天基、空基（机载）、地基（固定或移动）和舰载动能武器几类。

世界上正在进行研制或已在部署的战区动能武器，主要为火箭型。按反导防御的区域分为短程、末段大气层内低空防御的点防御，远程、中段高空拦截的面防御和助推段拦截等。在美国，电发射技术初始时考虑的主要是战术应用研究。1983 年才根据"星球大战"计划的需要，转向了战略应用的研究。目前，美国军方适应国家战略的调整，已将战术应用研究作为重点。

三、声波武器

根据共振原理，人类正在开发与试验声学武器。这种武器不是虚拟的神经性武器，而是作用于人体的武器。目前，声学武器主要有以下几种。

（一）次声波武器

次声波武器就是一种能发射频率低于 20 赫兹的次声波，使其与人体发生共振，致使共振的器官或部位发生位移、变形甚至破裂，从而造成损伤以至死亡的高技术武器。它可分为两类：一类是神经型次声波武器，其振荡频率同人类大脑的节律极为近似，产生共振时会强烈刺激人的大脑，使人神经错乱，癫狂不止。另一类是内脏器官型次声波武器，其振荡频率与人体内脏器官的固有振荡频率相近。当产生共振时，会使人的五脏六腑剧痛无比，甚至导致人体异常，直至死亡。

（二）强声波武器

强声波武器能发出足以威慑来犯者或使来犯者失去行动能力的强声波，而不会对人体造成长期的危害。它主要用于保护军事基地等重要设施。当有人靠近时，这种声学武器首先发出声音警告来人。如果来人继续靠近，声音就会变得令人胆战心惊。假如来人置之不理还继续逼近，这种声学武器就会使其丧失行动能力。

（三）超声波武器

它能利用高能超声波发生器产生高频声波，造成强大的空气压力，使人产生视觉模糊、恶心等生理反应，从而使人员战斗力减弱或完全丧失作战能力。这种武器甚至能使门窗玻璃破碎。

（四）噪声波武器

它可以分为两种：一种是专门用来对准敌方指挥部的定向噪声波武器，利用小型爆炸产生的噪声波来麻痹敌指挥人员的听觉和中枢神经，必要时可使人员在两分钟内昏迷。另一种是噪声波炸弹，它同样可以麻痹人的听觉和中枢神经，使人昏迷，主要用于对付劫机犯等恐怖分子的活动。

四、气象武器

所谓"气象武器"是指运用现代科技手段，人为地制造地震、海啸、暴雨、山洪、雪崩、热高温、气雾等自然灾害，改造战场环境，以实现军事目的的一系列武器的总称。随着科学和气象科学的飞速发展，利用人造自然灾害的"地球物理环境"武器技术已经得到很大提高，必将在未来战争中发挥巨大的作用。下面介绍几种气象武器。

（一）温压炸弹

温压炸弹是美国国防部降低防务威胁局在 2002 年 10 月组织海军、空军、能源部和工业界专家，利用两个月时间突击研制的武器，并成功应用于阿富汗战场。温压炸弹爆炸时能产生持续的高温、高压，并大量消耗目标周围空气中的氧，打击洞穴和坑道目标效果显著。除去用温压炸弹打击洞穴、坑道和掩体等狭窄空间目标外，美国海军陆战队还计划利用便携式温压炸弹打击城市设施，包括建筑物和沟道等。

（二）人工消云、消雾武器

人工消云、消雾是指采用加热和播撒催化剂等方法，消除作战空域中的浓雾，以提高和改善空气中的能见度，保证己方目视观察、飞机起飞和着陆、舰艇航行等作战行动的安全。在第二次世界大战中，英军曾使用一种名为"斐多"的加热消雾装置，成功地保障了 2500 架次飞机在大雾中安全着陆。1968 年，美军为保障空军飞机安全着陆，曾使用过人工消雾武器。

（三）化学雨武器

化学雨武器是从早先的气象武器演变而来的一种新型武器，在海战中的作战效能尤为明显。它主要由碘化银、干冰、食盐等能使云层形成水滴，造成连续降雨的化学物质和能够造成人员伤亡或使武器装备加速老化的化学物质组成。该武器分为两大类，一类是永久性的，一类是暂时性的。永久性的化学雨武器主要用隐形飞机或其他无人飞行器运载，偷偷飞临敌国上空撒布，使敌军武器加速腐蚀，进而丧失作战能力；暂时性的化学雨武器主要是使敌部队瞬间丧失抗击能力，由高腐蚀性、高毒性、高酸性物质等组成。

（四）人工控制雷电

人工控制雷电，是指通过人工引雷、消雷的方法，使云中电荷中和、转移或提前释放，控制雷电的产生，以确保空中和地面军事行动的安全。人工控制雷电的方法有：利用对带电云团播撒冻结核，改变云体的动力学和微物理学过程，以影响雷电放电；采用播撒金属箔以增加云中电导率，使云中电场维持在雷电所需临界强度以下抑制雷电；人为触发雷电放电，使云体一小部分区域在限定的时间内放电。

（五）太阳武器

这是一种利用太阳光来消灭敌方的武器。实际上利用太阳光作为武器，早在公元 300 年就使用过。1994 年，俄罗斯卫星曾在轨道上安放了一面镜片，镜片的反射光在夜间擦过地球，这说明目前的技术已经能够在 4 万米高空集中镜面反射光。据计算，聚集的热源中心温度可达数千度，可以毁灭地球上的一切。这种武器也很有可能出现在未来战争中。

五、基因武器

基因武器是一种新型的生物武器，也叫遗传工程武器、DNA 武器，它是通过基因重组而制造出来的新型生物武器。根据其原理、作用的不同，可分为三类。

一是致病或抗药的微生物。这类基因武器是指通过基因重组，在一些不致病的微生物体内"插入"致病基因，或者在一些致病的细菌或病毒中接入能对抗普通疫苗或药物的基因，从而培育出新的致病微生物或新的抗药性很强的病菌。

二是攻击人类的动物兵。据称，只要研究和破译出一种攻击人类的物种基因，便可以将这种基因转接到同类的其他物种上，其繁育的后代也将具有攻击性而成为动物兵。据外刊报道，如将南美杀人蜂、食人蚁的基因进行破译，然后把它们的残忍基因转接到普通的蜜蜂和蚂蚁身上，再不断把这些带有新基因的蜜蜂、蚂蚁进行克隆，这些克隆后的蜜蜂、蚂蚁便可以成为大批量的动物兵。据称，某国科学家已经培育出了一种老鼠，这些经基因改造的老鼠具备了很强的攻击性。

三是种族基因武器。众所周知，基因决定了人类及民族特征：肤色、头发、眼睛、身高等。国外专家认为，随着人类基因组图谱的组成，人类将掌握不同种族、不同人群的特异性基因，这就有可能被用来研制攻击特定基因组成的种族或人群的基因武器，即种族基因武器。

六、计算机病毒武器

计算机病毒武器借助通信线路扩散计算机病毒，也可预先把病毒植入相应的智能机构，再按给定信号或预定时间使其发作，破坏计算机资源，使计算机网络系统出现故障。计算机病毒是一颗长在计算机网络上的毒瘤，能够自我繁殖，具有很强的传染性和破坏力。计算机一旦染上病毒，轻则工作效率降低，重则整个系统瘫痪。如何将病毒投放到电子计算机及其网络中，是世界各军事强国致力研究的热门课题。

计算机病毒武器主要有以下一些攻击方法。

第一种方法是将病毒预先植入计算机芯片，潜伏在电子设备中，一旦需要，通过无线遥控方式激活，使其发作。美军在"海湾战争"中曾经试过这种方法并尝到了甜头。"海湾战争"开战前，美特工人员探知伊拉克将从法国进口一批电脑打印机，通过"偷梁换柱"的方法将有毒芯片悄悄装入，为了掩人耳目，电脑打印机途经约旦安曼运往伊拉克。战略空袭发起前，美利用无线遥控方式激活病毒，致使伊的预警系统、火控系统、通信和雷达系统瘫痪，战事未起，伊军就挨了一顿闷棍。战后，美军宣称，"用计算机病毒进行战争，比用核武器进行战争更为有效，也更为现实，且不承担世界政治舆论的风险"。美军如果使用核武器，众目睽睽，众人讨伐，但用计算机病毒进行战争，无声无息可掩人耳目。

第二种方法是利用无线电波从空间注入。例如，人们使用的手机是利用无线电波沿空间传播达成通信的，而且机内安装计算机芯片。手机中"毒"后通常会出现以下三种症状：手机持续发出刺耳的尖叫声；无法操作手机上的键盘；篡改、清洗掉机内数据，使手机成为"高级废铁"。

第三种方法是将病毒制成弹头（子弹、炮弹、炸弹等），利用发射工具投掷到敌电子计算机系统中。美军扬言用病毒手枪袭击俄米格战机，只需 10 秒，就可使它变成空中的废铜烂铁。

第四种方法是通过有线信道"送毒上门"，打电话就将病毒打进来，倘若电话机与计算机联网，计算机就会染毒。

第五种方法是从网络中的计算机接口输入病毒，从而殃及全网。

七、人工智能武器

人工智能是 20 世纪 50 年代兴起的一门综合性边缘学科，是计算机科学的一个分支，主要研究用机器来实现人的某些智力活动的有关理论、技术和方法。它将计算机的逻辑运算、推理与信息理解系统、知识处理系统、专家系统、知识库等结合起来，组成一个包含人的经验因素和知识的体系，也就是智能计算机，即第五代计算机。它使人的智力技能和体力技能外延并自动化。

人工智能应用在军事上，便产生出人工智能武器这一新的作战手段。人工智能作为决策辅助手段和作战支援力量，具有无限的潜力。具体地说，人们完全可以利用电子计算机模拟人类的学习与推理、问题求解、辅助决策与智能活动的技术，制造出具有自主敌我识别、自主分析判断和决策能力的各种各样的武器。例如，能自主地对目标进行识别、判断和选择攻击的智能导弹、智能地雷、智能水雷；能自主地判定毒袭毒剂的种类并选择所需消毒剂对染毒车辆和染毒地域进行消毒；能自动观察战场并进行警戒的哨兵机器人。人类历史上第一支由 18 名被称为"特种武器观测侦察探测系统"的战斗机器人士兵所组成的特殊部队，已在伊拉克战场上首次亮相。

美国知名智库"新美国安全中心"2015 年 12 月 15 日发布报告称，未来战争将转向一种全新的战争模式，无人和自主系统将扮演核心角色。报告建议美国应从现在就开始做好准备，迎接并不遥远的机器人时代的战争。据统计，目前全球超过 60 个国家的军队已装备了军用机器人，种类超过 150 种。预计到 2040 年，美军可能会有一半的成员是机器人。同时，美军方高度重视智能化士兵装备的发展，正在研发智能化步枪、制导枪弹和智能作战服等新型装备。

除美国以外，俄、英、德、日、韩等国家也已相继推出各自的机器人战士。俄、美在无人潜艇和无人潜艇杀手方面展开"角力"，无人驾驶潜艇和"潜艇杀手"均不断爆出"猛料"。2015 年 9 月，《华盛顿时报》援引五角大楼工作人员的话称，俄罗斯正在建造一种无人潜艇，可携带核武器，能对美国的港口和沿海城市构成威胁。原只存在于虚拟世界的"机械战士"，正在走向现实。

2017 年 4 月，俄罗斯副总理罗戈津公布了军方的战斗机器人费尔多的一段视频。该战斗机器人可双足直立行走，并进行双手射击，还能进行焊接等精细操作以及匍匐前进、上下汽车、加工木材等复杂战术动作。预计未来，人工智能武器将会是继火药和核武器后"战争领域的第三次革命"。

第八节　指挥自动化系统技术

一、指挥自动化系统的基本概念

概念窗

指挥自动化系统是指指挥员借助以计算机为核心的信息设备、人员、工作方法步骤，按照军事原则，对所属部队进行指挥控制的人机信息系统。它可以辅助指挥员和指挥机关实现科学、高效的指挥控制和管理，即实现指挥自动化。从功能上讲，指挥自动化系统实质上是以计算机为核心，具有指挥控制、情报侦察、预警探测、通信、电子对抗和其他作战信息保障功能的军事信息系统。

没有计算机不会有自动化，但自动化绝不是不需要人，只是原来由人完成的一些工作交由机器自动完成。自动化是一个机器逐步代替人操作的过程，是系统发展追求的目标。

指挥自动化系统是军队现代化建设目标体系的重要组成部分，是提高军队整体作战效能的有效途径。现代战争证明，只有建立并有效使用指挥自动化系统，才能最大限度地发挥作战部队和武器的潜能，增强军队的战斗力。因此人们把军队指挥自动化系统看作"力量倍增器""第三次军事革命"等。

指挥自动化系统是我军的一种命名，在国外还有许多其他叫法，又称作自动化指挥系统或战场管理系统，更多的是用指挥控制系统要素的英文字母缩写来表示。用英文字母来表示指挥自动化系统的发展及其组成要素，大致经历了 C2（Command + Control，指挥和控制）、C3（C2 + Communication，指挥、控制和通信）、C3I（C3 + Intelligence，指挥、控制、通信和情报）、C4I（C3，I + Computer，指挥、控制、通信、计算机和情报）、C^4ISR（C4I + Surveillance + Reconnaissance，指挥、控制、通信、计算机、情报、监视和侦察）几个阶段。目前，更多的是用 C3I 或 C^4ISR 表示指挥自动化系统。

指挥自动化系统按照规模和级别可以分为战略、战役和战术指挥自动化系统，按照军兵种一般可分为陆、海、空等指挥自动化系统，各国军兵种略有差异，故分法也有些不同。

二、指挥自动化系统的体系结构

按照复杂系统理论，常常把一复杂系统看作由基本功能构件装配而成，以便给出一个概念清晰而又十分简单的系统视图。按照信息在 C^{4}ISR 系统的流程，C^{4}ISR 系统通常看成由信息收集、信息传递、信息处理、信息显示、决策监控和执行等六个分系统构成。

（一）信息收集分系统

由分别配置在地面、海上、空中、外层空间的各种侦察设备，如侦察卫星、侦察飞机、雷达、声呐、光学摄影机、遥感器及其他侦察、探测设备组成。它能及时地收集敌我双方的兵力部署、作战行动及战场地形、气象等情况。

（二）信息传递分系统

主要由终端、交换、线路和用户设备组成。信道终端设备主要有有线载波通信、微波接力通信、散射通信、卫星通信及光通信设备等；交换设备主要有电话、电报、数据交换机等。通常由这些设备组成具有多种功能的通信网，迅速、准确、保密、不间断地传输各种信息。

（三）信息处理分系统

由电子计算机硬件和软件组成。硬件系统主要包括中央处理器、存储系统和输入输出设备。软件系统主要包括系统软件，如计算机操作系统，多种高级语言处理程序等；应用软件，如网络软件、数据库管理系统、文字编辑和图形处理软件等。信息处理是将输入计算机的信息，通过按预定目标编制的各类软件，进行信息的综合、分类、存储、检索、计算等，并能协助指挥人员拟制作战方案，对各种方案进行模拟、比较、选优。常用的军事信息处理有文电处理、数据处理、情报检索、图形处理、图像处理等。

（四）信息显示分系统

由各种输出可视信息的设备组成。显示设备通常有供单人使用的管面显示器和供指挥人员共同使用的大屏幕显示器两种。其功能是把信息处理分系统输出的各种信息，包括军事情报、敌我态势、作战方案、命令和命令执行情况等，用文字、符号、表格、图形、图像等多种形式，协调地显示在各个屏幕上。

（五）决策监控分系统

由监视器、键盘、打印机、多功能电话机、记录装置等组成。通常组装成工作台形式，实现人机交互，用以辅助指挥人员做出决策、下达命令、实施指挥。还可用来改变指挥自动化系统的工作状态并监视其运行情况。

（六）执行分系统

可以是执行命令的部队的指挥自动化系统，也可以是自动执行指令的装置，如导弹的制导装置、火炮的火控装置等。命令的执行情况和武器的打击效果可通过信息收集系统反馈到决策监控分系统。

三、指挥自动化系统的发展趋势

（一）指挥自动化系统自身的发展

指挥自动化系统自身的发展是指利用计算机硬件、软件、多媒体、人工智能和通信的新技术、新方法完善提高系统的性能，并把服务对象由指挥员扩大到战斗员。具体地讲，有"六化"：体系结构一体化、功能一体化、指挥员与战斗员服务一体化、管理一体化、操作一体化以及智能化。

（二）指挥自动化系统外延的发展

指挥自动化系统的外延指改变系统的内部或外部部件，使系统和本不属于系统的部分组成一个更大系统，或把指挥自动化系统植入一新的环境中，组成更有效的军事系统。指挥自动化系统的外延关键是系统本身能力的增强和环境实体的信息化，如武器的信息化。指挥自动化系统的外延发展趋势可概括为"两结合"：一是指挥自动化系统与电子战相结合，二是指挥自动化系统与武器系统相结合。另外，指挥自动化系统的外延还包括功能的外延，由作战指挥功能延伸到军事训练、办公自动化、抢险救灾、缉毒走私，甚至在和平时期为地方的交通管理、企业管理等提供服务。

第九节　军事高技术与新军事变革

以信息技术为代表的高技术群飞速发展并广泛应用，极大地改变了人类的生产方式和生活方式，促进人类向信息社会迈进。和以往的技术进步带来军事领域根本性的变化一样，以信息技术为代表的高技术群也正改变着人们的军事活动方式。信息时代的武器装备、军队构成、作战方式和以往工业时代相比，发生了根本性的变化。这种变化正在进行并将持续下去，其结果必将导致军事领域的根本性变化，即新军事变革。

一、新军事变革的产生与发展

（一）产生阶段（20世纪40年代至70年代）

新军事变革的源头最早可追溯到20世纪四五十年代。早在第二次世界大战期

间，德国就开始积极研制火箭、导弹武器；1942 年，美国开始实施"曼哈顿工程"计划，于 1945 年研制成功世界上第一颗原子弹；1946 年，由美国人研制的世界上第一台电子计算机，首先在军事领域出现；1955 年，苏联设计了第一枚可以运载核武器的洲际导弹，并于 1957 年用这枚导弹改造的多极火箭首次把人造卫星送上天。到 20 世纪六七十年代，随着以计算机为核心的信息技术的迅速发展和广泛运用，这些新型军事技术群也以惊人的速度快速发展，并愈来愈明显地改变着整个军事领域的面貌。

（二）发展阶段（20 世纪 80 年代至 21 世纪 30 年代）

进入 20 世纪 90 年代，随着苏联解体、冷战结束，国际局势发生了根本性变化。1991 年年初爆发的海湾战争，使人们不仅看到了高技术武器装备在现代战争中的决定性作用，更直接感受到一种全新的战争形态。因此，海湾战争后，以美国为首的西方国家和俄罗斯等国对新军事变革的研究与讨论很快进入了高潮，并成为了国防机构的政府行为。

当美国率先推行新军事革命的时候，世界其他许多国家，如俄罗斯、中国、英国、法国、德国、日本、印度等也不甘落后。这些国家充分认识到新军事革命代表着未来世界军事发展的大趋势，为了更有效地维护自身的政治、经济利益，纷纷加快本国新军事改革的步伐，以迎接新军事革命的挑战。

2003 年春的伊拉克战争，从武器装备、作战形式、部队编成上都体现了现代战争的最新特点，实际上是美国新军事变革成果的全面检验。通过这场战争，美国必将对下一轮军事变革提出新的计划和任务，全世界也都被这场战争进一步惊醒，并坚定地投入到这场新军事革命的行列中来。

（三）完成阶段（21 世纪 30 年代至 50 年代）

当然，新军事革命是由机械化军事形态转化而来的，需要经过多个发展阶段。两种军事形态无论在时间上还是在内涵上，都存在一个并存、交替与过渡的时期。根据许多军事专家、未来学家的分析和预测，新的智能化军事形态估计要到 21 世纪中叶才可能完成。

二、新军事变革的实质内涵

当今世界正在进行的新军事变革是一场空前的全维军事革命，是以夺取信息优势为核心，以创新的军事理论为先导，以加速组建信息化军队、实现武器装备的信息化和智能化为动力，以加快体制编制改革，形成诸军兵种高度合成为重心的全方位、全领域、全系统的全维军事变革。它涉及军事理论、军事战略、战争形态、作战思想、指挥体制、部队结构、军备发展、国防工业等领域，其广度和深度是以往历次军事变革所无法比拟的。

（一）新军事变革以军事信息化革命为核心

信息优势是军事变革和军事斗争的核心优势。从军事层面上说，新军事变革是一场信息化革命。信息化成为新军事变革的基本要素，主要是由信息技术运用于军事领域所展现出的独特而强大的效能所决定的。首先，信息技术是新军事变革的支柱性技术，信息技术的广泛运用，导致了精确制导武器和信息化、隐形化作战平台的问世。军事武器装备和军事系统的高度信息化，使整个军事系统的作战效能有了质的飞跃。其次，信息优势成为军事变革和军事斗争的核心优势。世纪之交的几场局部战争已经证实，谁掌握了信息技术，获得信息优势，有效支配信息资源，谁就获得了当今世界军事斗争的制高点。最后，信息战将成为信息时代的主要作战样式。在信息成为重要战争资源、成为军事力量构成的关键要素的前提下，信息对抗技术为信息战奠定了物质基础。信息系统网络化，促进了信息战场的形成，夺取制信息权，成为信息化战争的制胜关键。因此，未来战争中，对信息与信息系统实施打击与防护是信息战的首选目标，围绕信息与信息系统的攻防而展开的信息战，也必将成为未来战争的基本形态。

在伊拉克战场上，美军动用了 70 多颗卫星和 U－2 高空侦察机、"全球鹰"无人侦察机，构成了绵密的情报侦察网。在导弹巡洋舰上部署了"区域防空指挥系统"，在战斗机上装备了"快速战术图像系统"，在特种部队士兵电脑上安装了"漫游者"软件，形成了前所未有的功能强大的战场信息化网络，使战场信息化网络能与总司令部、五角大楼和白宫始终保持紧密联系，形成了指挥、控制、通信、计算机、情报、监视和侦察一体化的 C^4ISR 系统，使陆基、海基、空基、天基的作战平台和各类人员能实时交换作战信息，从而构成了支持各种作战行动的多维信息空间战场。美军凭借这种四通八达的通信网、疏而不漏的预警网、眼观六路的监视网、指到哪打到哪儿的导航网，多管齐下形成合力，最终以绝对优势取得了胜利，同时使伊拉克战争成为迄今为止信息化程度最高的一场战争。

（二）新军事变革以创新的军事思想和作战理论为先导

先进的作战指导是赢得信息化战争的保证，军事理论和作战思想历来是军事变革最迅速、最活跃的领域。20 世纪 90 年代以来，伴随世界新军事变革的深入发展，世界军事思想和作战思想呈现出变革程度深、变化周期短的显著特点。越南战争后，美军十分重视超前性军事理论体系的建立，其战斗条令一直遵循"实行一代、论证一代、预研一代"的原则，形成了当前和长远高度统一的理论体系，使美军始终占据世界军事理论的先导地位。20 世纪 90 年代以来，美军打了四场局部战争，在这四场局部战争中，美军的战略指导和作战思想都不相同。1991 年的"海湾战争"，是空地一体的作战思想；1999 年的科索沃战争，是远距离精确打击的非接触性作战思想；2001 年的阿富汗战争，是精确打击与特种作战相结合的作战思想；2003 年的伊拉克战争，是全体系震慑性打击的作战思想。这说明美国十分注意作战思想的不断提升和变化。

新军事变革的蓬勃发展，对传统军事思想和作战理论提出了严峻挑战，主要表现为：作战目的由消灭对手趋向改变对手，由歼灭敌军趋向瘫痪敌军，由打垮敌国趋向打服敌国；作战指挥体制由层次叠加的树状结构趋向横宽纵短的扁平化结构，由军种自成体系趋向军种联合指挥；战场形态由线性战场趋向非线性战场，由三维空间趋向全维空间；作战样式由接触作战趋向接触作战与非接触作战相结合，由对称作战趋向非对称作战；作战方式由顺序作战趋向并行作战，由以武器平台为中心趋向以信息网络为中心，由大面积毁灭趋向精确制导打击，由火力制胜为主趋向信息制胜为主；兵力运用由兵力集中趋向系统集成，由单元对抗趋向体系对抗；威慑方式由核武器威慑趋向信息威慑；作战保障由集结式趋向聚集式。由此可见，军事理论和作战思想的创新，是新军事变革的先导和精髓。

（三）新军事变革以组建信息化军队、实现武器装备的信息化和智能化为动力

随着世界新军事变革的不断深入，世界各国在军队建设上大多瞄准未来信息化战争的方向，把组建信息化军队、实现武器装备的信息化和智能化作为取得战场主动的动力。美国是信息化军队建设的先行者。2001 年 11 月，美国国防部成立了由 30 多人组成的军队转型办公室，统一领导美军向信息化转型的工作。美国陆、海、空三军也分别制订了各自的信息化计划。俄罗斯、日本、印度也在加紧组建信息化军队。加快武器装备由机械化向信息化过渡，是组建信息化军队的物质平台。目前，西方发达国家军队武器装备系统的主体已经初步实现信息化。其中，美军信息化程度最高。C^4ISR 系统的一体化建设，是美军信息战技术准备中的重中之重。武器装备信息化可能带来的最大变化，是武器系统的智能化和作战系统的一体化。未来的武器系统一体化是指武器系统不仅能自主地对各类目标群进行分析和识别，还能按其性质排列出先后顺序，在最佳攻击时机一举命中最有价值的目标。作战系统的一体化是指功能上的一体化和结构上的一体化，即由一个武器系统来代替几件武器分别执行的作战和采用各级 C^4ISR 系统，把整个战场上的武器系统和保障系统联为一体，实现充分的联合与协调。

（四）新军事变革以加快体制编制改革、形成诸军兵种高度合成为重心

信息化时代的军事对垒，是单元向体系的转变、单维向全维的突破。随着联合作战程度的不断提高，战斗单元的多能化、复合化、一体化、精干化，将成为今后军事力量合成的基本趋势。因此，能否组建体系化的诸军兵种联合作战体制，是赢

得信息化战争的重要保证。现代战争是体系对体系的较量，只有多种力量综合使用、各军种密切协同、各种武器系统优势互补，才能发挥整体威力。美军从 1997 年就开始着手军队的系统集成建设，积极推行武器装备"横向技术一体化"建设。2004 年 4 月中旬，美国国防部正式做出了实施"10－30－30"新军事战略构想的决定。所谓"10－30－30"，就是在华盛顿做出对某个地区或国家动武的政治决定之后，美军应在 10 天内进入战斗准备，并迅速向预定地区集结进发。此后 30 天内击败敌人，再用 30 天调整部署，并为到达全球任何一个地区完成新的战斗任务做好准备。这项被称作"极限战斗力"的战略，要求美军具有在一年内打赢五场局部战争的能力。全球化、一体化、机动化、轻便化、多样化，将是美军体制编制改革的基本趋向。

三、世界新军事变革对我国军队建设的启示

世界新军事变革的迅猛发展，使我军的现代化建设面临着全面的挑战。能否抓住历史机遇，积极推进有中国特色的军事变革，直接关系到我们能否真正在新世纪、新阶段占据有利的发展局势，打赢可能发生的信息化条件下的局部战争，从而为全面建设小康社会保驾护航。世界新军事变革要求我们从以下几个方面加快我军建设。

（一）加速组建新型部队

未来战争是以信息技术为核心的高技术条件下的局部战争，战争形态发生了根本性变化，战争样式由原来的运动战、阵地战、追击战、地道战、地雷战等传统战法演变为"信息战""网络战""立体战""地区性作战"等样式。这一切给各国部队的编成提出了更新更高的要求。为适应未来战争的需要，我军在几年前就建立了信息化部队和海军陆战队，但数量较少，且起步较晚，强大的战斗力还未完全形成。要掌握未来战争的主动权、制胜权，我军应加速建设一支相当规模的技术含量高、信息灵敏、通信顺畅、通晓高技术、能驾驭新装备、反应能力强的信息化部队与数字化部队；建设一支人人是蛟龙、登陆赛猛虎、空降似神兵、挺胸能挡刀、挥臂能断砖、扬头能碎石、攻防兼备、无往而不胜的两栖型的海军陆战部队；建设一支由诸军兵种混合编成的、训练有素的快速反应部队。

（二）加速研制新型武器

战争双方的较量，不仅是经济、智力、谋略、毅力方面的较量，还是技术、武器的抗衡。我军对武器装备的发展给予了重视，但"一低五少"的状况还未得到彻底的解决。"一低"，就是武器装备的现代化程度和高科技含量低；"五少"，就是高性能武器装备少，进攻性武器少，精确制导武器（如制导炸弹、制导炮弹、制导鱼雷、制导地雷、巡视导弹、反射导弹及反导导弹等）少，侦察、预警、指挥、控制

手段少，电子装备少。这种状况不能长期存在下去，我军要奋起直追。我们应在向发达国家购置一些新式武器装备的基础上，加速研制我军自己的"撒手锏"，如先进舰艇、先进雷达、隐形战斗机、隐形坦克、隐形鱼雷、精确制导导弹等，我军的攻防能力才能有很大的提升。

（三）加速建立新型指挥体制

作战思想、作战方针、作战原则、作战程序、作战方式确定之后，军事指挥是决定性因素，指挥得当，就能打胜仗；指挥不当，胜利无望。综观我军的指挥体制，以往虽然做了一些改革，但基本上还是一种塔式纵长形"树"状的领导指挥体制。这种指挥体制在过去战争中也曾发挥过很好的作用。然而，这种指挥体制基本上是工业化时代的模式，远不能适应信息化时代和信息化战争。现代战争技术含量高，部队将是信息化部队，士兵将成为"信息士兵""网络士兵"，部队和士兵的反应能力、机动能力大大增强，若采取塔式纵长形"树"状领导指挥模式，环节太多，运转太慢，就会贻误战机。对此，要实施流畅的指挥，提高部队战斗力，我军要大刀阔斧、脱胎换骨地对指挥体制进行改革，变纵长形"树"状指挥模式为扁平形"网"状指挥模式。

（四）加速造就新型人才

当今信息社会的软件和硬件的重要性不言而喻，但是它们的背后却无不闪烁着人才的光芒，知识经济的竞争关键是人才，军事领域的抗衡同样离不开人才。唯有认识到全部竞争中永远不变的真理是人才竞争，方能笑傲全球、笑到最后。我们应根据新军事变革的要求和未来高新技术条件下局部战争的需要，抓紧启动新的人才生成机制，一方面从地方高等院校招收高才生充实部队；另一方面加大力量开展自身院校培训，充分利用军队院校，抓紧进行世界前沿的先进学科、先进理念、先进技术的教学与研究，用较短的时间培养出一批懂专业技术、懂军事谋略、懂决策指挥的优秀人才。

❓ 思考题

1. 军事高技术的概念及特点是什么？
2. 军事高技术的发展趋势是什么？
3. 简述精确制导武器的概念及基本特征。
4. 简述精确制导技术的发展趋势。
5. 简述世界新军事变革对我国军队建设的启示。

下 篇

军事技能篇

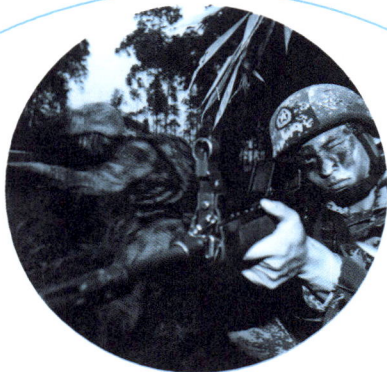

第六章 中国人民解放军条令教育与训练

学习目标

1. 了解中国人民解放军三大条令的基本内容。

2. 掌握单个军人队列动作的基本要领。

3. 掌握分队的队列动作,增强组织纪律观念。

第一节 概 述

一、军队颁布共同条令的意义

（一）共同条令

条令，是中央军委以简明条文的形式颁布给军队的命令，是军队正规化建设的依据，是军队行动的准则。共同条令，是关于军队训练、生活、勤务活动的行为准则，是军人必须遵守的法典。

我军的共同条令是我军在长期革命战争和军队建设实践中逐步形成的，并随着武器装备、作战和训练任务的发展变化而发展起来的。我军现行的共同条令包括《内务条令》《纪律条令》《队列条令》，又称"三大条令"，是中央军委于 2010 年 6 月 15 日由军委主席胡锦涛签署并发全军施行的。主要规定军人的基本职责、权利、相互关系、生活制度、活动方式、队列行动、执勤方法、奖惩和纪律等，是全体军人必须遵守的行为准则。

共同条令与我军《政治工作条例》以及各项规章制度相结合，充分体现了人民军队的性质和任务，反映了生成我军新的战斗力的客观需要，是我军训练管理、教育等工作的根本法典。

（二）落实共同条令的意义

中国人民解放军是人民的军队，是中华人民共和国的武装力量，是人民民主专政的坚强柱石，肩负着巩固国防、抵抗侵略、捍卫祖国的历史重任。我军的性质和任务，要求我军必须要有高度统一的组织纪律和行动。我军广大干部、战士来自祖国的四面八方和社会各个不同阶层，在生活习惯、文化水平、人生经历、道德素养等方面不尽相同，如果没有一个从生活到工作、从管理到训练以及严格的行动准则予以规范，那么部队就会失去应有的凝聚力和战斗力，也就不可能完成好以军事训练为中心的各项工作任务，作为军人也就不可能成为一名合格的指挥员和战斗员。

在新的历史时期，执行和落实好共同条令是我军实现现代化、正规化建设战略目标的重要措施之一。只有全面认真地贯彻执行共同条令，才能更好地维护我军内部良好的上下级关系、军内外关系和正规工作秩序、生活秩序；才能严格履行职责，搞好行政管理；才能培养优良作风，增强组织纪律性，树立良好形象，巩固和提高战斗力，提高我军质量建设的水平。

按照 2007 年 2 月教育部、总参谋部、总政治部颁发的《普通高等学校军事课教学大纲》的要求，在普通高等学校开展军事课教学工作，进行中国人民解放军共同条令教育训练，对于增强学生的组织纪律性，树立良好形象，提高综合素质，培养"四有"新人，加强和维护校园正常的学习、生活和工作秩序，促进校园文明建设，必将起到积极的推动作用。

（三）如何贯彻共同条令

共同条令是军队生活的基本准则，也是高校学生军训生活必须遵循的基本原则和标准。通俗地讲，条令就是学生军训的规矩。因此，作为每一名参训学生，首先要认真学习条令内容，把握条令精神，紧密联系自身实际。切实从理论与实践相结合上，把条令精神融入学习、训练、生活和工作中，使条令真正成为每名学生军训生活的行为准则。其次，搞好条令教育，增强条令意识。高校学生来自全国各个不同的民族和地区，在文化、思想、观念和素质等方面具有较多的差异性。据此，高校职能管理部门要坚持以条令教育与思想教育等多种形式并举的方法，转变思想观念，切实把大家的思想和行动统一到条令精神上来。最后，抓好条令落实，坚持教养一致。在军事技能训练中，要认真贯彻"严格训练，严格要求"的方针，努力把内练素质、外树形象作为落实共同条令的出发点和立足点，并因地制宜地把学生日常生活同军训相衔接，让广大参训学生真正从训练实践中领悟条令丰富的育人内涵，激发科技强军、知识报国、振兴中华的责任感，促进学生素质与能力的全面发展。

二、中国人民解放军共同条令简介

（一）《内务条令》

内务，从一般词义上讲，泛指内部事务或集体生活室内的日常事务。而军队内务是指军队内部日常生活的一切事务。《内务条令》是规定军人基本职责、军队内部关系和日常生活制度的法规，是军队生活的准则、行政管理的依据。其基本精神是：强调官兵一致、按职按级负责、严格管理。颁发《内务条令》的目的在于：建立正规的内务秩序，维护良好的内外关系，明确和履行职责，进行行政管理，培养优良作风，巩固和提高战斗力。

中国历代军队有关内务的要求，通常是作战、训练和纪律等内容结合在一起予以规定的。清光绪三十二年（1906 年），北洋陆军兵备处编印了《内务条例》，形成专门的军队内务法规。我军历来重视内务管理。1936 年，《中国工农红军暂行内务条令》颁布施行，这是我军最早的《内务条令》。1942—2010 年，中央军委对《内务条令》先后进行了 10 余次修订。

2010 年 6 月重新修订施行的《内务条令》内容包括：总则、军人誓词、军人职责、内部关系、礼节、军人着装、军容风纪、与军外人员的交往、作息、日常制度、值班、警卫、零散人员管理、日常战备和紧急集合、后勤日常管理、装备日常管理、营区管理、野营管理、常见事故防范、国旗、军旗、军徽的使用和国歌、军歌的奏唱以及附则等，共21章420条。

该条令充分体现了从严治军的基本特点和规律，突出了以军事训练为中心、以管理工作为重点、以正规化建设为目标的各项工作，贯彻了建立正规的内务制度和良好的战备、训练、工作、生活秩序，加强装备物资和军事设施的管理，努力提高军队打赢高技术条件下局部战争能力的内务建设原则。它是我军在新的历史条件下，建立维护良好内外关系和正规内务制度，履行职责，进行管理教育，培养优良作风的依据，是军队生活的准则。

（二）《纪律条令》

《纪律条令》是中国人民解放军维护纪律、实施奖惩的基本依据。其基本精神是：强调军队纪律的严肃性，体现从严治军的基本特点，贯穿了教育为主、奖励为主和纪律面前人人平等的思想。颁发《纪律条令》的目的在于：培养军人高度的组织性、纪律性，巩固和提高部队战斗力，保证军队高度集中统一和训练、战备、作战等任务的顺利进行。

中国历代成文法中，有许多关于军人奖赏和刑罚方面的条文。中国人民解放军在创建初期就制定了《三大纪律六项注意》，后发展为《三大纪律八项注意》。1930年10月，颁布《中国工农红军纪律条令草案》。2010年6月由中央军委颁布实施的《纪律条令》是我军的第16部纪律条令。内容共有总则、奖励、处分、特殊措施、控告和申诉、首长责任和纪律监察以及附则等，共7章179条。

该条令继承了我军维护和巩固纪律的优良传统，指出："中国人民解放军的纪律，是建立在政治自觉基础上的严格纪律，是军队战斗力的重要因素，是坚持人民军队性质、宗旨，团结自己、战胜敌人和完成一切任务的保证。""军人在任何情况下，都必须严格遵守和自觉维护纪律。本人违反纪律被其他人制止时，应当立即改正；发现其他军人违反纪律时，应当主动规劝和制止；发现他人有违法行为时，应当挺身而出，采取合法手段坚决制止。"这些基本内容和要求，反映了人民军队的本质，既体现了赏罚严明、以教育为主、以惩处为辅的原则，又体现了党的十一届三中全会以来的路线、方针、政策以及国家宪法法律的有关精神，完全符合新时期部队建设的要求。

（三）《队列条令》

队列，自古有之。可以说，自从产生了军队就有了队列。在军队的训练、工作和生活中，队列是必不可少的。队列伴随着军队的发展而发展。

《队列条令》是规定军队队列动作、队形和队列指挥的法规，是全军及预备役人员队列训练的依据。颁发《队列条令》的目的在于：培养良好的军姿、严整的军容、过硬的作风、严格的纪律性和协调一致的动作，促进军队正规化建设，不断提高部队战斗力。

中华人民共和国成立后，于1951年颁发了第一部《中国人民解放军队列条令（草案）》。自1953年至2010年先后对队列条令做了9次修订。

现行的《队列条令》于2010年6月由中央军委颁布施行。共有总则，队列指挥，队列队形，单个军人的队列动作，班、排、连、营、团的队列动作，分队乘坐汽车、火车、舰（船）艇和飞机，敬礼，国旗的掌持、升降和军旗的掌持、授予与迎送，阅兵，晋升（授予）军衔、授枪和纪念仪式，附则等，共11章71条。这些规定反映了部队队列生活的特点，是中国人民解放军队列生活的准则和队列训练的基本依据，是加强部队正规化建设的必要形式。

《队列条令》从适应我军优良作风的培养和技术、战术训练的需要出发，对于军队的队列训练和队列生活做了具体规范，要求全体军人必须参加队列训练，并在日常生活中自觉严格地执行条令规定，培养良好的军姿、严整的军容、过硬的作风、严格的纪律性和协调一致的动作，促进军队正规化建设，巩固和提高战斗力。

三、贯彻落实共同条令应注意的问题

（一）注重提高军训学生执行条令的自觉性

通过条令学习和教育，着重搞清贯彻执行条令的目的、意义和要求，既要懂得为什么这样做，又要明白应该怎么样做，切实从思想、训练和工作中增强贯彻落实条令的自觉性。

（二）贯彻条令要注意培养典型、宣传先进

抓好典型，以点带面，用榜样的力量影响和带动大家。通过开展争先创优、评比竞赛等方式，充分调动学生自觉贯彻执行条令的积极性。

（三）强化条令意识，抓好养成教育

要把严格落实条令与学生训练的目标任务相结合，与学校教育规律相结合，与学生特点相结合，在循序渐进中强化条令意识。要在认真按条令办事的基础上，做到正规而不教条，灵活而不失标准，严格而不死板，着力抓好养成教育。要从小事抓起，从点滴做起，使条令落实为全体参训学生的自觉行动。

（四）干部要做执行条令、遵章守纪的楷模

在贯彻执行条令中，各级干部要身体力行做表率，既要讲得好，又要做得好，

以自己的模范行为影响带动部属。

（五）理论联系实际，培养军地两用人才

高校学生要通过军事课教学和训练，学习解放军的优良传统和作风，摆正自己的位置，把执行落实条令作为素质养成和磨炼意志的途径，增强组织纪律观念，促进文明居室建设，遵守学校各项规章制度，为自身成才奠定扎实基础。

第二节　单个军人的队列动作

单个军人的队列动作，是部队训练、队列和日常生活的基础动作，是加强部队作风纪律建设、培养战斗力的必要形式。其主要内容包括：立正、跨立、稍息、停止间转法、行进、立定、步法转换、行进间转法、坐下、蹲下、起立、脱帽、戴帽、宣誓、整理着装，冲锋枪手、81 式自动步枪手及 95 式自动步枪手的操枪，班用机枪手和狙击步枪手的操枪，40 火箭筒手的操筒等。本节仅介绍停止和行进间队列的基本动作。

一、立正、跨立、稍息、停止间转法

（一）立正

立正是军人的基本姿势，是队列动作的基础。军人在宣誓、接受命令、进见首长和向首长问话、升降国旗和军旗、奏国歌和军歌等庄重的场合，均应当自行立正。

口令：立正。

要领：两脚跟靠拢并齐，两脚尖向外分开约 60°；两腿挺直；小腹微收，自然挺胸；上体正直，微向前倾；两肩要平，稍向后张；两臂下垂自然伸直，手指并拢自然微曲，拇指贴于食指第二关节，中指贴于裤缝（见图 6 - 1）；头要正，颈要直，口要闭，下颚微收，两眼向前平视（见图 6 - 2）。

携枪立正的要领：持肩冲锋枪和 81 式自动步枪时，右手在右胸前握背带，右大臂轻贴右肘，枪身垂直，枪口向下。

值班用机枪、狙击步枪、81 式自动步枪（打开枪托）时，右臂自然下垂，左手将背带挑起、拉直，由右手拇指在内压住，四指并拢在外将枪握住，同时左手放下，托底钣在右脚外侧全部着地，托后踵同脚尖齐。

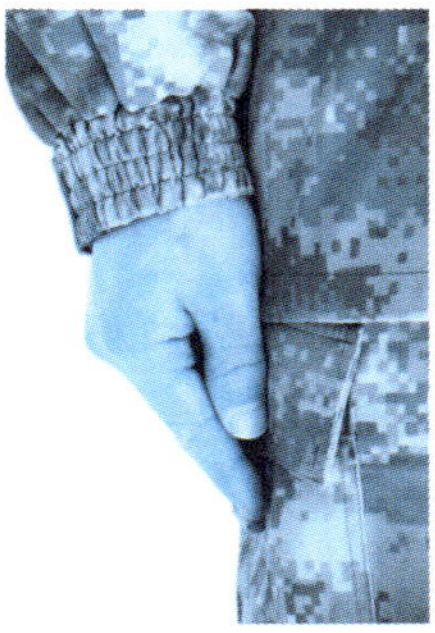

图6-1 立正手型姿势图

图6-2 立正姿势图

(二) 跨立 (跨步立正)

跨立主要用于军体操、执勤和舰艇上分区列队等场合，可以与立正互换。

口令：跨立。

要领：左脚向左跨出约一脚之长，两腿挺直，上体保持立正姿势，身体重心落于两脚之间。两手后背，左手握右手腕，拇指根部与外腰带下沿同高，右手手指并拢自然弯曲，手心向后（见图6-3）。携枪时不背手（见图6-4）。

图6-3 跨立

图6-4 持枪跨立

（三）稍息

口令：稍息。

要领：左脚顺脚尖方向伸出约全脚尖的2/3，两腿自然伸直，上体保持立正姿势，身体重心大部分落于右脚（见图6－5）。携枪时，携带的方法不变，其余动作同徒手。稍息过久，可以自行换脚。

图6－5　稍息

（四）停止间转法

1. 向右（左）转

口令：向右（左）——转。

半面向右（左）——转。

要领：以右（左）脚跟为轴，右（左）脚跟和左（右）脚掌前部同时用力，使身体协调一致向右（左）转90°，重心落在右（左）脚，左（右）脚取捷径迅速靠拢右（左）脚，呈立正姿势。转动和靠脚时，两腿挺直，上体保持直立姿势。半面向右（左）转，按照向右（左）转的要领转45°。

2. 向后转

口令：向后——转。

要领：按照向右转的要领向后转180°。

持枪转动时，除按照徒手动作要领外，听到预令，将枪稍提起，拇指贴于右胯，使枪随身体平衡转向新方向，托前踵（底钣）轻轻着地，呈持枪立正姿势。

二、行进、立定与步法变换

（一）行进

行进的基本步法分为齐步、正步和跑步，辅助步法分为便步、踏步和移步。

1. 齐步

齐步是军人行进的常用步法。

口令：齐步——走。

要领：左脚向正前方迈出约75cm，按照先脚跟、后脚掌的顺序着地，同时身体重心前移，右脚照此法动作；上体正直，微向前倾；手指轻轻握拢，拇指贴于第二关节；两臂前后自然摆动，向前摆臂时，肘部弯曲，小臂自然向里合，手心向内稍向下，拇指根部对正衣扣线，并与最下方衣扣同高，离身体约25cm；向后摆臂时，手臂自然伸直，手腕前侧距裤缝线约30cm（见图6-6）。

2. 正步

正步主要用于分列式和其他礼节性场合。

口令：正步——走。

要领：左脚向正前方踢出约75cm，适当用力使全脚掌着地，同时身体重心前移，右脚照此法动作；上体正直，微向前倾；手指轻轻握拢，拇指伸直贴于食指第二关节；向前摆臂时，肘部弯曲，小臂略呈水平，手心向内稍向下，手腕下沿摆到高于最下方衣扣10cm处，离身体约10cm；向后摆臂时（左手心向右，右手心向左），手腕前侧距裤缝约30cm（见图6-7）。

图6-6　齐步走姿势　　　　　　　图6-7　正步走姿势

行进速度为每分钟110～116步。

3. 跑步

跑步用于快速行进。

口令：跑步——走。

要领：听到"跑步"的预令，两手迅速握拳（四指蜷握，拇指贴在食指第一关节和中指第二关节上），提到腰际，约与腰带同高，拳心向内，肘部稍向里合（见图6－8）。听到动令，上体微向前倾，两腿微弯，同时左脚利用右脚掌的蹬力跃出约85厘米，前脚掌先着地，身体重心前移，右脚照此法动作；两臂前后自然摆动，向前摆臂时，大臂略直，肘部贴于腰际，小臂略平，稍向里合，两拳内侧各距衣扣线约5厘米；向后摆臂时，拳贴于腰际。行进速度每分钟170～180步。

图6－8　跑步走姿势

4. 便步

便步用于行军、操练后恢复体力及其他场合。

口令：便步——走。

要领：用适当的步速、步幅行进，两臂自然摆动，上体保持良好的姿态。

5. 踏步

踏步分齐步踏步与跑步踏步两种，主要用于调整步伐，以保持队形整齐。

行进间口令：踏步。

停止间口令：踏步——走。

动作要领：当听到"踏步"的口令时，两脚在原地上下起落（抬起时，脚尖自然下垂，离地面15厘米；落下时，前脚掌先着地），上体保持正直，两臂按照齐步或跑步摆臂要领前后摆动（见图6－9）。听到"立定"的口令（右起右落），左脚再踏一步，右脚靠拢左脚，原地呈立正姿势。跑步的踏步，继续踏两步，再立定。

踏步是原地动作，上体保持正直。

图 6 – 9　踏步姿势

6. 移步

移步用于调整队列的位置。

（1）右（左）跨步。

口令：右（左）跨×步——走。

要领：上体保持正直，每跨出一步并脚一次，其步幅约与肩同宽，跨到指定步数停止。

（2）向前或向后退。

口令：向前（后）×步——走。

要领：向前移步时，应当按照单数要领进行（双数步变为单数步）。向前一步时，用正步，不摆臂；向前三步或者五步时，按照齐步的要领进行。向后退时，从左脚开始，每退一步靠脚一次，不摆臂，退到指定步数停止。

持枪时，听到行进口令的预令，将枪提起，使枪身略直，拇指贴于右胯，使枪身稳固。其余要领同徒手。

（二）立定

口令：立——定。

动作要领：齐步和正步时，听到口令，左脚再向前大半步着地，两腿挺直，右脚取捷径迅速靠拢左脚，呈立正姿势。跑步时，听到口令，再跑两步，然后左脚向前大半步（两拳收于腰际，停止摆动）着地，右脚靠拢左脚，同时将手放下，呈立正姿势。踏步时，听到口令，左脚踏1步，右脚靠拢左脚，原地呈立正姿势（跑步的踏步，听到口令，继续踏两步，再按上述要领进行）。

持枪立定时，在右脚靠拢左脚后，迅速将托钣轻轻着地。其余要领同徒手。

（三）步法变换

步法变换，均从左脚开始。

（1）齐步、正步互换。听到口令，右脚继续走一步，即换正步或者齐步行进。

（2）齐步换跑步，听到预令，两手迅速握拳提到腰际，两臂前后自然摆动；听到动令即换跑步行进。

（3）齐步换踏步，听到口令，即换踏步。

（4）跑步换齐步，听到口令继续跑两步，然后换齐步行进。

（5）跑步换踏步，听到口令，继续跑两步，然后换踏步。

（6）踏步换齐步或者跑步，听到"前进"的口令，继续踏两步，再换齐步或者跑步行进。

三、起立、坐下、蹲下

（一）起立

口令：起立。

动作要领：全身协力迅速起立，呈立正姿势或者持枪炮、肩枪筒立正姿势。

（二）坐下

口令：坐下。

动作要领：听到"坐下"的口令，左小腿在右小腿后交叉，迅速坐下，手指自然并拢放在两膝上，上体保持正直。听到"起立"的口令，上体微向前倾，以全身的协力迅速起立，左脚靠拢右脚呈起立姿势。

（三）蹲下

口令：蹲下。

动作要领：听到"蹲下"的口令，右脚后退半步，前脚掌着地，臀部坐在右脚跟上（膝盖不着地），两腿分开约60°，手指自然并拢放在两膝上，上体保持正直。蹲下过久，可以自行换脚。听到"起立"的口令，全身协力迅速起立，呈立正姿势。

四、脱帽、戴帽、整理着装

（一）脱帽、戴帽

口令：脱帽、戴帽、夹帽。

动作要领：听到"脱帽"的口令，双手迅速抬起捏帽檐或者前端两侧，将帽取下，取捷径置于左小臂上，帽徽向前，掌心向上，四指扶帽檐，小臂略呈水平，右手放下。

听到"戴帽"的口令，双手捏帽檐或帽前端两侧，取捷径将帽迅速戴正。

听到"夹帽"的口令，双手捏帽檐或帽前端两侧，将帽取下，取捷径夹于左腋下，左手握帽檐，帽徽向前，帽顶向左。

注意：头要保持正直，不要晃动，双手的上抬和放下应从正前方上下运动。

（二）整理着装

口令：整理着装。

要领：双手（持81式自动步枪、60迫击炮时，将枪炮夹于两腿之间）从帽子开始，自上而下整理好着装。必要的时候，也可以相互整理。整理完毕，自行稍息。听到"停"的口令，恢复立正姿势。

五、敬礼

敬礼分为举手礼、注目礼和举枪礼。以下为举手礼。

（一）敬礼、礼毕

1. 敬礼

（1）举手礼。

口令：敬礼。

动作要领：听到"敬礼"的口令，上体正直，右手取捷径迅速抬起，五指并拢自然伸直，中指微接帽檐右角前约2厘米处（戴无檐帽或者不戴帽时微接太阳穴，与眉同高），手心向下，微向外张（约20°），手腕不得弯曲，右大臂略平，与两肩略成一线，同时注视受礼者（见图6-10、图6-11）。

图 6-10　敬礼　　　　　图 6-11　行进间敬礼

（2）注目礼。

要领：面向受礼者呈立正姿势，同时注视受礼者（转头角度不超过45°）。

（3）举枪礼。

口令：向右看——敬礼。

要领：右手将枪提到胸前，枪身垂直并对正衣扣线，枪面向后，离身体约10厘米，枪口与眼同高，大臂轻贴右肋，同时左手接握标尺上方，小臂略平，大臂轻贴左肋；同时转头向右，注视受礼者，并且目迎目送。

2. 礼毕

口令：礼毕。

要领：行举手礼者，将手放下；行注目礼者，将头转正；行举枪礼者，将头转正，右手将枪放下，使托前踵（半自动步枪托底钣）轻轻着地，同时左手放下，呈持枪立正姿势。

（二）单个军人敬礼

要领：单个军人在距受礼者5~7步处，行举手礼或者注目礼。徒手或者背枪时，停止间应当面向受礼者立正，行举手礼，待受礼者还礼后礼毕；行进间（跑步时换齐步）转头向受礼者行举手礼（手不随头转动），并继续行进，左臂仍自然摆动，待受礼者还礼后礼毕。携带武器（除背枪）等不便行举手礼时不论停止间或行进间注目礼，待受礼者还礼后礼毕。

（三）分队、部队敬礼

1. 停止间敬礼

要领：当首长进到距本分（部）队适当距离时，指挥员下达"立正"的口令，跑步到首长前5~7步处敬礼。待首长还礼后礼毕，再向首长报告。例如："团长同志，步兵第×连正在进行队列训练，全连应到×××名，实到×××名，请指示，连长×××。"报告完毕，待首长指示后，答"是"，再敬礼。待首长还礼后礼毕，而后跑步回到原来位置，下达"稍息"或者继续操练的口令。

2. 行进间敬礼

要领：由带队指挥员按照单个军人行进间敬礼的规定实施，队列人员按照原步法行进。

第三节　分队的队列动作

一、队列队形

（一）基本队形和列队间距

队列的基本队形为横队、纵队、并列纵队。需要时，可以调整为其他队形。队列人员之间的间隔（两肘之间）通常约 10 厘米，距离（前一名脚跟至后一名脚尖）约 75 厘米。需要时，可以调整队列人员之间的间隔和距离。

（二）班、排、连的队形

1. 班的队形

班的基本队形，分为横队和纵队。需要时，可以成二列横队或者二路纵队。

2. 排的队形

排的基本队形，分为横队和纵队。

排横队，由各班的班横队依次向后排列组成。

排纵队，由各班的班纵队依次向右并列组成。

排长的列队位置，横队时，在第一列基准兵右侧；纵队时，在队列的中央。

3. 连的队形

连的基本队形，分为横队、纵队和并列纵队。

连横队，由各排的排横队依次向左并列组成。

连纵队，由各排的排纵队依次向后排列组成。

连并列纵队，由各排的排纵队依次向左并列组成。

连部和炊事班或者连部、炊事班和 60 迫击炮班分别以二列（路）或者三列（路）组成相应的队形，位于本连队尾。连指挥员的列队位置，横队、并列纵队时，位于一排长右侧，前列为连长、副连长，后列为政治指导员、副政治指导员；纵队时，位于一排长前，前列为连长、政治指导员，后列为副连长、副政治指导员（没有编副政治指导员时，后列中央为副连长）。

二、集合、离散

（一）集合

集合是使单个军人、分队、部队按照规范队形聚集起来的一种队列动作。

集合时，指挥员应当先发出预告或者信号，如"全连（或×排）注意"，然后，站在预定队形的中央前，面向预定队形呈立正姿势，下达"成××队——集合"的口令。所属人员听到预告或信号，原地面向指挥员呈立正姿势；听到口令，跑步到指定位置面向指挥员集合（在指挥员后侧的人员应当从指挥员右侧绕过），自行对正、看齐，呈立正姿势。

1. 班集合

口令：成班横队（二列横队）——集合。

要领：基准兵迅速到班长左前方适当位置，呈立正姿势；其他士兵以基准兵为准，依次向左排列，自行看齐。成班二列横队时，单数士兵在前，双数士兵在后。

口令：成班纵队（二路纵队）——集合。

要领：基准兵迅速到班长前方适当位置，呈立正姿势；其他士兵以基准兵为准，依次向后排列，自行对正。成班二路纵队时，单数士兵在左，双数士兵在右。

2. 排集合

口令：成排横队——集合。

要领：基准班在指挥员前方的适当位置，成班横队迅速站好；其他班成班横队，以基准班为准，依次向后排列，自行对正、看齐。

口令：成排纵队——集合。

要领：基准班在指挥员右前方的适当位置，成班纵队迅速站好；其他班成班纵队以基准班为准，依次向右排列，自行对正、看齐。

3. 连集合

口令：成连横队——集合。

要领：队列内的连指挥员或基准排，在指挥员左前方适当位置，成横队迅速站好；各排和连部成横队，以连指挥员或基准排为准，依次向左排列，自行对正、看齐。

口令：成连纵队——集合。

要领：队列内的连指挥员或基准排，在指挥员前方适当位置，成纵队迅速站好；各排和连部成纵队，以连指挥员或基准排为准，依次向后排列，自行对正、看齐。

（二）离散

离散是使队列的单个军人、分队、部队各自离开原队列位置的一种队列动作。

1. 离开

口令：各营（连、排、班）带开（带回）。

要领：队列中的各营（连、排、班）指挥员带领本队迅速离开原队列位置。

2. 解散

口令：解散。

要领：听到"解散"口令后，迅速离开原位。

三、整齐、报数

（一）整齐

整齐是使队列人员按规定的间隔、距离，保持行、列齐整的一种队列动作。整齐分为向右（左）看齐和向中看齐。

口令：向右（左）看——齐，向前看。

要领：基准兵不动，其余士兵向右（左）转头（持枪时，听到预令，迅速将枪稍提起，看齐后自行放下），眼睛看右（左）邻士兵的腮部，前四名能通视基准兵，自第五名起，以能通视到本人以右（左）第三人为度。后列人员，先向前对正，后向右（左）看齐。听到"向前看"的口令，迅速将头转正，恢复立正姿势。

口令：以××为准，向中看——齐，向前看。

要领：当指挥员指定"以××为准"（或者"以第×名为准"）时，基准兵答"到"，同时左手握拳高举，大臂前伸与肩略平，小臂垂直举起，拳心向右。听到"向中看——齐"的口令后，其他士兵按照向右（左）看齐的要领实施。听到"向前看"的口令，基准兵迅速将手放下，其他士兵迅速将头转正，恢复立正姿势。一路纵队看齐时，可以下达"向前——对正"的口令。

（二）报数

口令：报数。

要领：横队从右至左（纵队从前向后）依次以短促洪亮的声音转头（纵队向左转头）报数，最后一名不转。数列横队时，后列最后一名报"满伍"，或"缺×名"。连集合时，由指挥员下达"各排报数"的口令，各排长在队列内向指挥员报告人数，如"第×排到齐"或者"第×排实到××名"。

必要时，连也可以统一报数。

要领：连实施统一报数时，各排不留间隙，要补齐，成临时编组的横队队形。报数前，连指挥员先发出"看齐时，以一排长为准，全连补齐"的预告，然后下达"向右看——齐"的口令，待全连看齐后，再下达"向前——看"和"报数"的口令，报数从一排长开始，后列最后一名报"满伍"或"缺×名"。

四、出列、入列

单个军人和分队出、入列通常用跑步（5步以内用齐步，1步用正步），或者按照指挥员指定的步法执行；然后，进到指挥员右前侧适当位置或指定位置，面向指挥员呈立正姿势。

（一）单个军人出列、入列

1. 出列

口令：×××（或者第×名），出列。

要领：出列军人听到呼点自己姓名或者序号后应当答"到"，听到"出列"的口令后，应当答"是"。

位于第一列（左路）的军人，按照本条上述规定，取捷径出列。

位于中列（路）的军人，向后（左）转，待后列（左路）同序号的军人向右后退一步（左后退一步）让出缺口后，按照本条的上述规定从队尾（纵队时从左侧）出列；位于"缺口"位置的军人，待出列军人出列后，即复原位。

位于最后一列（右路）的军人出列，先退一步（右跨一步），然后按照本条的有关规定从队尾出列。

2. 入列

口令：入列。

要领：听到"入列"口令后，应当答"是"，然后按照出列的相反程序入列。

（二）班、排出列、入列

1. 出列

口令：第×班（排），出列。

要领：听到"第×班（排）"的口令后，由出列班（排）的指挥员答"到"，听到"出列"的口令后，由出列班（排）的指挥员答"是"，并用口令指挥本班（排），按照本条的有关规定，以纵队形式从队尾（位于第一列的班取捷径）出列。

2. 入列

口令：入列。

要领：听到"入列"的口令后，由入列班（排）指挥员答"是"，并用口令指挥本班（排），以纵队形式从尾队（位于第一列的班取捷径）入列。

五、行进、停止

横队和并列纵队行进以右翼为基准，纵队行进以左翼为基准。

（一）行进

指挥员应当下达"×步——走"的口令。听到口令，基准兵向正前方前进，其他士兵向基准翼标齐，保持规定的间隔、距离行进。纵队行进时，排、连通常成三路纵队，也可以成一、二路纵队。行进中，需要时，用"一、二、一"（调整步伐的口令）、"一、二、三、四"（呼号）或者唱队列歌曲，以保持步伐的整齐和振奋士气。

（二）停止

指挥员应当下达"立——定"的口令。听到口令，按照立定的要领实施，分队的动作要整齐一致。停止后，听到"稍息"的口令，先自行对正、看齐，再稍息。

六、阅兵

（一）阅兵权限和阅兵形式

1. 阅兵权限

阅兵是由党和国家领导人，中央军事委员会主席、副主席、委员以及团以上部队军政主要首长或者被上述人员授权的其他领导和首长实施。通常由 1 人检阅。

2. 阅兵形式

阅兵，分为阅兵式和分列式。通常进行两项，根据需要也可以进行一项。

（二）阅兵程序

阅兵分为上级首长检阅和本级首长检阅。当上级首长检阅时，由本级军事首长任阅兵指挥；当本级军政主要首长检阅时（由 1 人检阅，另 1 名位于阅兵台或者队列中央前方适当位置面向部队），由副部队长或者参谋长任阅兵指挥。步兵团阅兵程序如下。

1. 迎军旗

迎军旗在阅兵式开始前进行。

基本程序：将展开的军旗持入队列时，部队应当按预先规定的队形列队，整队举行迎军旗仪式。步兵团迎军旗时，主持迎军旗的指挥员下达"立正""迎军旗"的口令，听到口令后，掌旗员（扛旗）、护旗兵齐步行进，当由正前或者左前方向本团右翼进至距队列 40 ~ 50 步时，主持迎军旗的指挥员下达"向军旗——敬礼"的口令，听到口令后，位于指挥位置的军官行举手礼，其余人员行注目礼；掌旗员（由扛旗换端旗）、护旗兵换正步，取捷径向本团右翼排头行进，当超过团机关队形时，主持迎军旗的指挥官下达"礼毕"口令，部队礼毕；掌旗员（由端旗换扛旗）、护旗兵换齐步。军旗进至团指挥员右侧 3 步处时，左后转弯立定，呈立正姿势。

2. 阅兵式

团阅兵式的队形，通常为营横队的团横队，或者由团首长临时规定。阅兵式程序如下。

（1）阅兵首长接受阅兵指挥报告。

当阅兵首长行至本团队列右翼适当距离时或者在阅兵台就位后（当上级首长检阅时，通常由团政治委员陪同入场并陪阅），阅兵指挥在队列中央前下达"立正"的口令，随后跑到距阅兵首长 5 ~ 7 步处敬礼，待阅兵首长还礼后礼毕并报告。例如，"师

长同志，步兵第×团列队完毕，请您检阅"。报告后，左跨1步，向右转，让首长先走，然后在其右后侧（当上级首长检阅时，团政治委员在团长右侧）跟随陪阅。

（2）阅兵首长向军旗敬礼。

阅兵首长行至距军旗适当位置时，应立正向军旗行举手礼（陪阅人员面向军旗，行注目礼）。

（3）阅兵首长检阅部队。

当阅兵首长行至团机关、各营部、各连及后勤分队队列右前方时，团机关由副团长或参谋长、各营部由营长、各连由连长、后勤分队由团指定的指挥员下达"敬礼"的口令。听到口令后，位于指挥位置的军官行举手礼，其余行注目礼，目迎目送首长（左、右转头不超过45°）。当首长问候"同志们好！"或者"同志们辛苦了！"，队列人员应当齐声洪亮地回答："首——长——好！"或者："为——人民——服务！"当首长通过后，指挥员下达"礼毕"的口令，队列人员行礼毕。

（4）阅兵首长上阅兵台。

阅兵首长检阅完毕后上阅兵台，阅兵指挥跑步到队列中央前，下达"稍息"口令，队列人员稍息。当上级首长检阅时，团政治委员陪同首长上阅兵台，然后跑步到自己的队列位置。

3. 分列式

团分列式队形由团阅兵式队形调整变换或者由团首长临时规定。团分列式应当设四个标兵。一、二标兵之间，三、四标兵之间的间隔各为15米，二、三标兵之间的间隔为40米。标兵应携带81式自动步枪或者半自动步枪，并在枪上插标兵旗。分列式程序如下。

（1）标兵就位。

分列式开始前，阅兵指挥员在队列中央前下达"立正""标兵，就位"的口令。标兵听到口令，成一路纵队持（托）枪跑步到规定的位置，面向部队呈持枪立正姿势。

（2）调整部（分）队为分列式队形。

标兵就位后，阅兵指挥员下达"分列式，开始"口令，然后跑步到自己的列队位置。听到口令后，各分队按规定的方法携带武器（掌旗员扛旗），团、营指挥员分别进到团机关和营部的队列中央前，各分队指挥员进到本分队队列中央前，下达"右转弯，齐步——走"的口令，指挥分队变换成分列式队形。

（3）开始进行。

变换成规定的分列式队形后，阅兵指挥下达"齐步——走"口令。听到口令后，全员齐步前进，其余分队依次待前一分队离开约15米时，分别由营、连长及后勤分队指挥员下达"齐步——走"的口令，指挥本分队人员前进。

（4）接受首长检阅。

各分队行至第一标兵处，将队列调整好；行进到第二标兵处，掌旗员下达"正步——走"的口令，并和护旗兵同时由齐步换正步，扛旗换端旗（掌旗员和护旗兵不转头）。此时，阅兵首长和陪阅人员应当向军旗行举手礼。阅兵指挥员和各分队指挥员分别下达"向右——看"的口令，队列人员听到口令后（可喊"一、二"），按照规定换正步（步枪手换端枪）行进，并在左脚着地的同时向右转头（位于指挥位置的军官行举手礼，并向右转头，各列右翼第一名不转头）不超过45°注视阅兵首长。此时，阅兵台最高首长行举手礼，其他人员行注目礼。

进到第三标兵处，掌旗员下达"齐步——走"的口令，并与护旗兵由正步换齐步，同时换扛旗；其他分队由上述指挥员分别下达"向前——看"的口令，队列人员听到口令后，在左脚着地时礼毕（将头转正），同时换齐步（步枪手换托枪）进行。

当上级首长检阅时，团长和团政治委员通过第三标兵后，到阅兵首长右侧陪阅，各分队通过第四标兵，换跑步到指定位置。待最后一个分队通过第四标兵，阅兵指挥员下达"标兵，撤回"口令，标兵按照相反顺序跑步撤至预定位置。

4. 阅兵首长讲话

分列式结束后，阅兵指挥员调整好队形，请阅兵首长讲话。讲话完毕，阅兵指挥员下达"立正"口令，向阅兵首长报告阅兵结束。当上级首长检阅时，由团政治委员陪同阅兵首长离场。

5. 送军旗

送军旗在阅兵首长讲话后或者分列式结束后进行。

步兵团送军旗时，主持送军旗的指挥员下达"立正""送军旗"的口令。听到口令后，掌旗员（呈扛旗姿势）、护旗兵按照迎军旗路线相反方向齐步行进。军旗出列后行至团机关队形右侧前时，主持送军旗的指挥员下达"向军旗——敬礼"的口令。听到口令后，掌旗员（由扛旗换端旗）、护旗兵换正步，全团按照迎军旗的规定敬礼。当军旗离开距队列正面40～50步时，主持军旗的指挥员下达"礼毕"的口令，部队礼毕；掌旗员（由端旗换扛旗）、护旗兵换齐步，返回原出发位置。

思考题

1. 中国人民解放军颁布共同条令有什么重大意义？
2. 中国人民解放军的共同条令包含哪些内容？
3. 在学校军训工作中贯彻共同条令应该注意什么？
4. 简要叙述立正姿势的动作要领与要求。
5. 简要叙述阅兵程序。

第七章 军事地形学与基本战术

学习目标

1.了解地形对军事行动的影响。

2.掌握地形图的基本知识。

3.熟悉现地使用地形图的基本方法。

4.了解基本战斗都有哪些类型及其作战原则。

5.明确单兵战术的基础动作。

第一节 地形对军队作战行动的影响

一、地形的分类与作用

地形是地貌和地物的总称。地貌是指地表面平坦和起伏的自然状态，如山地、丘陵地、平原等。地物是指分布在地面上人工建造或自然形成的固定性物体，如居民地、道路、江河、森林等。

（一）地形的分类

由于不同的地貌和地物的错综结合，形成了各种不同类型的地形。

依地貌的状态，可分为平原、丘陵地、山地和高原；依地物的分布和土壤性质，可分为居民地、水网稻田地、江河和湖泊、山林地、石林地、黄土地形、沙漠和戈壁、草原、沼泽等；依对军队战斗行动的影响，可分为开阔地、隐蔽地和断绝地等。

（二）地形研究的重点

研究内容主要有六个方面。

1. 分析地形

就是分析地貌、水系、道路、居民地和土壤植被等地形要素，判断其对部队运动、观察、射击、隐蔽和伪装的影响，工事构筑条件，以及对核、化学武器袭击的防护性能等，从而达到正确利用地形、趋利避害的目的。各种地形要素对作战行动影响程度的大小，取决于它的性质和特点。如地貌，主要是地面起伏程度和山脉走向、斜面坡度、制高点位置和作用；水系，主要是江河宽度、水深、流速、底质、通航能力及障碍程度；道路，主要是铁路、公路的质量、数量、方向和通行能力等。判断运动条件，是通过研究道路状况、地貌特点、江河障碍和土壤植被性质，明确战斗车辆的通行程度以及地形对运动速度的影响；判断观察条件，是通过研究地貌起伏大小、居民地和植被的疏密，确定战场能通视与不能通视地区；判断射击条件，是通过研究地貌起伏程度、斜面形状和防界线的位置，为明确各种火器任务、划定射击地线和选择有利发射阵地提供依据；判断地形的防护性能，是通过研究地貌特点和植被性质，找出对防御和减弱核、化学武器杀伤破坏作用有利的地形。

2. 识图用图

包括地形图、海图、航空图和影像地图的识别与使用，其中主要是介绍地形图的基本知识和寻求使用地形图的正确方法。识图，侧重研究地形图的测制原理、数学基础和地形要素的表示方法。用图，侧重研究现地应用地图的方法。

3. 判定方位

研究在现地如何辨明东西南北方向，明确站立点与周围地形的关系位置。其方法有：利用指北针、北极星、太阳和时表判定，依据地物特征、导向设备判定，还有利用地图和航空相片判定等。掌握这些方法是正确利用地形，保证顺利完成作战任务的前提条件。

4. 简易测量

研究快速测定战场目标的距离、高度、地面坡度和角度（水平角和垂直角）的方法。主要有目测、步测和用简便器材（臂长尺、指北针和望远镜）测。掌握这些方法，对简易测图、确定射击诸元和现地研究地形都有很大帮助。

5. 调制要图

研究现地和利用地图调制要图的方法要领，包括测绘地形略图和标绘战术情况。通常利用地图或航空相片先调制成地形略图，再标绘战术情况；有时在现地将地形和战术情况调制成要图。这是分队指挥员和参谋人员必须具备的一项业务技能。

6. 相片判读

研究航空、航天相片判读的理论和实际问题。包括航空摄影的方式（如垂直、倾斜摄影），相片的种类（如黑白、彩色或假彩色相片），目标在相片上的影像特征（如目标的形状、大小、颜色、阴影、纹形、相关位置和活动痕迹）以及判读方法（如目视判读、计算机识别）等，为准确识别地形和军事目标提供判读依据。

军事地形学所研究的内容，都是围绕研究利用地形而选定的。主要研究地形对战斗行动影响的规律，军用地图和航空、航天相片的识别与应用原理，战场简易测量方法以及调制要图的要领等。随着现代战争的需要和军事测绘技术及其新成果的不断发展，特别是地图品种的增多，将为军事地形学增添新的内容。

二、几种地形的特点以及对战斗行动的影响

（一）平原

地面平坦宽广，海拔一般在 200 米以下的地区叫平原。它以较小的高程区别于高原，以较小的起伏区别于丘陵地。我国平原的面积约占全国总面积的 12%，主要有东北平原、华北平原、长江中下游平原等。

1. 平原的地形特点

地面平坦、交通发达、人烟稠密、物产丰富，大部分为耕种地。因其地理位置不同，特点也不同。

北方平原，如华北平原、东北平原等。地势平坦开阔，起伏和缓，间有小的岗丘、垄岗，高差一般在 50 米以下；道路成网，四通八达，一般集镇之间有公路相

通，村与村之间有大路相连；江河、湖泊较少，水量变化大，雨季洪水暴涨，河水较深，枯水季节河水较浅；耕地多为旱田，夏季高秆作物生长茂盛，冬季无农作物生长；居民地多属集团式，房屋大部分为砖瓦结构，地下水位较低。

南方平原，如长江三角洲、珠江三角洲等。地形平坦开阔；乡村路窄而弯曲，而且多桥梁；江河、湖泊遍布，沟渠纵横；耕地大部为水稻田；村镇分散，建筑不甚坚固；地下水位较高。

2. 平原对战斗行动的影响

军队在平原地区作战，便于机动，尤其是北方平原，更能发挥坦克、机械化部队的机动性能，便于军队组织指挥。在雨季，江河有较大的障碍作用。

平原展望良好，视界、射界宽广，便于观察射击，能较好地发挥各种火器的效能。北方平原，利于构筑工事，修筑野战机场；南方平原，因水稻田多，地下水位高，不便于构筑地下工事。平原地区为军队宿营、后勤补给提供了较好的条件。

平原地区地形平坦开阔，一般无险可守，因此，居民地特别是较大的村镇，常成为防御的重要依托，而独立高地，高大的土堆、土堤及建筑物等，则常成为攻防双方争夺的要点。

平原地区适用于大兵团作战，如解放战争期间，名震中外的辽沈、平津、淮海三大战役，主要战场就是在平原地区进行的。

（二）丘陵地

地面起伏较缓，高差一般在 200 米以下的高地叫丘陵，许多丘陵错综连绵的地区叫丘陵地。我国丘陵地分布较广，约占全国总面积的 10%，较大的有东南丘陵地、胶东丘陵地和辽西丘陵地等。

1. 丘陵地的地形特点

高差不大，山顶圆浑，谷宽岭低，坡度平缓，山脚附近多为耕地、梯田和谷地，是介于山地与平原之间的过渡地形。

丘陵地地区，一般人烟较稠密，农产品丰富；居民地多依山傍谷，大的城镇多在广阔的谷地和水陆交通要冲；交通较发达，仅次于平原；江河水流平缓，河面较宽，河道弯曲，多浅滩。

北方和南方的丘陵地也有各自不同的特点。

2. 丘陵地对战斗行动的影响

丘陵地对军队的机动和各种兵器器材的使用一般限制较小。

丘陵地，无论攻防均便于部署兵力兵器，攻者便于隐蔽接近敌人，实施迂回包围；防者可以利用纵深高地组织多层次、支撑点式环形防御。

丘陵地与平原一样适用于大兵团作战。恩格斯指出，我们现代的军队在平原和小丘陵相间的地形上能够更好地发挥自己的力量。由于丘陵地地貌的起伏，攻防战斗已不像平原那样以争夺居民地为主，而主要是利用错综的丘陵进行，其制高点、重要高地则是攻、防双方争夺的要点。

（三）山地

地面起伏显著，高差一般在 200 米以上的高地叫山，群山连绵交错的地区叫山地。我国山地面积分布很广，约占全国总面积的 33%，较大的有：东北的大、小兴安岭和长白山；北部的阿尔泰山、阴山和燕山；西部的天山、昆仑山、唐古拉山和喜马拉雅山；西南的横断山；东南的南岭和武夷山；中部的秦岭、太行山、大别山等。

1. 山地的特点

山高坡陡谷深，地形断绝，山顶高耸，山背、山脊纵横起伏。我国山地高程多在 1000 米以上，西部山地多在 4000 米以上；高差一般为 500～1500 米，有的地方可达 2000～4000 米；坡度一般为 30～50 度，有的达 50 度以上。

山地道路稀少，尤以铁路、公路最缺乏，主要道路为乡村路，多小路、隘路，有的地方仅有栈道，道路质量差，弯多坡大；河床窄，岸陡流急，水位涨落急剧；人烟稀少，物资缺乏；高山地区空气稀薄，气象多变，山顶与山脚以及昼夜之间温差较大。

山地由于所处地理位置不同，其特点各不相同。

2. 山地对战斗行动的影响

军队在山地作战，因地面起伏急剧，形成地形割裂断绝，军队行动困难，坦克、炮兵和机械化部队仅能沿公路、平坦谷地行动，大兵团行动也受道路限制，人马体力消耗增大；判定方位困难，容易迷失方向；观察、射击死角多，通信联络、指挥协同较困难，但便于选择良好的制高点、观察所、指挥所，便于隐蔽伪装。山地的制高点、山垭口和隘路，往往是山地作战敌我双方争夺的要点，夺取这些地方，对确保战斗胜利有重要意义。

山地地形对攻防战斗各有利弊，但一般来说还是易守难攻。

（四）山林地

许多树木聚生的山地叫山林地。我国山林地约占全国总面积的 10%，面积较大的有云南山区、南岭、武夷山、长白山、小兴安岭北部、大兴安岭、鄂西山区、大别山、吕梁山北部、中条山等山林地。另外，西藏东部山区边缘、天山、阿尔泰山也有大面积的森林。

1. 山林地的特点

山林地的特点与山地基本相似，只是地形更隐蔽，人烟更稀少，交通更不便。由于所处地理位置不同，其特点也不一样。

南方山林地，如滇、粤、桂南部地区的热带山林地，山高坡陡，谷深岭窄，林密草深，荆棘藤蔓丛生；高温多雨，潮湿多雾，四季不明显，一年之中寒暑差异不大，只有旱季和雨季之分；毒虫多，流行性疾病多；山林区村寨少，城镇多在坝区；民族多，风俗习惯各异。

北方山林地，如长白山和大、小兴安岭，山岭较平坦、浑圆，土壤层较厚，地形割裂程度较小。大兴安岭多为针叶林，小兴安岭和长白山为针叶和阔叶混合林，林内藤蔓较南方山林地少，居民地和道路稀少，气候寒冷，冬季较长，积雪较厚。

2. 山林地对战斗行动的影响

山林地利于隐蔽集结和袭击敌人，易达成战斗的突然性；便于轻装部（分）队活动，开展游击战；便于控制要点据险扼守，节省兵力；便于就地取材，修筑工事，设置障碍；便于采集野生食物，短期克服困难。

在山林地作战，观察、指挥、协同不便，通信困难；炮兵不易选择良好阵地，不易发挥火力，射击效果降低；战斗队形不便展开，展开后又易失掉联系；在山林地作战，航空兵的作用大大降低；武器、弹药、器材和被服易受潮发霉变质，疾病、虫害对部队危害大；补给困难，后勤保障任务繁重。

（五）高原

地势高而地面比较平缓宽广，海拔一般在500米以上的地区，叫高原。它以较大的高程区别于平原，又以较大的平缓地面和较小的起伏区别于山地，如青藏高原、云贵高原、内蒙古高原等。

1. 高原的地形特点

地势高亢，地面平坦开阔，多数为盆地，少数为宽谷地。青海湖盆地、柴达木盆地与塔里木盆地等面积宽广，为戈壁、丘陵地、草原相间，形成许多盐湖和沼泽。藏北高原为大片草原，地面开阔，多为圆浑平缓的丘陵地，中间夹着许多盆地，其低洼处湖泊较多。藏南高原多为山间谷地。云贵高原多为小盆地。内蒙古高原为开阔高原，地面起伏平缓，多宽阔的浅盆地，北部为大片草原，西南部为大片沙漠。

高原地区空气稀薄，气象多变，气压低，温差大。大多数地区人烟稀少，物产贫乏，道路甚少，有些地区，气候寒冷，风多，风向不定，多风暴和雪崩。

2. 高原对战斗行动的影响

高原地区，通视广阔，观察良好；由于交通不便，部队机动困难，特别是技术兵器使用受到限制；因空气稀薄，部队行动时，体力消耗大，运动速度降低。

在高原地区作战的部队，人员均会有不同程度的高山反应，容易发生冻伤、雪盲、呼吸和消化系统的疾病，非战斗减员增多；同时武器及技术装备的效能也受到一定影响，射击误差大，因物产贫乏，就地基本不能补给，后勤保障任务繁重。

（六）居民地

人们按照生产和生活需要而形成的集聚定居的地区叫居民地。根据性质和人口多少分为城市、集镇、村庄等。

1. 居民地的地形特点

大的城市居民地，常是某一地区的政治、经济和文化中心，又多是交通枢纽。一般依山、临河或滨海、濒湖而筑，人口众多，房屋密集，建筑物高大而坚固。

集镇，是一种较大的居民地，房屋较多，其建筑形式比较简单。村庄，是较小的居民地，人口不多，房屋矮小。

2. 居民地对战斗行动的影响

居民地对战斗行动的影响程度，主要决定于它的大小、所在位置、建筑物状况和附近地形条件等。

大的居民地通常是攻、防要点，也是敌人航空兵、炮兵、原子、导弹和化学武器袭击的目标。居民地便于构成坚固的防御阵地，利于近战、夜战和小分队活动；利用城市电信设备，可组织部队通信联络，便于军队宿营和后勤补给，但观察、指挥和协同不便，战斗队形易被分割。城市附近的高地、隘路、交通枢纽、桥梁、渡口和机场、火车站、发电厂、水源以及重要的工业区等，常成为攻、防双方争夺的地方。

总之，地形对作战行动有着广泛、重要的影响，应了解地形对作战行动的影响，自觉地趋地形之利、避地形之害，并根据需要能动地改造地形，以便赢得战斗的胜利。

第二节　现地使用地图

一、现地判定方位

行军、作战中，必须随时判定方位，只有了解了实地的方位，才能正确地使用地图。判定方位的方法很多。

（一）利用指北针判定

这是一种最简便、最基本的方法。判定时，把指北针放平，待磁针稳定后，磁针红色一端所指的方向，即为实地磁北方向。

（二）利用太阳阴影判定

选择一块平整的地面，在地面立一根细直杆，在太阳照射下，地面上就会出现一个影子，记下影子顶点位置；等待片刻（10~20分钟），再记下新影子顶点位置

B，然后将 A、B 两点连线，此直线就是概略的东西方向线，第一个影子顶点 A 是西，第二个影子顶点 B 是东。在东西方向线上作垂线，就是大体的南北方向线。

（三）夜间还可用北极星判定

北斗七星是大熊星座的主体，其形状像一只勺子，我国民间又称"勺星"。从斗口边两星（甲、乙两星）的连线向斗口外延长 5 倍左右，便可找到北极星。在北极星附近相当大的一片天区里，没有比其更亮的星了，所以用这种方法是极易找到它的（见图 7-1）。因此，谚云："识得北斗，天下好走。"

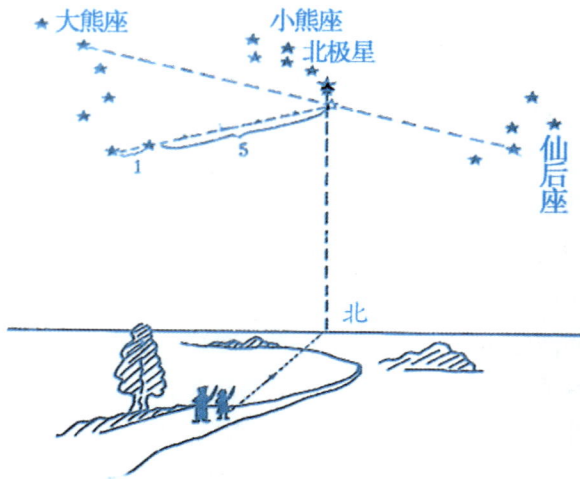

图 7-1　夜间可用北极星判定

（四）利用自然特征判定

由于长年累月受阳光、气候等自然条件的影响，有些地物、地貌形成了某些特征，据此可以大略判定方位。独立大树，通常是南面向阳的枝叶茂盛，树皮光滑；而北面背阳的枝叶稀疏，树皮粗糙，有时候还长青苔。砍伐后，树桩上的年轮，北面间隔小，南面间隔大。

突出地面的物体如土堆、田埂等，南面干燥，青草茂盛，冬天积雪融化快；北面潮湿，易生青苔，冬天积雪融化慢。

另外，我国农村的住房和较大的庙宇、古塔的正门，多数向南开。

二、地图与现地对照

（一）现地对照地形

使用地图时，应注意随时同现地进行对照，注意观察周围地形变化，以保持正确的方向和位置。其要领通常是：标定地图、确定站立点在图上的位置和对照地形。

1. 标定地图（见图 7 - 2）

标定地图的方法有：

（1）指北针标定：用指北针标定地图，可按磁子午线标定。先以指北针的直尺切于磁子午线，并使准星的一端朝向北图廓，然后转动地图，使磁针北端对准"0"分划（或指标），地图即已标定。

（2）依直长地物标定：利用直长地物（如直长的路段、河渠、电线等）标定地图，可先在图上找到这段直长地物，对照两侧地形，使地图和现地的关系位置概略相符，再转动地图，使地图上的直长地物与现地直长地物的方向一致，地图即已标定。

（3）依明显地形点标定：依据明显地形点标定地图，先确定站立点在图上的位置，再选定远方的一个明显地形点（如山顶、独立地物等），并将直尺切于图上的站立点和该地形点上，然后转动地图，通过直尺边照准现地明显的地形点，地图即已标定。

2. 确立站立点在地图上的位置

确立站立点在地图上的位置，是地图与实地对照的依据。

（1）依明显地形点判定：当站立在明显地形点上时，从图上找出该点的符号，即是站立点的图上位置。

如果站立点在明显地形点旁时，可先标定地图，对照周围明显的地形细部，找出其与站立点的关系位置，即可判定站立点的图上位置（见图 7 - 3）。

图 7 - 2　标定地图判定方向

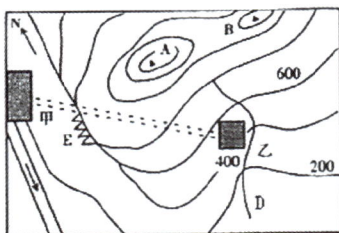

图 7 - 3　利用明显地形点判定

（2）用截线法确定：当站立点在直长物地上时，可用截线法确定站立点的图上位置。先标定地图，在直长地物的翼侧选择图上和现地都有的明显地形点，将直尺边切于图上该地形点上，然后转动直尺，照准现地该地形点，并描画方向线，方向线和直长地物符号的交点即为站立点的图上位置。

（3）用后方交会法确定：站立点附近无直长地物或明显地形时，可采用后方交会法确定站立点的图上位置。先标定地图，选择图上和现地都有的两个明显地形点，在图上一个地形点上插一根细针，将直尺边靠针转动，照准现地相应的地形点，并

描画方向线；再用同样的方法照准另一地点，并描画方向线，图上两方向线的交点，就是站立点的图上位置。

3. 对照地形

照实地的地形，首先应选择一个视野开阔的位置。先对照特殊明显的地形，后对照一般的地形，再由近及远、由点到线，或逐段分片地进行对照。

对照地形，就是使地图上各种地物、地貌和现地一一对应找到，一般包括三个意义：一是现地和图上都有的地形目标要对应找到；二是现地有而图上没有的目标要能确定其图上的位置；三是图上有而现地没有了，应确定出原来的位置。

对照地形的顺序一般是：先主要方向，后次要方向；先对照大而明显的地形，后对照一般地形；由近及远，由右至左（或由左至右）；先由图上到现地，再从现地到图上；以大带小，由点到面，逐段分片地进行对照。

对照方法，主要根据站立点与目标的方向、距离、特征、高程及目标与其附近地形的关系位置，分析比较，地图与现地反复验证。对照时，通常采用目估法，必要时可借助观测器材。当地形重叠不便观察时，应变换对照位置或登高观察对照。

如因地形复杂，图上某些地物、地貌不易判明其现地位置时，可先标定地图；再用指北针直尺（或三棱尺）边切定站立点和目标点，并向现地瞄准，则目标即在此方向线上；然后参照站立点与目标点的距离、特征、高程及与其附近地形的关系位置，即可判定该目标的现地位置。反之，如果不易确定现地目标的图上位置时，则应先将指北针直尺（三棱尺）边切定图上站立点的位置，再向现地目标瞄准，然后目测距离，换算为图上长，或根据现地目标的关系位置，沿直尺边在图上进行分析，即可确定目标的图上位置。

（1）对照山地地形，首先应在图上判清它的分布状况、主要高地的位置、山脉的基本走向等，然后进行具体对照。对照时，再根据地貌形态、山脊走向，先对照大而明显的山顶、山脊、谷地；然后顺着山脊、谷地的走向具体对照各个山顶、鞍部、山背、山谷等细部地形。山岭横向重叠时，应根据高差及起伏状况分析，哪些地形可能看得见，哪些可能看不见。可见的山顶、鞍部可根据远近山岭的特征、颜色、植被以及与其他地物的关系，分析对照确定它们的位置。

（2）对照丘陵地地形，其对照方法基本与山地相同，但因山顶浑圆，形状相似，难度一般较山地为大，因此对照时更应仔细。一般以山脊为骨干抓住山背、山谷与地物的特征点（如道路、河流的交叉、拐弯处，突出的独立地物等）及其关系位置进行对照，对等高线的小弯曲要认真仔细分析对照。

（3）对照平原地形时，可先对照主要的道路、河流、居民地、突出的独立地物和高地；再根据地物的分布规律和相互关系位置，以道路或河流分片逐点地进行其他细部地形的对照。

（二）现地对照要注意

地形图是根据比例尺，经过综合取舍绘制的，比例尺愈小，舍得愈多，表示愈概略，因此一些小的地形细部（如小山顶、山背、山谷等），在图上可能找不出来。

随着建设的发展，某些地形变化较大，而地图测制有一个过程，不可能随时把变化的地形在图上及时地反映出来。因此，地形图与现地地形总是有不一致的地方，这时应根据地形变化规律，仔细分析对照。地形变化的一般规律是：地物变化大，地貌变化小；城市、集镇扩大，分散住户减少；公路、桥梁、水库以及水电设施增多，庙宇、牌坊、土堆、坟地之类的地物减少等，所以现地对照地形，必须根据地图比例尺和地形的变化规律，仔细分析，才能得出正确的结论。

三、按地形图行进

军队行进的基本方法是对照地形沿道路行进，辅助方法是按方位角越野行进。训练时，按地图行进是在完成以上各阶段的基本训练之后进行的，是识图、用图的综合性运用。

无论是道路行进，还是按方位角越野行进，都必须抓好出发前的准备和途中对照检查这两个环节。

（一）对照地图沿道路行进

1. 图上准备

图上准备必须认真、细致、具体，做到一标、二量、三熟记。

一标：即将行进的路线、沿途各方位物（岔路口、转弯点、居民地的进出口等），都标绘在地图上，或绘制成略图。

二量：量算行进路线上各阶段的里程，计算出行进所需的时间，并注记在图上。

三熟记：熟记行进的路线。按照行进的顺序，把每一段道路的里程，特别是对转弯处、岔路口、居民地进出口附近的方位物及地形特征，熟记在脑子里。

2. 行进中的要领

行进时做到方向明、路线明和位置明。

方向明：在出发点要标定地图，对照地形，明确行进的方向，防止一开脚就走错路。

路线明：对行进的路线和里程，心中明确。

位置明：行进中，在每一个岔路口、转弯点时，都要随时对照现地的地形，明

确站立点在地图上的位置，做到人在实地走，心在图上移。

（二）按方位角行进

按方位角行进，是按地图行进的一种辅助方法。它是利用指北针，按照图上两侧的磁方位角保持正确行进方向的方法。

部队在生疏地区，复杂地形，特别是在草原、丘陵、沙漠、山林地等地形上，或在夜暗、浓雾、雨雪等恶劣气象条件下，又没有向导时，应采用按方位角行进。

1. 行进资料的准备

（1）选定行进路线。根据上级命令及要求，在地图上选择起伏不大、障碍较少、特征明显、便于通行的地段作为行进路线。还应选出易于识别和观察的方位物，如独立物、桥梁、岔路口等，各转弯点之间的距离，一般在 1000 米左右。

（2）测定磁方位角。在图上绘出的各个转弯点之间的连线，按要领测定各段的磁方位角。

（3）量出各段距离。在地图上绘出各个转弯点之间的实地距离，再换算为复步数。通常一复步即两步，约 1.5 米，故复步数 = 米数 × 复步长。

（4）绘制行进路线要图。先按地形图将出发点、转弯点、终点等附近的主要地形和方位物绘略图，再将各转弯点的磁方位角和距离、复步数，注记在略图上。

2. 行进要领

在出发点上，先查明到达第二点的磁方位角、复步数和地形特征。然后打开指北针，使磁针北端指向到第二点的密位数，这时照门至准星的方向就是行进方向。在该方向上寻找预定的方位物。若看不见时，可在该方向线上选择辅助方位物，按此方向前进。

在行进中，要随时观察沿途地形，保持行进方向，记清复步数。遇到起伏路段，应注意调整步幅。若到达辅助方位物后，仍看不见第二点的方位物时，可按原磁方位角另选辅助方位物继续前进，直到第二点为止。

在第二点上，根据走完第一段的距离、方位物的特征和周围的地形情况，找到第二点的确实位置。然后再按出发点的要领，继续向下一个转弯点前进。依此要领逐段前进，直到终点。

当走完预定的距离，仍未找到转弯点的方位物时，可在这段距离作为半径的扇形范围内寻找。若仍找不到，应仔细分析原因，是地形有了变化，还是方向、距离出了差错，或者利用反方向角向第一点瞄准，进行检查。

在行进中，如果遇到障碍物，应根据不同情况采取不同的办法通过。对能通视的障碍，可沿行进方向在障碍地段的对面选一辅助方位物，然后找一迂回路线绕过障碍地段，到达辅助方位物后继续按原方向前进；如果遇到不能通过的障碍地段时，可采取走直角四边形（或者平行四边形）的方法绕过，然后按原方向继续前进。

现地使用地图时，常会发现地图与现地不一致，这主要是测图后现地发生了变化和测绘时的取舍等原因所致。因此，在使用地图时，应采取多种方法，反复对照地形、地物，明确其关系位置，得出正确的判断，以防出现差错。

第三节　基本战斗类型与战术原则

战斗是指导和进行战斗的方法，主要包括：战斗基本原则以及战斗部署、协同动作、战斗指挥、战斗行动、战斗保障、后勤保障和技术保障等，按基本战斗类型分为进攻战术和防御战术。

一、战术类型

（一）基本进攻战斗

主动进击敌人的战斗，战斗的基本类型之一。目的是歼灭敌人，攻占重要地区或目标。按敌人的行动性质和态势，分为对防御之敌的进攻战斗、对驻止之敌的进攻战斗和对运动之敌的进攻战斗。对防御之敌的进攻战斗，有对野战阵地防御之敌的进攻战斗、对仓促防御之敌的进攻战斗、对坚固阵地防御之敌的进攻战斗、对空降着陆之敌的进攻战斗；对驻止之敌的进攻战斗，有对临时驻止之敌的袭击战斗、破袭战斗；对运动之敌的进攻战斗，有伏击战斗、遭遇战斗、追击战斗。按地形、天候等条件，还有登陆战斗、渡江河进攻战斗、城市进攻战斗、山地进攻战斗、荒漠草原地进攻战斗、水网稻田地进攻战斗、热带山岳丛林地进攻战斗、高寒地进攻战斗以及夜间进攻战斗等。

（二）基本防御战斗

抗击敌人进攻的战斗，战斗的基本类型之一。目的是大量杀伤、消耗敌人，扼守阵地，争取时间，为转入进攻或保障其他方向的进攻创造条件。按目的、任务和手段，分为阵地防御战斗、机动防御战斗、运动防御战斗；按准备时间，分为预有准备的防御战斗和仓促防御战斗；按地形、天候等条件，有山地防御战斗、荒漠草原地防御战斗和夜间防御战斗等。

二、战术基本原则

战术基本原则是战斗行动所依据的法则或标准。我军的战术原则既反映了我军

的传统战法，也反映了现代战争的特点，其核心是打歼灭战，以达到消灭敌人、保存自己的目的。主要内容有以下几个方面。

（一）目的明确

保存自己、消灭敌人是战斗的基本目的，也是战斗的基本原则，是其他一切战术原则的根据。一切战斗行动都是为保存自己、消灭敌人而进行的。在这里消灭敌人是主要的，保存自己是第二位的，因为只有大量地消灭敌人才能有效地保存自己；不论在哪种场合或时节，分队的战斗行动都应力求以尽可能少的损失消灭尽可能多的敌人。但在特殊情况下，因战斗全局需要时，分队则应不惜牺牲一切以换取全局的胜利。

（二）知己知彼

知己知彼是正确指挥战斗的基础。对敌人除根据上级的情报进行研究外，在受领战斗任务后必须迅速组织并亲自侦察，切实查明当面敌人的兵力部署，判明敌人的行动性质、企图及可能采取战斗行动的样式，找出敌人的强点和弱点，力求"明于知彼"；对自己"明于知己"，将敌我的情况和地形、天气情况等联系起来综合判断，比较完成任务的有利条件，制订出能"扬己之长、击敌之短"的克敌制胜的战斗行动方案。战斗中，应不断掌握敌我情况的变化，适时修正或定下新的决心，确定新的行动方案，力求自己的战斗行动符合变化的客观情况。

（三）集中兵力

集中兵力、火力，各个歼灭敌人，是分队克敌制胜的基本战斗方法。在现代高科技战斗条件下，无论进攻或防御，分队都应集中自己的优势兵力、火力，打击下一个主要目标，求得先打击或消灭当前敌人的一部分，钳制其另一部分；然后再转移兵力、火力打击另一部分敌人，以达到各个歼灭敌人的目的。

（四）主动灵活

善于观察战场情况与态势，主动、灵活地指挥分队的战斗行动，是指挥战斗的基本要求。现代战争情况复杂，变化急剧，指挥员必须以敏锐的观察、判断力不断地观察战场情况，判断敌我情势，及时发现、利用敌人的弱点和错误，在上级总的意图下积极大胆地组织机动兵力、火力，不失时机地打击敌人。当情况急剧变化且上级中断联络时，应勇于负责，采取适当的战术行动以克敌制胜。当处于被动时，应及时果断地采取有效措施，迅速扭转被动局面，恢复主动。

（五）出敌不意

出敌不意的行动，可以改变敌对双方的优劣形势，使敌人丧失优势和主动，以小的代价夺取大的胜利。现代高技术战争条件下，须周密侦察，掌握其行动规律；

发现敌人的弱点，采取有效的伪装和保密措施，实施兵力、火力、电子佯动来欺骗、迷惑敌人，造成敌人的错觉和大意，隐蔽己方的行动意图；利用夜暗、不良天气或有利地形隐蔽、迅速地接近敌人，在敌意想不到的时间和地点集中优势兵力、火力突击和电子干扰，趁敌混乱和协调失灵之际不失时机地歼灭敌人。

（六）密切协同

各军种、兵种、部队在统一计划下，按目的、时间、地点协调一致地行动，充分发挥整体威力，合力打击敌人，是夺取战斗胜利的关键。现代高科技战争条件下，参战部队必须贯彻统一的战术思想，实行集中统一的指挥；指挥员在熟识军种、兵种特长和各部队战斗力以及各种武器装备的性能和使用方法的基础上，根据上级意图合理部署兵力，恰当区分任务实施正确的指挥；部队必须正确理解上级意图，坚决贯彻上级决心，严格执行协同计划，遵守协同纪律，主动配合，相互支援。

（七）勇猛顽强

勇猛顽强，近战夜战，是我军的优良传统、作风和战法，在现代战斗中仍是战胜敌人的重要因素。

现代战斗激烈、紧张、艰苦，对人的精神、意志提出了很高的要求。因此，在战斗中必须发扬勇猛顽强、不怕牺牲、不怕疲劳、连续作战、独立战斗的作风，在任何情况下都能勇往直前，压倒一切敌人，即使只有一个人，也要顽强坚持战斗到底。

夜战、近战，不仅能限制和减弱敌军技术装备优势的发挥，而且适宜发挥我军的特长。在进攻战斗中，分队要善于利用地形隐蔽迅速接近敌人，突然发起冲击，以近战火力和爆破器材摧毁敌坦克，消灭敌步兵。防御时，分队应善于利用地形、工事严密伪装，隐蔽人员和火器，减少敌火力对我军的损伤，保存战斗力，待敌迫近时以突然猛烈的近战火力和勇敢的反冲击击毁敌坦克，消灭敌步兵，顽强地守住阵地，挫败敌人进攻。

（八）全面保障

分队的战斗行动，除上级采取措施予以保障外，还需要自身组织好战斗物资和技术保障。分队的战斗保障包括侦察（观察）、警戒、防核、生化及燃烧武器袭击，以及通信联络、工程作业和伪装等。分队的物资技术保障包括供给（给养、弹药、油料、武器、器材）、卫生、技术维修等勤务。

第四节　单兵战术基础动作

士兵要想在战场上有效地躲避火力杀伤和消灭敌人，就必须熟练掌握和灵活运用战术基本动作。本节主要讲述几种最基本的单兵战术动作。

一、持枪

持枪是士兵在战斗中为了便于运动、便于观察、便于射击而携带武器的方法。在不同的地形和距离条件下，根据敌情和任务采用不同的持枪动作（这里所讲的持枪与前面射击准备中所讲的持枪有所不同，这里特指战斗行动中的持枪）。

（一）单手持枪

右臂微屈，右手虎口正对上护木握枪（背带上挑压于拇指下），用五指的握力将枪身固定，枪身轴线与地面略成45°，枪身距身体约10厘米。左臂自然下垂，运行时自然摆动（见图7－4）。

（二）单手擎枪

右手正握握把，食指微接扳机，将枪身置于身体的右侧，枪口向上，机匣盖末端抵于肩窝，枪身向右大臂里合，枪托贴于右肋（枪托折叠时除外），背带自然下垂，目视前方，左手自然下垂或攀扶，运动时自然摆动（见图7－5）。

图7－4　单手持枪　　　　图7－5　单手擎枪

232

左手托握下护木或握弹匣弯曲部，右手握握把，食指微接扳机，将枪身置于胸前，枪口向前，枪身略成水平，背带自然下垂或挂在后颈上（见图7-6）。

图7-6　双手持枪

(四)双手擎枪

在单手擎枪的基础上，左手托握下护木或弹匣弯曲部，枪身略低，枪口对向前上方，背带自然下垂或压于左手下，身体与射向略成30°。

二、卧倒、起立

(一)卧倒

在战场上，士兵如突遭敌火力射击，应迅速卧倒。卧倒分三种基本动作：双手握枪卧倒、单手持枪卧倒和徒手卧倒。

双手持枪卧倒时，左脚向前一大步，上体前倾，重心前移，按左膝、左肘的顺序着地，然后转体，在全身伏地的同时两手协力将枪向目标方向送出。地面松软时可按双膝、双肘、腹部的顺序扑地卧倒。

单手持枪卧倒时，左脚（也可右脚）向前迈出一大步，同时身体前倾，按手、膝、肘的顺序侧卧，右手同时将枪向目标方向送出，左手接卧下护木或弹匣弯曲部，全身伏地据枪射击，两腿自然伸直或分开（见图7-7）。徒手卧倒时的动作与单手持枪卧倒的动作基本相同，只是卧倒后两手掌心向下放置于头部的两侧或交叉于胸前。

图7-7　单手持枪卧倒

（二）起立

双手持枪起立时，应首先观察前方的情况，而后迅速收腹、提臀，用肘、膝支起身体，左脚先上步，右脚顺势跟进，双手持枪继续前进。单手持枪时，右手移握上护木收枪，同时左小臂曲回并侧身，而后用臂、腿的协力撑起身体，右脚向前一大步，左脚顺势跟进，继续携枪前进。

徒手起立时，按单手持枪的动作进行。也可按双手撑起身体，同时左（右）脚向前迈步起立，而后继续前进。

三、前进

（一）屈身前进

屈身前进是战场上接敌最常用的一种运动动作，分为慢进和快进两种姿势。屈身慢进，通常是在距敌较远，有超过人身高或超过大部分人身高的遮蔽物以及敌情不明或威胁不大的情况下采用。运动时，通常是双手持枪（也可单手持枪），上体前倾。两腿弯曲，屈身程度视遮蔽物的遮蔽程度而定，头部一般不可高出遮蔽物。前进时注意观察敌情，保持正常速度前进。

屈身快进（也可称跃进），通常是在距敌较近，通过开阔地或敌火力控制区时采用。快进前应先观察敌情和地形，选择好路线和暂停位置，而后气力快速前进。运动中，通常是单手持枪（也可双手持枪），枪口朝向前上方，并注意继续观察敌情（见图7-8）。前进的距离掌握在15~30厘米为宜。当进至暂停位置或运动中遇敌火威胁时，应迅速就地隐蔽或卧倒，做好射击或继续前进的准备。

图7-8 屈身前进

（二）匍匐前进

士兵在敌火力威胁较大、自身处于卧倒状态下，如发现近处（10厘米以内）有地形和遮蔽物可利用时，可采用匍匐前进的运动姿势向其靠近。根据地形和遮蔽物的高低，匍匐前进又分为低姿匍匐、侧身匍匐、高姿匍匐和高姿侧身匍匐四种姿势。

低姿匍匐：在遮蔽物高约 40 厘米时采用（见图 7 - 9）。

图 7 - 9 低姿匍匐

高姿匍匐：在遮蔽物高约 60 厘米时采用（见图 7 - 10）。

图 7 - 10 高姿匍匐

侧身匍匐：在遮蔽物高约 80 厘米时采用（见图 7 - 11）。

图 7 - 11 侧身匍匐

高姿侧身匍匐：在遮蔽物高为 80～100 厘米时采用（见图 7 - 12）。

图 7 - 12 高姿侧身匍匐

（三）滚进

在卧倒后为避开敌人观察、射击而左右移动或通过棱线时采用。其要领是：将枪关上保险，左手握枪表尺向上方，右手握枪颈附近或两手握上护木，枪面向右，顺置于胸、腹前抱紧，两臂尽量向里合，两脚腕交叉或紧紧并拢，全身用力向移动方向滚进。跃进中，也可在卧倒的同时向移动方向滚进。

（四）沿坎运动

在壕内运动时，根据情况通常采用直身或屈身前进。需要向后转时，如左脚在前，应由右向后转，迈左脚继续前进；如右脚在前，应由左向后转，迈右脚继续前进。接近拐弯处时，应减慢速度，接近后隐蔽观察，迅速拐弯，向新的方向前进。

（五）跃进、卧倒

跃进是在敌火力下迅速通过开阔地时采用的运动方法。跃进前，应先观察前方地形，选择好前进路线和暂停位置，而后迅速突然前进。跃进时要做到跃起快、前进快、卧倒快。跃起时右手提枪，以左手、左膝、左脚的支撑力将身体支起，同时出右脚前进。前进时右手持枪（筒），目视敌方，屈身快跑。跃进的距离、速度应根据敌火力和地形情况而定，敌火力越猛烈，地形越开阔，跃进距离应越短，速度应越快，每次跃进距离通常为 15～30 厘米。当跃进到暂停位置或遭猛烈射击时，应迅速隐蔽或卧倒。卧倒时，左脚向前一大步，身体下塌，左膝稍内合，按左膝、左手、左肘的顺序着地卧倒；也可右脚向前一大步，左手撑地迅速卧倒。

四、利用地形、地物

地形地物是地面上防敌火力袭击最好的遮蔽物体。由于遮蔽物的存在，在遮蔽物的后面形成了一定范围的遮蔽界、死角和危险界（见图 7-13）。

图 7-13　利用石缝跪姿射击

士兵在利用地形地物时，要根据遮蔽物的高低、大小、形状以及敌火力的威胁程度等情况，采取适当的姿势利用死角防护。应做到：快速接近，细致观察，隐蔽防护；当敌火力减弱时，视情况灵活地变换位置。

（一）利用堤坎、田埂防护

由于是横向地物，应利用背敌斜面，根据地物的高低采取不同姿势隐蔽防护。田埂低，应横向卧倒，身体紧贴田埂。堤坎高，也可采取跪、蹲、坐、立等姿势进行防护。需要射击时，可利用堤坎的右侧或顶部。

（二）利用较大土堆、坟包防护

应横向卧倒，身体一侧紧贴在土堆的背敌斜面上。当土堆较小时，也可纵向卧倒，头紧靠土堆。需要射击时，可利用土堆的右侧或顶部。

土（弹）坑和沟渠通常利用其前沿和底部，纵向沟渠利用弯曲部，根据敌情和坑的大小、深度可采取跳、滚、匍匐等方法进入。在坑里可采取卧、跪、仰等各种姿势实施防护。待敌火力减弱时，才能实施观察和射击。

（三）利用树木防护

可以有效防敌直瞄和夜间火力的杀伤。树木防护通常利用其背敌面。树干粗（直径50厘米以上），可取卧、跪、立各种姿势（见图7－14）；较小的树通常采取卧姿。机枪子弹通常采取卧姿，根据树的粗细和地形情况，脚架可超过树木。火箭筒手以卧姿射击时，应将筒口前伸超过树木或离开树木20厘米，以便使火箭脱离筒口时尾翼能张开。

图7－14　利用树木卧姿射击

（四）对丛林、高苗（草）地的利用

丛林、高苗（草）地防护通常可利用靠近敌方的边缘内，按其高低、稠密情况取适当姿势。

（五）对墙壁、墙角、门窗的利用

（1）墙壁：按其高度取适当姿势，矮墙可利用顶端或残缺部，当墙高于人体时，可挖射孔或将脚垫高。机枪手利用墙壁射击时，可将脚架折回。

（2）墙角：通常利用右侧，左小臂紧靠墙角，取适当姿势。火箭筒手利用墙角射击时，筒口距墙角不小于20厘米。

（3）门窗：门通常利用左侧，窗可利用左（右）下角（见图7－15）。

图 7 – 15　利用窗口跪姿射击

五、在敌火力下运动

战士在敌火力下运动时，应根据敌情、任务利用地形，灵活地采取不同的运动姿势和方法，正确处理各种情况，迅速隐蔽地接近敌人或实施机动，达到运动、火力、防护三结合，免遭敌火力的杀伤。

（一）运动的时机和要求

时机：应按班长的口令、信（记）号，利用我火力掩护或敌火中断、减弱、转移的瞬间，迅速隐蔽地前进。有时可采取欺骗、迷惑敌人的方法突然前进。

要求：运动前，应选择好运动的路线和暂停的位置。运动中不断地观察敌情、地形、班长的指挥和友邻的行动，保持前进方向，发现目标后，应按班长的口令或自行射击。

（二）通过各种地形的动作

（1）通过开阔地：距敌较远时，通常应持枪快步通过；距敌较近，敌火封锁较严时，应趁敌火力中断、减弱、转移和我火力压制等有利时机跃进通过。

（2）通过道路：通常应选择拐弯处、涵洞、树木等隐蔽的一侧快跑或跃进通过，若敌火力威胁不大，可不停地快跑通过；敌火力封锁较严时，应先隐蔽接近，周密观察道路的情况和敌火力规律，然后突然跃起，快速通过。沿街巷运动时，应根据敌情、任务、地形采取不同的运动方法。通常在我火力掩护下沿街巷一侧隐蔽前进；也可房上房下交替掩护前进；还可以打通墙壁，穿越庭院迂回前进。

（3）通过隘路、山坳口：如敌火力威胁不大，可快步通过；敌火力封锁较严时，应隐蔽观察敌火力封锁规律，趁敌火力间隙或沿隐蔽的一侧快跑或跃进通过，尽量减少停留时间。

（4）通过冲沟：较大纵向冲沟通常应沿一侧的斜坡前进，尽量不要走沟底，以便观察和处理情况；横向的冲沟应快速通过，偶有断绝地绕行，或友邻协同搭人梯通过。如敌以火力封锁时，应利用冲沟两侧的沟岔、弹坑跃进通过。

（5）通过乱石地、灌木林、沼泽地等复杂地形：应周密观察，保持前进方向，并与友邻协同配合，及早发现情况，做好对突然出现之敌迅速射击的准备。

（三）遭敌机轰炸、扫射时的动作

当敌机轰炸时，战士应按上级命令迅速前进，或立即利用地形地物隐蔽，待炸弹爆炸后继续前进，还可利用敌机投弹间隙迅速前进。当敌武装直升机发射火箭或扫射时，战士应立即利用地形地物隐蔽；或根据上级统一口令，抓住敌武装直升机悬停、俯冲扫射等有利时机进行对空射击。

（四）遭敌核生化武器袭击时的动作

当战士接到敌核生化武器袭击警报时，应根据命令迅速隐蔽或继续前进，随时做好防护准备；当发现核爆炸闪光时，应迅速防护，冲击波一过，视情况穿戴防护器材迅速前进。战士接到化学袭击警报或遭敌化学袭击时，应迅速穿戴防护器材或利用轻便器材进行防护；如遇染毒地段时，应穿戴防护器材迅速通过，或根据上级指示绕过。

当敌对我施放生物战剂气溶胶时，战士应戴防毒面具或戴简易防护口罩、自制防护眼镜、风镜等，做好对呼吸道、面部和眼镜的防护，如敌投掷带菌媒介物时，应戴手套、穿靴套、披上斗篷或穿上雨衣，扎紧袖口、领口、裤脚口。如有隐蔽工事，应立即进入工事进行防护。

（五）遭敌炮火袭击时的动作

战士在接近敌人时要随时准备防炮火袭击，当遭到敌零星炮火袭击时，注意听、看，快速前进，如判断炮弹可能在附近爆炸时，应立即卧倒，待炮弹爆炸后继续前进；当遭敌猛烈炮火袭击时，应趁炮弹爆炸的间隙，利用弹坑和有利地形逐次跃进；当通过敌炮火封锁区时，应观察敌炮火封锁规律，利用敌人射击间隙跑步通过，如封锁区不大，也可绕过。战士在防炮火袭击时必须防化学弹的杀伤。当发现敌化学炮弹爆炸时，应立即利用地形，采取蹲、跪姿（如地面尚未染毒，也可采取卧姿）穿戴防护器材，然后快速通过。

（六）遭敌机枪、自动步枪火力封锁时的动作

当遭敌机枪、自动步枪火力封锁时，战士应利用地形地物隐蔽，抓住敌火力中断、减弱、转移等有利时机迅速前进，也可采取迷惑、欺骗和不规则的行动来转移敌视线，突然隐蔽地前进，或以火力消灭敌人后迅速前进。

（七）遇敌雷区、定时炸弹、电子侦察器材时的动作

遇敌雷区或定时炸弹时，战士应迅速报告上级并进行标志，按照班长的口令排除或绕过。对敌设置（投放）的电子侦察器材应迅速排除。排除时应先查明是否设

置爆炸物，然后视情况将其排除或炸毁。

（八）发现目标时的动作

在接近敌人的运动中，发现敌目标时，战士应迅速报告或准确地测定距离，装定表尺选择瞄准点，以正确的姿势和动作进行射击，将其消灭。射击时要迅速准确，力求先敌开火和首发命中，并使运动与火力紧密结合。同时应恰当地选择时机和方法，对集团目标通常采用长点射和连续射，对敌散兵应以单发射或短点射予以消灭。战斗中要注意节省子弹。装定表尺、装弹（装填火箭弹）或排除故障时，应隐蔽迅速地进行。

（九）近迫作业

战士在敌火下运动须在开阔地停留时，可根据班长的口令或自选近迫作业，其要领是卧倒后将枪放在右侧或上方一臂处，侧身取下圆锹，先从一侧由前向后挖掘，将土投向前方堆成胸墙，一侧挖好后，翻身侧卧于坑内，继续挖另一侧，直到能掩护全身为止。在土质松软的情况下，可用锹挖、手推、脚蹬的方法构筑卧射掩体。火箭筒手和枪机手视情况可由正副手同时作业，也可一人射击，一人作业。作业时，姿势要低，动作要快，并不断观察敌情和班长指挥，随时准备射击或前进。

六、冲击准备与冲击

（一）冲击准备

占领冲击出发阵地后，应根据情况构筑工事，注意观察冲击目标、路线和通路位置。听到"准备冲击"的口令时，应迅速装满子弹，准备手榴弹和爆破器材，整理好装具，做好跃出工事的准备，然后向班长报告。

（二）冲击

当听到"冲击前进"的口令时，应迅速跃出工事，并利用我火力效果，迅猛地向指定目标冲击前进。接近通路时，应按班长规定的顺序，迅速进入通路。如通路纵深较小时，应利用我炮火准备的效果，快跑通过；通路纵深较大时，应在我炮火掩护下分段逐次跃进通过。

当进至投射距离时，应自行或按班长的口令，向敌战壕内投弹，趁手榴弹爆炸的瞬间，勇猛冲入敌阵，以抵近射击或拼刺刀消灭敌人，并不停地向指定目标冲击前进。

当几个敌人同时向自己逼近时，应首先消灭威胁最大的敌人，而后各个消灭；当友邻战士与敌人战斗时，应主动支援；如敌逃跑时，应以火力追歼。机枪手和火箭筒手应迅速抢占敌前沿的有利地形，以猛烈的火力压制、消灭敌人。

❓ 思考题

1. 地形的定义及分类有哪些?
2. 山地地形对军事行动的主要影响是什么?
3. 比例尺的定义是什么?
4. 地物符号是怎么分类的?
5. 等高线显示地貌的原理是什么?
6. 怎样进行坡度的判定?
7. 如何标定地图?
8. 战斗的定义及基本类型是什么?
9. 敌火下运动的时机和要求是什么?

第八章 综合训练

1.了解行军的种类和基本信息。

2.掌握在野外宿营需要注意的事项。

3.学习在野外生存需要掌握的本领。

大学军事理论与技能训练
DA XUE JUN SHI LI LUN YU JI NENG XUN LIAN

第一节　行　军

行军，是徒步或者乘车沿行军计划所指定的路线进行的有组织的移动，目的是为了争取主动，转移兵力，造成歼敌的有利条件。

一、行军的种类

行军，按行军方式分为徒步行军和乘车行军；按行军时间分为昼间行军和夜间行军；按行军速度分为常行军、急行军和强行军；按行军方向分为向敌行军、侧敌行军和背敌行军；按地形、气候，分为平原、丘陵地、山地、山林地、沙漠、草原、高原地行军及严寒、炎热条件下行军等。

学生军训中的行军是在完成所有训练任务基础上的最后期安排，通常昼间组织实施。根据行军人数、道路状况、天气季节，日程按 25～30 公里、时速 4～5 公里为宜。

二、行军的组织和准备

充分做好行军的组织与准备，是完成行军任务的重要环节。行军的组织与准备通常应包括传达任务，确定行军部署；做好思想动员，下达行军命令；做好物资准备，组织战斗保障。

（一）传达任务，确定行军部署

在时间充分的情况下，指挥员应根据上级的行军命令和有关指示，适时召开会议，分析敌情，研究任务，组织侦察，熟悉行军路线及沿途地形情况，确定行军部署，制订对各种情况的处理方案，明确干部分工。时间仓促时，指挥员可直接向分队传达任务，明确行军部署。

行军队形的编成，应该保障能迅速展开出现战斗队形，通常是一路或者两路纵队。单独行军时，应根据敌军的方向派出尖兵班（车）。向敌军行军时，指挥员应率领必要的反坦克火器、机枪手位于本队先头。背向敌军时，行军序列与向敌行军时相反。

（二）做好思想动员，下达行军命令

行军前，指挥员应根据各分队承担的具体任务，进行深入细致的思想动员，要求战士做好充分准备，遵守行军纪律，服从指挥，行军过程中不掉队，不擅自离队，妥善保管保护好装备和食物、饮水等，保证按时顺利完成行军任务。

指挥员向分队下达行军命令，通常包括以下主要内容：主要任务、敌情、行军路线、路程、出发时间、到达指定地点的时间、中途休息地点、集合地点、行军序

列、着装要求、每日起床、吃饭、集合地点等。

（三）做好物资准备，组织战斗保障

为了保证顺利完成行军任务，保持队伍的战斗力，行军开始前，指挥员必须做好以下工作：检查携带的给养、饮水、武器、弹药等是否充足；检查着装、背包、其他装备、工具携带情况，妥善安置伤病员，检查各种防暑、防冻物资准备情况。徒步行军应该按照全副武装和轻装的有关规定确定携带相关的装备。

组织战斗保障，是为正常行军进行提供的保障手段，主要包括：指定观察员，负责对地对空观察；指定值班分队及火器，负责对空防御；制定遭遇敌方原子、化学、细菌武器袭击时各分队的行动方法；制定在遭遇敌方航空兵或者炮火袭击时的行军方法；制定伪装方法和伪装纪律。

三、行军的各种保障

（一）通信保障

行军中，必须保障通信畅通，使指挥官随时了解行军中的所有情况，以保证正确的组织和指挥，一般可采用对讲机或其他通信器材。

（二）医疗保障

行军中因天气、饮食、体力等原因，可能会发生各种伤、病等情况。因此，必须安排医疗保障人员跟随，并配备各种常用药物，以保证及时处置临时的医疗问题。

（三）车辆保障

行军中，要安排指挥车、收容车和应急车辆。收容车和应急车应在行军队伍的后面跟进，负责收容掉队人员和及时送重病号到医院。

（四）安全保障

行军中，各级都要组建安全组，负责车队的安全工作，随时清点人数，发现问题及时报告，妥善处理中暑、中毒、受伤、掉队等意外情况，保证整个行军安全无事故。

（五）宣传保障

行军中，各级都要成立宣传组，利用标语、口号等多种形式进行宣传、鼓动，活跃气氛，清除疲劳，鼓励全体人员坚持到底不掉队。

四、行军的管理与指挥

（一）遵守行军规定

1. 遵守行军时间

分队在上级的行军纵队编成内行军时，应准时到达出发点，加入上级规定的行

军序列。应按上级的要求准时出发，准时通过各级调整点，准时到达目的地。

2. 保持规定的行军速度、距离和序列

行军中，因一些特殊情况，延误了行军时间或者不能保证平均时速时，应当适时调整行军速度，保证按时到达目的地。加强前后联络，当前面拉大距离时，不要急于追赶，要适当加快速度，逐步赶上，不得随意超越或停下，以保持规定的行军序列。

3. 严格遵守行军纪律和交通规则，未经上级允许不得随意改变行军路线

在通过桥梁、渡口、隘口、岔口等道路被堵塞时，不得争先抢行，应按照上级规定的顺序和调整哨的指挥迅速通过。若无专人负责调整、指挥时，分队指挥员应及时查明原因，妥善处理，尽快恢复正常的行军。

（二）正确掌握行军路线

行军中，指挥员应用行军路线图，随时对照地形，不断察看沿途的标志点及路标，随时判明所到的位置，正确掌握行军路线。当通过交叉路口时，应弄清所要前进的方向和道路。当对行军路线产生怀疑时，应当立即停止前进，利用地图仔细与现地进行对照或询问居民，待明确正确行军路线后继续前进，必要时可请向导带路行进，以防走错路。

（三）适时组织休息

行军中的休息，应由行军总指挥员按行军计划统一掌握。小休息，一般在开始行军30分钟后进行，时间为15分钟，这时人员要抓紧时间检查，调整携带的装备和物品，以便转入正常的行军，以后约50分钟休息一次，每次10分钟。大休息通常在完成当日行程一半以上后进行，应离开道路，以营（连）为单位，进入指定地域疏散休息和用餐，使人员保持饱满的战斗情怀，做好迅速转入行军的准备。

休息时，人员不准随意离队。出发前，应点清人数、打扫卫生、消除痕迹。

（四）果断处置突发情况

行军中，指挥员应注意观察，及时发现各种情况，灵活、果断处置，并及时报告上级。

遇敌空袭时，应指挥分队迅速向道路的一侧或者两侧疏散隐蔽，并指定火器射击低飞敌机。如果空袭情况不严重或行军任务紧迫时，分队则应疏散队形，增大距离，加快速度前进。

遭敌核、生化武器袭击时，应指挥车辆就近利用地形防护，人员迅速穿戴防护衣罩，下车就近隐蔽防护。

通过受染地段时，指挥分队尽量绕过受染区。当时间紧迫又无法迂回时，应增大距离，以最快的速度通过，通过人员除了穿戴好防护衣罩外，还应对武器和携带的物品进行防护。通过后，车辆应及时洗消检查，人员口服抗辐射药物，多喝开水，排除大小便。

第二节　宿　营

一、宿营地区选择

宿营，可采取舍营、露营，或者两者结合的方式进行。宿营地区的选择，应根据敌情、地形、任务和行军编成而定，既要能保证分队安全休息，又要便于迅速投入战斗。平时组织宿营训练应以能够达到训练目的为标准，一般条件是：有良好的地形，便于疏散隐蔽；有充足的水源，便于饮水、用水；有良好的进出道路，便于机动和迅速投入战斗；避开大的集镇、交通枢纽等明显目标，有利于预防自然灾害；避开疫区、传染病流行的村落等。

选择宿营地区时，通常还要考虑以下因素：一是要符合战术要求，从具体位置到配置方式都以预想的战术背景为基本前提；二是要着眼于训练科目需要，有利于达到训练目的；三是要选择在群众基础较好或影响群众利益较小的地区。

二、宿营的管理

搞好宿营训练中的管理工作，是保证宿营训练顺利实施不可忽视的问题，是宿营训练的内容之一。

（一）坚持一日生活制度

宿营训练期间，要自觉坚持内务条令规定的一日生活制度，注重一日生活制度管理的落实，并从实际出发，根据宿营训练地区的地理环境、风俗民情、季节特点和部队实际训练情况、课题难易程度、居住范围等制定相应的具体规定。

（二）搞好生活管理

宿营训练中，应注意饮食卫生，从客观条件出发改善伙食，保证部队吃饱、吃好，有水喝。要组织好野炊工作，指挥员应明确野炊的位置、方式，隐蔽伪装的措施、时间、要求及注意事项，部队离开宿营地区时，要清扫驻地，掩埋厕所，检查群众纪律，征求群众意见并道谢。

（三）宿营地工作

在宿营时，要拟定各种应急战斗方案。遭敌空袭时，要立即发出警报，各分队迅速进入指定疏散地区隐蔽，组织火器对空射击。空袭后，视情况继续宿营或者根据上级指示转移宿营地。遭敌坦克、摩托化步兵突然袭击时，应迅速指挥部队抢占有利地形，顽强抗击敌人，及时报告上级。如发现敌军向我宿营地附近空降时，应

立即报告上级，并指挥部队迅速奔赴敌军空降地区，抢占要点，在友邻和民兵的协同下，歼敌于立足未稳之际。遭敌核、生化武器袭击时，应迅速进入疏散区，利用地形和工事进行隐蔽，用制式或就便器材进行防护。袭击后，应迅速抢救伤员，灭火，消除沾染，并将情况报告上级，根据指示组织部队撤出沾染地区。

第三节　野外生存训练

一、野外判定方向

野外生存首先要学会判定方位的方法，尤其在没有地形图和指北针等制式器材的情况下，掌握一些利用自然特征判定方向的方法非常重要。

判断方位的方法主要有利用北极星判定方向、利用太阳和时刻表判定、利用自然特征和规律判定方向等，本书第七章已经做过介绍。

在野外迷失方向时，切勿惊慌失措，要立即停下来，冷静地回忆所走过的道路，想方设法用一切可以利用的标志重新判定方向，然后再寻找道路。

在山地迷失方向的时候，应先登高远望，判定应该向什么方向走。通常应向地势低的方向走，这样容易碰到水源，顺流而行最为保险。这一点在森林中尤为重要，因为道路、居民点通常濒水临河而筑。

遇到岔路口，道路多而无所适从的时候，首先判定目的方向，然后选择正确的道路。若几条道路的方向大致相同而无法判定时，应选择中间的道路，这样即便走错路也不会偏差太远。

二、野外觅食

野外生存获取食物的途径主要有两种：一种是猎捕野生动物，另一种是采集野生植物。

猎捕野生动物首先要知道动物的栖息地，掌握动物的生活规律，然后再采取捕获以及射杀等方法进行捕猎。这需要经过较长时间的训练和实践后才能真正掌握。此外，在野外求生时，还可捕捉一切能够食用的小动物或昆虫，如鱼、虾、龟、蛇、蜥蜴、鳖、蜗牛、蚯蚓等作为食物，昆虫也是可以获取的动物性食物的资源。以下仅简单介绍一些可食昆虫和可食野生植物的种类及食用方法。

目前，可食用的昆虫有蚂蚁、蝉、蟑螂、蟋蟀、飞蛾、蝗虫、蚱蜢、蜘蛛、螳螂、蜜蜂等。特别是蜜蜂，不论蛹、幼虫和成年蜂都可以食用，而且在蜂房还可以找到蜂蜜，是野外求生的理想食品。人们对吃昆虫虽然不太习惯，甚至感到厌恶，但在万不得已的情况下，为维持生命，保持战斗力，继而完成任务，可使用此方法。但应该注意，一定要煮熟或烤透，以免昆虫体内的寄生虫进入人体，导致中毒或得病。食用前，对大型昆虫，如蚱蜢、蟋蟀、蝗虫等，要先去掉翅膀和小腿，因为腿毛会刺激消化道，某些种类的幼虫的纤毛会引起皮疹。

可食野生植物包括可食的野果、野菜、藻类、地衣、蘑菇等。对可食用野生植物的识别是野外生存知识的主要内容。中国地域广大，适合各种植物生长，其中可食用的就有 2000 多种。通常可食用的野果、野菜有：山葡萄、黑瞎子果、沙棘、火耙果、桃金娘、胡颓子、蒲公英、马饭树、余甘子、苦菜、马齿苋、茅莓等。特别是野栗子、椰子、木瓜更容易识别，是应急求生的上好食物。常见的野菜有苦菜、蒲公英、鱼腥草、刺儿草、芥菜、莲、芦苇、青苔等。野菜可生食、炒食、煮食或通过煮浸食用。

蘑菇类植物内含脂肪、碳水化合物以及蛋白质，营养价值很高，味道也比较好，但有些蘑菇有毒，误食时轻者出现中毒症状，重者致人丧命。因此采用时要注意识别有毒蘑菇。有毒蘑菇：一是长有白色菌褶，茎干茎部有菌托以及带菌环茎干的菌类；二是腐败的菌类。

一般人需要在专家指导下经过一定时间的训练才能掌握这些知识，这里介绍一种最简单的鉴别野生植物有毒或者无毒的方法，供紧急情况下使用。通常将采集到的植物割开一个小口子，放进一小撮盐，然后仔细观察是否改变原来的颜色，通常变色的植物不能食用。

检验植物能否食用时，还可以做个小实验，稍稍挤榨一些汁液涂在体表等敏感部位，如起疹或肿胀不适时，就不能食用，也可少量尝试不能确定的植物的果子、球根、块茎、叶、幼枝等，如食用后喉咙感觉痛痒，有很强的烧灼感或者刺激性疼痛等，应弃之；反之，如未发生口部痛痒，不出现打嗝、恶心、发虚、腹胀、胃部不适应等症状，可以认为这种植物能够食用。

三、野外觅水

获取饮用水的途径通常有两条：一是挖掘地下水，二是净化地表水。通常雨水可以直接饮用。下雨时，可用雨布、塑料布大量收集雨水（见图 8－1），也可用空罐头盒、杯子、钢盔等容器收接雨水。冬季可以化冰、雪为水，沉淀后即可饮用。

当没有可靠的饮用水又无检验

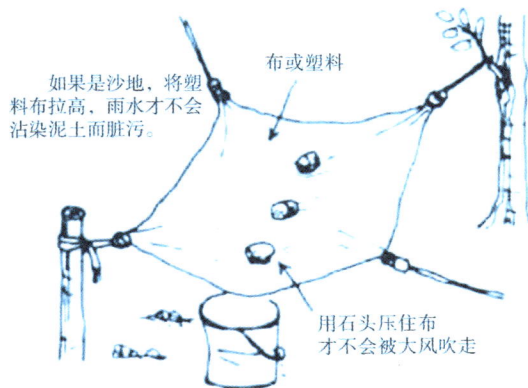

图 8－1　收集雨水

设备时，可以根据水的色味、温度、水迹概略鉴别水质的好坏。纯净水在浅水层时，无色、透明，深时呈浅蓝色，可以用玻璃杯或白瓷碗来观察。通常水越清水质越好，水越浑浊说明杂质越多。一般清洁的水是无味的，而被污染的水则时常有异味。地面水的水温，因气温变化而变化，浅层地下水受气温的影响小，深层地下水水温低而恒定。如果取样的水不符合这些规律，则水质一般都有问题。此外还可以用一张白纸，将水滴在上面晾干后观察水迹。清洁的水无斑迹，如果有则说明水中有杂质、水质差。

在野外最好不要饮用从杂草中流出的水，而以从断崖或岩石中流出的清水为佳。饮用河流或湖泊中的水时，可在离水边 1～2 米的沙地上挖个小坑，坑里渗出的水较之直接从河湖中提取的水清洁。

在野外，可以用饮用水清毒片、漂白精片以及明矾等药品净化水。在专家指导下，还可以用一些含有黏液质的野生植物净化水。切记：无论多么口渴都不要饮用不洁净的水。万不得已时，也要把水煮开再喝。

四、野外取火

火在野外生存中具有重要的作用，可以用来热食物、烧水、烘烤衣物、取暖御寒、驱除猛兽和有害昆虫，必要时还可以作为信号使用。在没有火柴或打火机的情况下，可采取以下几种方法取火。

（一）摩擦取火

这种原始取火方法，在野外求生条件下仍然适用。但在取火前要准备好引火煤，引火煤可选用干燥的棉絮、纱线、草屑或撕成薄片的干树皮、干木屑等。

（二）引钻取火

用强韧的树枝或竹片绑上绳子或鞋带做成一个弓，将弓弦放在一根 20 厘米长的干燥木棍上缠绕两圈，将木棍抵在一小块硬木上，来回拉动弓使木棍迅速拉动。这样会钻出一些黑粉末，最后这些黑粉末冒烟而生出火花，点燃引火煤（见图 8－2）。

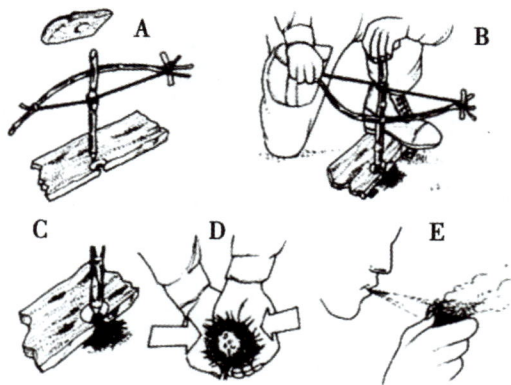

图 8－2　野外取火

（三）藤条取火

找一段干燥的树干，将一头劈开，并用东西将裂缝撑开，塞上引火煤，用一根约两尺的藤条塞在引火煤后面，双藤夹树干，迅速地左右抽动藤条，使之摩擦发热而将引火煤点燃。

（四）击石取火

找两块质地坚硬的石头，互相击打将其迸发出的火花落到引火煤上，当引火煤开始冒烟时，缓缓地吹或扇，使其燃起明火。如果两块石头击不出火，可以另找两块石头再试。用小刀的背或小片钢铁，在石头上敲打，也可很容易地产生火花，引燃火煤。

（五）凸透镜利用太阳能取火

用凸透镜将太阳光聚焦成一点，光点上的温度可以将棉絮、纸张、树叶、受潮的火柴等引燃，夏季雾气较大或者冬季阳光较弱时，可以等到正午阳光强烈时取火，然后保存火种以备使用。

五、常见自然伤害的防治方法

1. 毒蛇咬伤的防治

在山野丛林中活动时，一旦被毒蛇咬伤应立即采取紧急救护措施。首先，马上用布条或布绳等缚住伤口处靠近心脏一端，以减少毒血上流。随后，用刀子将毒蛇咬伤处划一个十字口，挤出毒液，也可用口吸出毒液，随吸随吐，有条件还可以进行冲洗，然后尽快就医，不可延误。一般情况下，在毒蛇较多的地区活动时，应备有蛇药。

2. 昆虫叮咬的防治

在野外为了防止昆虫的叮咬，应着长袖衣和长裤，扎紧袖口、领口。皮肤暴露部位涂擦防蚊药。不要在潮湿的树荫和草地上坐卧。宿营时，燃点艾叶、香蒿、柏树叶、野菊花等驱赶昆虫。被昆虫叮咬后，可用氨水、肥皂水、盐水、小苏打水及氧化锌软膏涂抹患处止痒消毒。

3. 蚂蟥叮咬的防治

蚂蟥是危害很大的虫类。遇到蚂蟥叮咬时，不要硬拔，可用手拍打，或者肥皂水、盐水、烟油、酒精滴在其前吸盘处，或用烧着的香烟烫，让其自行脱落，然后压迫伤口止血，并用碘酒洗涤伤口以防感染。部队行进中，应该经常查看有无蚂蟥爬到脚上，在鞋面上涂些肥皂、防蚊油，可以防止蚂蟥上爬，也能起到趋避蚂蟥的作用。

4. 昏厥的防治

野外昏厥多是由于摔伤、疲劳过度、饥饿过度等造成的。主要表现是脸色苍白，

脉搏微弱而缓慢，失去知觉。遇到这种情况时，不必惊慌，一般过一会儿便会苏醒。醒来后，应喝些热水并注意休息。

5．中毒的防治

其症状是恶心、呕吐、腹泻、胃痛、心脏衰弱等。遇到这种情况时，首先要洗胃，快速喝大量的水。用手指触咽部引起呕吐，然后吃泻药清肠，再吃活性炭等解毒药及其他镇静药，多喝水，以加速排泄。为保证心脏正常跳动，应喝些糖水、浓茶缓一缓，之后立即送医院救治。

6．中暑的防治

在炎热暑季，人体的体温调节和其他生理机能发生障碍或活动量过大，休息不足，水盐补充不及，衣服不通气等都会引起中暑。其症状是突然晕厥、恶心、昏迷、无汗或湿冷、瞳孔放大、发高烧。发病前，常感口渴头晕、浑身无力、眼前阵阵发黑，此时应立即在阴凉通风处平躺，解开衣裤带，使全身放松，再服十滴水、人丹等药。发烧时，可用凉水洗头，或冷敷散热，如昏迷不醒，可掐人中穴、合谷穴使其苏醒。

7．冻伤的防治

当气温在0摄氏度以下，人长时间在户外活动，耳、鼻、手、脚、脸都容易冻伤，当发现皮肤有发红、发白、发凉、发硬等现象，应用手或干燥的线布摩擦伤处，促进血液循环，减轻冻伤。轻度冻伤用辣椒泡酒，涂擦便可见效。如果发生身体冻僵的情况，不要立即将伤者抬到温暖的室内，应先摩擦肢体，做人工呼吸，待伤者恢复知觉后，再到较温暖的地方抢救。

8．蜇伤的防治

被蝎子、蜈蚣、黄蜂等毒虫蜇伤后，伤口红肿、疼痒，并伴有恶心、呕吐、头晕等症状。要先挤出毒液，然后用肥皂水、氨水、烟油、醋等涂擦伤口，也可用蜗牛洗净后捣碎涂在伤口处。此外，蒜汁对蜈蚣咬伤有疗效。

六、求生信号的使用

在野外，生存环境非常恶劣，各种灾难会不期而至。对野外生存者来说，及时了解自己所面临的困境，通知别人，求得救援，是非常重要的。遇险求救时，要通过各种方式与别人取得联系。发出的信号要足以引起人们的注意。一般情况下，重复三次的行动都象征寻求援助。信号的种类有以下几种。

1．烟火信号

火光作为联络信号是非常有效的。遇险时可根据自身的情况，为保证其可靠程度，白天可在火堆上放些苔藓、青嫩树枝、橡胶等使之产生浓烟；晚上可放些干柴，使火烧旺，升高火焰。

燃放三堆火焰是国际通行的求救信号，将火堆摆成三角形，每堆之间的间隔相等最为理想，这样安排也方便点燃。在白天，烟雾是良好的定位器，所以火堆上要添加散发烟雾的材料。浓烟升空后与周围环境形成强烈对比，易引人注意。在夜间或深绿色的丛林中亮色浓烟十分醒目。添加绿草、树叶、苔藓和蕨类植物都会产生浓烟。其实任何潮湿的东西都产生烟雾，潮湿的草席、坐垫可熏烧很长时间，同时飞虫也难以逼近伤人。黑色烟雾在雪地或沙漠中最醒目，橡胶和汽油可产生黑烟。如果受到气候条件限制，烟雾只能近地表飘动，可以加大火势，这样暖气流上升势头更猛，会携带烟雾到相当的高度。

2．地对空信号

字母"FILL"是国际通用的紧急求救信号。单个一根木棒"I"，是最为重要、制作也最为简单的一个。尺寸是每个信号长 10 米、宽 3 米，每个信号间隔 3 米。

3．旗语信号

将一面旗子或一块色泽亮艳的布料系在木棒上，持棒运动时，在左侧长划，右侧短划，加大动作的幅度，做数字"8"形运动。如果双方距离较近，不必做"8"字形运动。一个简单的划行动作就可以，在左侧长划一次，在右边短划一次，前者应比后者用时稍长。

4．声音信号

如隔得较近，可大声呼喊，三声短三声长，再三声短；间隔 1 分钟之后再重复。

5．反光信号

利用阳光和一个反射镜即可射出信号光。任何明亮的材料都可加以利用，如罐头盒盖、玻璃、一片金属铂片，有面镜子当然更加理想。持续的反射将规律性地产生一条长线和一个圆点，这是莫尔斯代码的一种。即使你不懂莫尔斯代码，随意反照，也可能引人注意。无论如何，至少应掌握 SOS 代码。

思考题

1. 什么叫行军？行军分为哪些种类？
2. 在行军过程中，需要哪些保障？
3. 选择宿营地应该注意什么？应考虑哪些因素？
4. 火在野外生存中具有怎样的作用？在没有火柴和打火机的情况下如何野外取火？
5. 野外生存过程中遇到危险时，如何发送求救信号？

参 考 文 献

[1] 刘晓东,王丽娜.军事理论教程[M].沈阳:辽宁大学出版社,2007.

[2] 张保国,吴学思.普通高等学校军事理论教程[M].北京:解放军出版社,2009.

[3] 刘波涛,周争蔚.大学生军训教材[M].北京:中央文献出版社,2009.

[4] 叶卫平,蔡荣生.高等院校军事理论概论[M].北京:中国人民大学出版社,2004.

[5] 吴仁和.信息化战争论[M].北京:军事科学出版社,2004.

[6] 孟天财,王文军.军事理论教程[M].北京:国防工业出版社,2012.

[7] 程永生.军事高技术与信息化武器装备[M].北京:国防工业出版社,2009.

[8] 吴温暖.军事理论[M].厦门:厦门大学出版社,2006.

[9] 单小忠.军事理论教程[M].杭州:浙江教育出版社,2007.

[10] 孙洪义.当代军事理论新编[M].北京:军事科学出版社,2006.

[11] 付强.普通高校军事理论与训练教程[M].北京:国防科技大学出版社,2010.

[12] 杨泰,张跃辉.大学国防教育教程[M].沈阳:辽宁大学出版社,2006.

[13] 王小强,燕明,陈良栋.军事理论与技能训练教程[M].北京:国防大学出版社,2011.

[14] 吴忠国.大学国防教育教程[M].北京:国防大学出版社,2012.

[15] 魏纯镭.军事理论教程[M].杭州:浙江大学出版社,2010.